官方兽医培训教材

动物卫生行政法学理论与实务

青岛东方动物卫生法学研究咨询中心　组织编写

中国农业出版社

北　京

编写人员名单

编写人员（按姓氏笔画排序）

马志强　王中力　王媛媛　邓　勇

卢　旺　刘　勇　孙敬秋　李　昂

李卫华　李瑞红　杨　虎　吴　晗

陈东来　陈向武　陈向前　郑耀辉

郝峰强　翁崇鹏　黄　夏　黄保续

董义春　翟海华

序

　　官方兽医随着《中华人民共和国动物防疫法》的出台应运而生，并承担起预防、控制和扑灭动物疫病，促进养殖业发展，保护人体健康和维护公共卫生安全的职责。提高官方兽医的监管能力和执法水平，是贯彻落实动物防疫法、建立依法行政秩序和实现立法目标的重要举措。因此，要把培训和继续教育作为当前乃至今后提升官方兽医整体素质和业务能力的一项重要任务来抓，这在目前我国实施依法治国的形势下，具有重要的现实意义。

　　本教材的编写，凝聚了我国动物卫生领域专家的智慧，标志着我国广大官方兽医开始从勤于实践向理论与实践并重的方向转变，这是一个良好的开端。兽医卫生工作内容多、范围广、系统性强，仅此一本书是远远不够的，尚需以问题为导向继续进行多角度、多层次、全面地深入研究。在合理吸收现代行政管理学、行政法学、动物卫生法学等基础理论精华的基础上，结合兽医卫生工作的实际，形成具有我国兽医工作特色，适应改革开放形势下经济建设和法治建设发展需要的兽医卫生行政理论体系和官方兽医教材体系。

　　诚愿广大兽医卫生工作者和社会各界同仁各展所长，共同为发展和完善我国兽医卫生工作管理理论，推动我国兽医卫生事业全面、健康、持续发展而努力。

2018 年 12 月

前 言

　　官方兽医队伍依法行政能力和职业素质的高低，决定着动物卫生法律规范及动物疫病防控政策是否能全面执行到位。提高官方兽医队伍的整体职业素质是防控动物疫病和保障动物产品质量安全的关键，也是推进官方兽医队伍建设的一项重要内容。为了进一步规范官方兽医培训内容，提高培训效果，切实有效地提升官方兽医政治素质、业务水平和执法能力，造就一支业务精通、作风优良、纪律严明、行为规范的官方兽医队伍，农业农村部畜牧兽医局（以下简称"兽医局"）决定启动官方兽医教材编撰工作。

　　兽医局 2010 年委托青岛东方动物卫生法学研究咨询中心承担的"官方兽医培训教材的编写"项目，于 2011 年已全部完成，并形成了《官方兽医培训教材》（试行稿）。期间按照兽医局的要求，在全国官方兽医师资培训班进行了试用。兽医局又于 2013 年 5 月和 2014 年 11 月，两次组织编写专家对教材的试用情况进行了评估，截至 2015 年，经过十期全国官方兽医师资培训班的试用，试用教材受到参加培训学员的普遍认可与好评。根据评估修订意见，编写专家对教材的内容再次进行了适当调整。同时增加了《国家中长期动物疫病防治规划（2012—2020 年）》和《兽用处方药和非处方药管理办法》的内容。2015 年 5 月和 11 月，兽医局再次组织专家对培训教材进行了两次修改，调整了 2015 年《中华人民共和国动物防疫法》修订后删除的相关内容，增加了新修订《中华人民共和国行政处罚法》《中华人民共和国行政诉讼法》的相关内容。

　　《官方兽医培训教材》前后共进行了七次修改、两次审定，经过全体编撰人员的共同努力，现已完成教材的全部编写工作，经兽医局同意，正式出版发行。

　　本教材特别邀请兽医局王功民副局长作序。

　　本教材体现了动物卫生法学理论和法律规范的有机结合，在兼顾教材的系统性、科学性和规范性的同时突出了教材的实用性。教材的结构体系合理，论述严谨、精练。既可以满足各级官方兽医的培训需求，又可作为高等院校相关专业学生的培养教材，还可以作为相关单位和个人的读物。

　　尽管编者已做出巨大的努力，由于多种原因所限，书中难免有错漏之处，敬请读者批评指正。

编　者

2018 年 11 月 18 日

目 录

第一部分 官方兽医概述

第一章 官方兽医与官方兽医制度

第一节 概 述

2005 年 5 月，国务院发布《关于推进兽医管理体制改革的若干意见》（国发〔2005〕15 号，以下简称"国务院 15 号文件"）。国务院 15 号文件指出，"改革和完善兽医管理体制，对于从根本上控制和消灭动物疫病，保障人民群众的身体健康，提高动物产品的质量安全水平和国际竞争力，促进农业和农村经济发展，具有十分重要的意义"。国务院 15 号文件规定要在健全完善兽医工作体系的基础上，加强兽医队伍和工作能力建设，并明确规定我国要参照国际通行做法，逐步推行官方兽医制度。同时，将官方兽医定为经资格认可、法律授权或政府任命，有权出具动物卫生证书的国家兽医工作人员。随后，2007 年修订的《中华人民共和国动物防疫法》（以下简称"动物防疫法"）也对官方兽医作了明确规定。所有这些举措均为我国设置官方兽医和逐步推行官方兽医制度，奠定了良好的政策与法律基础。为了使大家能够对官方兽医与官方兽医制度有一个比较系统的了解，本章将介绍世界动物卫生组织（OIE）及有关国家官方兽医与官方兽医制度的基本情况。

一、官方兽医制度的由来

官方兽医制度是由 OIE 推荐，并在国际上普遍实行的一种兽医监管法律制度，近 80% 的成员国都实行了官方兽医制度。

动物及动物产品贸易尤其是跨国界的贸易活动越来越频繁地进行，使动物疫病传播的风险越来越大。如何确保动物及动物产品卫生安全，降低动物疫病通过贸易和商品流通进行传播的风险，保护人类和动物健康，已成为世界各国和相关国际组织普遍关注的焦点问题。一些发达国家，经过长期的观察、研究和实践逐步认识到：保证动物及动物产品的卫生质量和消费安全，兽医的作用是至关重要的。因为任何好的动物和动物产品是饲养和生产出来的，只有关注整个产品链条才能确保卫生质量，而兽医恰好是这个链条中最不可或缺的。因此，他们实施了由官方兽医进行全过程监管动物产品的模式，即从动物饲养—屠宰加工—产品流通—市场销售—餐饮等各个环节（从农场到餐桌的全过程）进行科学、公正、全面监控的模式。这一举措不仅极大地降低了动物疫病传播风险，而且很好地解决了动物产品卫生质量与消费安全的问题。这些成功经验，逐步成为国际惯例和通行作法，并在 OIE 的推动下形成了现在普遍实行的官方兽医监管制度。

二、官方兽医制度的基本概念

根据 OIE《陆生动物卫生法典》规定，官方兽医制度是指由官方兽医对动物及其精液、胚胎/卵、病料，以及动物产品和生物制品的卫生和/或兽医公共卫生进行全过程监管的一项法律制度。官方兽医制度具有如下基本特点：

1. 从农场到餐桌全过程控制监管模式

动物卫生和兽医公共卫生安全涉及饲养、屠宰（加工）、流通（包括出入境）、销售和餐饮等各个必要环节的监控。首先是对动物饲养过程中的疫病防控实施监管，动物饲养过程中的无疫病状态是动物产品安全的基本保障，为此，各国兽医当局都制定了重大动物疫病的控制和扑灭计划。计划实施的过程都需要官方兽医的有效监督，例如，动物免疫接种、感染动物扑杀、感染群清群与销毁、感染场地的消毒等。官方兽医科学、公正的指导评价和监督，促使企业在饲养、生产过程中依法运作，国家的动物疫病控制和扑灭计划就可得到落实，动物的无疫病状态才能得以维持。其次是对动物屠宰和动物产品生产加工过程实施监管，在此环节主要涉及宰前、宰中、宰后以及生产加工的检疫检验和监督检查，发达国家均指派官方兽医监督剔除患有疫病的动物和处理染疫的动物产品。其间可以聘用私人兽医（有的是签约兽医）协助官方兽医开展检疫，但是经检疫合格的，均须由官方兽医签发动物卫生证书。最后是对进入流通、销售和餐饮（包括家庭）环节的监管，是前两个环节监管的延续，也是对前两个过程的查验和认可。进入流通和销售环节的动物产品，离人们的餐桌就不远了，这个阶段的动物卫生监督更不可忽视，理所当然需要官方兽医代表国家实施监督管理。

2. 强大的技术体系支撑格局

依靠动物卫生技术支撑体系，保障执法的公正性、科学性和权威性。监管执法行为只有以技术体系作支撑，才能确保监管的科学性，从而将监管执法行为与技术活动进行相对分离。从官方兽医制度运作来看，官方兽医所作的任何执法行为均离不开技术体系的支撑。也可以说，官方兽医制度是国家动物卫生技术体系支撑和负责下的兽医管理模式。

3. 个人负责机制

官方兽医个人作为执法主体，对外行使权力和承担责任。从各国官方兽医制度的实施情况看，官方兽医都拥有很大的权力，官方兽医本人既是执法主体，同时又是责任主体，可代表国家签发动物卫生证书。如果官方兽医在其执法过程中出现失误，官方兽医本人则要承担相应的法律责任。故而国外特别强调和关注兽医的职业道德，并把职业道德作为官方兽医加强自身素质修养和维护执法公正性的法定职守。因此，要求官方兽医在其签发的证书上都要做出郑重声明："我，签字的官方兽医，保证……"。由此可见一斑。

4. 垂直管理体制

管理体制为国家（联邦）垂直管理，或者是省（州）垂直管理。官方兽医由国家兽医行政管理部门授权或任命，并由国家提供经费支持和保障，故其在行使职权的过程中必须对国家兽医机构直接负责。这就可以有效地排除地方或企业不正当的干扰，确保国家动物卫生和兽医公共卫生的政令畅通，从而有效地避免地方保护。目前，OIE绝大多数成员国均对兽医行政执法机构实行了垂直管理体制。

官方兽医垂直管理分为不同的类型：欧洲和非洲绝大多数实行的是典型的国家（联邦或中央）垂直管理型的官方兽医制度；美洲国家大多和美国一样，实施的是联邦（国家）垂直管理和各州垂直共管的制度类型；澳大利亚则实行的是州垂直管理制度。

三、官方兽医制度的实施

官方兽医制度既包括官方兽医队伍建设层面的管理制度又包括官方兽医监管层面的管理制度。但是，在国外（一般情况下），官方兽医制度主要是指监管层面的管理制度。

实施官方兽医制度必须首先明确国家统一的最高兽医行政管理部门，目前绝大多数国家将农业部确定为中央兽医行政管理部门，其对兽医事务的管理在全国范围内具有绝对的权威性。特别是在动物及动物产品的国际贸易中，国家兽医管理部门是有完全权威并确保或监督执行国际动物卫生法典、推荐动物卫生措施的中央政府兽医行政机关。

实施官方兽医制度，还必须按照OIE《陆生动物卫生法典》的要求，建立官方兽医队伍和辅助体系，并对官方兽医进行严格的培训、考试、考核和任用，从而规范官方兽医队伍的管理，为建立一支公正、廉洁、高效的高素质兽医队伍提供制度保障。

世界贸易组织（World Trade Organization，简称WTO），《实施卫生与植物卫生措施协议》（简称《SPS协议》）所定义的动植物卫生措施包括动植物产品从饲养管理（田间生产）直到形成食品全过程所有方面的法律、法规、规定、要求、标准和程序。只有建立一个统一的官方兽医制度，才有可能监控这些措施在生产全过程中的实施情况。发达国家的兽医管理经验证明，高质量的动物产品是在生产过程中形成的，而不是单靠检疫检出来的。提高动物产品卫生质量的唯一途径，就是生产者在饲养生产的全过程中认真贯彻执行国际通行的动物卫生法律、标准和建议，而统一、协调、高效的兽医卫生指导、监督、管理本身就是必不可少的措施。实施官方兽医制度，可以在彻底理顺兽医管理体制的基础上，强化对动物卫生措施的监控力度，有效控制疫病和食品安全，提高动物产品的卫生质量和消费安全，从而增强动物产品在国际市场上的竞争能力。

第二节　官方兽医的基本概念

一、兽医和兽医机构的相关定义

（一）OIE《陆生动物卫生法典》中有关兽医和兽医机构的表述

（1）兽医（Veterinarian）。兽医是指在某国兽医法定机构注册或获得该机构颁发兽医执业证书、在该国从事兽医医疗/研究工作的人员。

（2）助理兽医（Veterinary Para-professional）。助理兽医是指根据《陆生动物卫生法典》规定，由兽医法定机构授权并在兽医的领导和监督下，在其境内从事指定任务（任务内容取决于兽医辅助人员的具体类别）的人员。兽医法定机构应根据需求、资质和培训，确定每一类兽医助理的任务。

（3）官方兽医（Official Veterinarian）。官方兽医是指经国家兽医行政主管部门授权的兽医，其职责为执行官方指派的动物卫生和/或公共卫生任务，对动物及动物产品进行检查，并在必要时按《陆生动物卫生法典》第5.1和5.2章的规定签发合格证书。

（4）主管部门（Competent Authority）。主管部门是指一国兽医行政主管部门或其他政府部门，其职责与权限是保障或监督境内动物卫生与动物福利措施、国际兽医证书和OIE《陆生动物卫生法典》中其他标准和建议得到有效实施。

（5）兽医当局（Veterinary Authority）。兽医当局是指成员国由兽医、其他专业人员和专业助理人员构成，有责任和能力确保或监督实施动物卫生和福利措施及其他标准和准则的政府部门。

（6）兽医机构（Veterinary services）。兽医机构是指在国内实施《陆生动物卫生法典》规定的动物卫生和福利措施及其他标准和准则的政府和非政府组织。兽医机构受兽医行政主管部门的总体管理和指导。私人组织兽医、兽医辅助人员或水生动物卫生专业人员通常由兽医行政主管部门批准和委托行使职能。

（7）兽医法定机构（Veterinary statutory body）。兽医法定机构是指监管兽医和助理兽医的独立自主机构。

（二）我国对兽医的相关定义

为了便于更好地学习和掌握兽医的定义，现将我国对兽医有关定义收录于此，供学习分析和研究比较。

1. 官方兽医

根据《动物防疫法》规定，官方兽医是指具备国务院兽医主管部门规定的资格条件，并经兽医主管部门任命的，负责出具检疫等证明的国家兽医工作人员。

2011年《农业部关于做好动物卫生监督执法人员官方兽医资格确认工作的通知》（农医发〔2011〕25号），明确了动物卫生监督机构官方兽医的确认条件：一是属于编制内人员，二是在动物、动物产品检疫和其他动物卫生监督管理执法岗位工作。符合上列条件的，才能确认为官方兽医。

2. 执业兽医

根据《执业兽医管理办法》的规定，执业兽医是指从事动物诊疗和动物保健活动的兽医人员，包括执业兽医师和执业助理兽医师。

我国实行执业兽医资格考试和注册制度。凡从事兽医执业活动的，必须取得执业兽医资格证书，并经县级以上人民政府兽医主管部门注册。执业兽医资格考试为"国家考试"，即由农业部统一组织，全国统一大纲、统一命题、统一考试。具有兽医、畜牧兽医、中兽医（民族兽医）或者水产养殖专业大学专科以上学历的人员，可以参加执业兽医资格考试。执业兽医资格考试内容包括兽医综合知识和临床技能两部分。执业兽医资格考试成绩符合执业兽医师标准和执业助理兽医师资格标准的，由省、自治区、直辖市人民政府兽医主管部门分别颁发《中华人民共和国执业兽医师资格证书》和《中华人民共和国执业助理兽医师资格证书》。凡取得执业兽医师资格证书从事动物诊疗活动的，应当向从业所在地注册机关申请兽医执业注册；取得执业助理兽医师资格证书从事动物诊疗辅助活动的，应当向注册机关备案。兽医师执业证书和助理兽医师执业证书应当载明姓名、执业范围、受聘动物诊疗机构名称等事项。

3. 乡村兽医

乡村兽医是指尚未取得执业兽医资格，经登记在乡村从事动物诊疗服务活动的人员。乡村兽医只能在本乡镇从事动物诊疗服务活动，不得在城区从业。乡村兽医在乡村从事动物诊疗服务活动的，应当有固定的从业场所和必要的兽医器械。乡村兽医应当按照《兽药管理条例》和农业部的规定使用兽药，并如实记录用药情况。

我国实行乡村兽医登记制度。凡符合条件的，均可向县级人民政府兽医主管部门申请乡村兽医登记。国家鼓励符合条件的乡村兽医参加执业兽医资格考试，鼓励取得执业兽医资格的人员到乡村从事动物诊疗服务活动。

二、国外官方兽医机构人力资源构成状况

（一）OIE 有关兽医机构人力资源的基本规则

OIE《陆生动物卫生法典》在兽医机构评估准则中指出，兽医机构的人力资源应以正式公务员为核心，主要包括专业官员、行政官员和技术支持人员三方面的力量，必要时还可以聘用兽医辅助人员、助理兽医和私人兽医。虽然，世界各国对官方兽医的称谓不尽相同。但根据《陆生动物卫生法典》的相关规定，兽医专业官员、行政官员和技术支持人员可以统称为广义的"官方兽医"，即官方兽医人员。为便于表述，现根据《陆生动物卫生法典》的规定，将官方的兽医人力资源大体分为三种类型，即官方兽医（专业官员）、兽医官（行政官员）和动物卫生技术人员（技术支持人员）。

（二）国外官方兽医人员分布情况

（1）首席兽医官（国家代表）。大多数国家的首席兽医官设在执行机构，国家首席兽医官是一个国家国际兽医事务的唯一代表。

（2）兽医官（行政官员）。国外的兽医官分布在决策机关，主要负责动物卫生立法、制定政策和宏观管理。

（3）官方兽医（专业官员）。绝大多数官方兽医分布在执行机构，主要负责动物卫生监督管理和签发相关的动物卫生证书。

（4）技术人员（技术支持人员）。国外的技术人员分布在技术支撑单位（相关中心、实验室、研究机构等），主要承担动物疫病监测、检验、技术研究和风险分析等任务。

（三）国外官方兽医的相关定义

1. 官方兽医（Official Veterinarian）

根据《陆生动物卫生法典》1.1.1节对官方兽医的定义。可以理解为官方兽医就是兽医机构人力资源构成中的兽医专业官员。我们也可以理解为此定义属于狭义的官方兽医定义。

各国对官方兽医的称谓不尽相同，欧洲称为官方兽医，加拿大称为检疫官，美国称为兽医官，以色列称为兽医警察。

2. 兽医官（Veterinary Medical Officer，简称VMO）

多数国家将兽医机构人力资源中主管兽医工作的行政官员称之为兽医官。兽医行政官员大多分布在国家和地方的兽医行政管理部门即决策机关，主要负责动物卫生立法、制定政策和兽医工作的宏观管理。OIE只是将行政官员归类于"兽医官"。但是，并没有对"兽医官"一词进行明确的定义。

各国设立首席兽医官（Chief Veterinarian Officer，简称CVO）的通行作法，已经形成世界公认的国际惯例。根据《陆生动物卫生法典》规定，在国际兽医事务中，国家首席兽医官是一个国家的唯一代表，OIE寄送给首席兽医官的所有通报和信息即视为已向有关国家寄送，由首席兽医官寄送给OIE的通报和信息即视为有关国家已寄送。

美国将专业官员即官方兽医称为兽医官。美国的兽医官是指政府部门的全职兽医或由美国农业部动植物检疫署（Animal and Plant Health Inspection Servite，简称APHIS）雇用的兽医。美国的兽医官均为公务员。兽医官分布于APHIS系统（国家兽医实验室、国家生物制品监督中心、国家动物卫生与流行病学中心各设有10余名VMO）和食品安全监督局（Food Safety and Inspection Service，简称FSIS）系统及其派驻在各州的兽医机构。美国设有首席兽医官、高级兽医官、普通兽医官、地区兽医主管和州立动物卫生官等。但在这些兽医官中，只有APHIS派驻在各州的地方兽医局中行使进出口及州际间动物及动物产品检疫监督的兽医官才有权出具兽医卫生证书。

3. 动物卫生技术人员（Animal Health Technician，简称AHT）

动物卫生技术人员是负责动物疫病诊断、检测和分析等技术工作的兽医人员，类似于《陆生动物卫生法典》中的技术支持人员。值得指出的是，有些国家的实验室兽医负责人员需在动物卫生证书上签字，表明动物及动物产品的检验或监测结果。最后，官方兽医根据实验室检测结果、临床症状等签字出证。

第三节　官方兽医的职责

一、官方兽医定义关键点分析

根据《陆生动物卫生法典》对官方兽医的定义，其关键点有三：一是国家兽医行政管理部门授权。官方兽医在履行职责的过程中，是代表国家行使动物卫生和兽医公共卫生的职权，因此必须有国家兽医行政管理部门的授权。二是对商品的动物卫生和/或公共卫生行使监督执法权。三是签发兽医卫生证书。

二、官方兽医主要职责

1. OIE 的相关表述

OIE《科学与技术评论》提出官方兽医除了负责动物卫生和公共卫生之外，还将环境卫生囊括到官方兽医的职责中。指出官方兽医的职责包括动物卫生、食品安全和环境卫生三方面。具体细化为：

（1）动物疫病和人畜共患病的诊断、通报、监测和根除。

（2）动物源性食品安全的监管。

（3）兽药、野生动物和环境的监管。

（4）动物、动物产品国际贸易的检查监督。

（5）动物源性产品和废弃物的监管。

2. 联合国粮食及农业组织关于官方兽医机构职责的界定

联合国粮食及农业组织（Food and Agriculture Organization of the United Nations，简称 FAO）认为官方兽医机构的职能应涵盖动物卫生、公共卫生和动物福利。FAO《加强发展中国家动物卫生机构指南》第三章规定的官方兽医机构的职能为：

（1）促进动物卫生和畜牧业发展。具体包括：流行病学监控、疾病调查、疫病预防控制和根除、动物检疫、动物疫病紧急反应体系、动物疾病临诊服务、兽药和兽用生物制品的控制、兽医检验、野生动物疾病监控、水生动物疾病监控及研究与培训。

（2）保护人类卫生和健康。具体包括：人畜共患病控制、食品卫生、残留检测和培训。

（3）动物保护和动物福利。具体涉及实验、诊疗、销售、运输、屠宰等行为中保护和福利的监管。

3. 国外官方兽医机构的职能

（1）美国兽医局的职能。负责保护和促进动物、动物产品及生物制品的卫生、质量和市场份额；处理洲际间、地区间、国家间的贸易纠纷；预防和控制动物疫病以支持养殖业发展。具体职责包括：参与和执行美国农业部动植物检疫署（APHIS）的计划、项目和活动；领导全国兽医卫生工作，负责动物卫生监控体系、国外动物疫病调查、国内动物疫病控制和根除体系、紧急反应；领导和协调全国动物卫生信息体系；领导和协调兽医生物制品的安全生产和合理使用；提供兽医实验室支持，规范和管理兽医实验室工作，负责动物和动物产品进出口检验和认证等。

（2）澳大利亚官方兽医机构职能。制定和实施动物卫生政策，动物疫病防控和根除，动物产品卫生和安全，兽药监管，进出口动物及其产品检验检疫。

（3）加拿大动物卫生局的职能。加拿大动物卫生局负责从农场到屠宰场整个过程的动物卫生工作。具体包括：国内动物疫病控制体系的管理；外来动物疫病预案、进出口认证；肉、蛋、奶及其制品和蜂蜜等动物源性食品的卫生安全监管；兽医生物制品的监管、动物饲料注册；动物卫生科研工作。

综上所述，国外官方兽医机构有如下职责：一是动物卫生，动物疫病的防控和根除。二是兽医公共卫生，人畜共患病监控，动物源性食品安全。三是兽药监管。四是动物及其产品的进出口监管。官方兽医机构中的官方兽医是这些职责的主要执行者。

4. 首席兽医官的职责

根据 FAO《加强发展中国家动物卫生服务的指南》的规定，国家首席兽医官的职责应包括以下十方面：

(1) 提出政府动物卫生策略和政策。

(2) 在对本国动物卫生状况实行监控的基础上制定工作重点和方向。

(3) 规划和实施各项动物卫生项目。

(4) 制定财政预算。

(5) 管理人力和物力资源。

(6) 评估项目的效益/费用。

(7) 与邻国、别国和国际组织之间的合作。

(8) 如果人类卫生部门和兽医部门是分设的，建立兽医部门与人类卫生部门之间的部门合作。

(9) 控制人类疾病的动物宿主。

(10) 分发疾病和控制信息。

第四节　官方兽医管理

一、官方兽医任职条件

在欧美国家，官方兽医一般要具备以下条件：

(1) 接受过 5～7 年的兽医学历教育，获得兽医专业学位或同等学位。

(2) 获得学位者只有在国家兽医专业资格管理机构注册才具备从业资格。

(3) 具备从业资格后要接受法律、管理等方面的培训，且考核合格。

官方兽医要具备的条件在不同国家稍有差别，例如，美国、加拿大、日本、澳大利亚等国还要通过国家兽医资格考试，取得兽医资格证书。

法国官方兽医任职的必要条件是在法国专门负责官方兽医培训的机构——国家兽医公共学院（里昂）培训 1～2 年，且取得相应文凭。

二、官方兽医层级关系

官方兽医的最高级别为首席兽医官。绝大多数国家，例如，德国、英国、法国、美国、澳大利亚、日本等都设置了首席兽医官。

有的国家在中央和地方层面上设置不同的官方兽医工作岗位。在美国的联邦（中央）层面上，官方兽医主要分布在农业部相关部门及 APHIS 所辖的 44 个地方兽医局。在联邦农业部系统工作的兽医统称为兽医官（Veterinary Medical Officer，VMO）并有高级兽医官和普通兽医官之分。APHIS 44 个地方兽医局的兽医官称为地方兽医主管（Area Veterinarian In Charge，简称 AVIC），VMO 和 AVIC 又称为联邦兽医（Federal Veterinarian）。

在州（地方）层面上，例如，密歇根州动物卫生部门的官方兽医首长为州首席动物卫生官（Chief Animal Health Official），其他官方兽医为州立动物卫生官员（State Animal

Health Official)，二者都是州立官方兽医。

澳大利亚在联邦动物卫生部门、州/行政区及其辖下的区动物卫生部门任职的兽医统称政府兽医官（Government Veterinary Officer），在区级以下的动物卫生部门任职的官方兽医统称为检察官（Inspector）。

获得兽医行政管理部门授权的官方兽医，依法独立行使职权，只对雇佣者负责，相互之间没有层级隶属关系。

三、官方兽医任命程序

（一）美国 APHIS 招聘官方兽医的程序

公布招聘信息后，申请者须通过人力资源办公室的初审，合格者名单送交具体的招录部门，经过用人部门的审查，确定录用。

依据《美国法典》第 5 卷第 2104 节和《联邦法典》第 9 卷第 98 节，联邦兽医官（VMO）由 APHIS 的首长任命。根据州法律，地方动物卫生官员由州行政长官任命。

（二）加拿大官方兽医任命程序

在加拿大，官方兽医是公务员，依照《加拿大食品监督管理署法》由署长或经署长授权的负责人任命为检察官。

四、官方兽医培训

在国外，官方兽医培训计划是法定的，国家必须制定官方兽医培训规划和年度培训计划，以确保官方兽医每年都可接受培训。

官方兽医培训分为基础培训和继续教育培训两种类型。

1. 基础培训（以法国为例）

只有经基础培训合格，才有资格竞争官方兽医职位，这是成为官方兽医必经阶段。接受培训的兽医人员，需在国家兽医公共学院（里昂）学习 1~2 年，学习时间的长短，取决于接受培训人员所持有的文凭。

培训的具体内容如下：

第一年，学员需要用 6 周时间听课；用 3 周时间进行案例研究；还需要在基层兽医局工作 10 周；另外，他们还需要花费 29 周的时间完成与官方兽医相关的论文。

第二年，学员需要完成的课程（学时）有：法律 90 学时、公共管理 27 学时、经济学 60 学时、国际卫生政策 42 学时；人力资源管理方面共 108 学时，其中，英语 30 学时、行政科学 18 学时和信息 60 学时；兽医公共卫生方面共 427 学时，其中，卫生危害控制 195 学时、官方检疫 52 学时、检疫监督实践 90 学时、环境保护 78 学时和动物福利 12 学时。

2. 继续教育培训

（1）针对在岗低级别官方兽医的培训。培训方式主要分为三种：长期课程培训、远程培训和培训研讨会。

课程设置，培训课程多应大众或社会机构的需要设置。下面是法国国家兽医公共学院（里昂）提供继续教育的目录：动物福利（饲养动物和野生动物）；流行病学实践；风险评估（模型介绍）；风险评估（改良模型）；动物饲养（有关官方控制的介绍）。

（2）针对在岗高级别官方兽医的培训。继续教育培训目录的纲要：适当的动物卫生保护水平和国际卫生政策；兽医公共卫生的职责；质量保证管理项目；紧急计划—处理流行病危机的办法；饲料中不符合要求的物质；禽沙门氏菌风险管理；兽药制品的监管；公共卫生：生物学风险、灾害和自然风险研究；食品社会学介绍；兽医检疫事务方面的行政管理和刑法；新城疫紧急应对计划；捕获野生动物群；动物饲养学；法规。另外，还进行一些特殊的专题培训，例如，口蹄疫、疯牛病和新法规方面的培训。

五、我国官方兽医培训

官方兽医培训是我国官方兽医队伍建设的重要内容，是提高我国官方兽医队伍依法行政能力和职业素质的必然要求。2010年4月农业部发布了《2010—2014年全国官方兽医培训规划》，确立了官方兽医培训的指导思想和基本原则，明确了培训目标、培训内容和方式以及保障措施。

（一）培训类别

考虑到我国官方兽医队伍的现状，2010—2014年，我国对官方兽医重点开展了以下五项培训：

1. 岗前基础培训

对新录用的官方兽医进行农业行政执法规范、动物防疫检疫、兽医医政药政、动物产品质量安全、官方兽医职业道德规范和动物卫生法学理论知识等方面培训，经资格考试合格的方可上岗。官方兽医岗前基础培训由省、自治区、直辖市兽医主管部门负责组织实施。岗前基础培训由省、市兽医主管部门负责。岗前基础培训学习时间不得少于50学时。

2. 继续培训

对在岗官方兽医进行动物卫生法学理论、动物卫生监督管理、重大动物疫情应急处理和岗位兽医专业技术等方面的继续教育和知识更新培训，不断提高官方兽医依法行政能力和兽医专业技术水平。官方兽医继续培训由省、市两级兽医主管部门负责组织实施。官方兽医继续培训实行集中培训与自学相结合的方式，每年学习培训不得少于30学时。

3. 官方兽医师资培训

对承担官方兽医培训的人员进行农业行政执法规范、动物卫生法学理论、动物卫生监督管理、突发重大动物疫情应急管理和国际动物卫生规则等方面知识培训，培养一批官方兽医培训师资队伍，逐步建立健全官方兽医培训师资库。官方兽医师资培训分别由农业部和省级兽医主管部门组织实施。官方兽医师资培训学习时间不得少于60个学时。建立官方兽医师资轮训制度，官方兽医师资每三年要轮训一次。截至2013年12月，农业部在全国范围内已累计培训官方兽医师资1 000名左右，基本满足了各省的师资需求。

4. 官方兽医管理干部培训

对各级兽医机构管理干部进行重大动物疫情应急管理、动物卫生监督管理和兽医医政药政管理等内容的轮训。省级兽医机构管理干部培训由农业部组织，地、市、县级兽医机构管理干部培训由省、自治区、直辖市兽医主管部门负责组织实施。

5. 兽医专业学历教育

与相关兽医院校联合开展在职学历学位教育，进一步提升官方兽医队伍学历学位层次，提高官方兽医队伍兽医专业基础知识。

（二）培训内容

2010—2014 年，我国官方兽医培训的主要内容包括以下几个方面：一是农业行政执法规范。二是动物防疫检疫、兽医医政药政和动物产品质量安全等动物卫生法律法规。三是动物卫生监督管理知识。四是突发重大动物疫情应急管理。五是官方兽医职业道德规范。六是国际动物卫生规则。七是动物卫生法学理论知识。八是动物流行病学、动物疫病风险评估、动物产品安全风险评估、兽医经济学、动物防疫信息化应用和公共管理等方面的一些新知识、新技术。

第五节　对官方兽医相关问题的思考

一、什么是官方兽医

关于官方兽医的内涵，我们认为，官方兽医就是"官方"的"兽医"，也就是"承担政府职能的兽医"。从属性上看，官方兽医首先必须是"兽医"。若不是兽医，则不具备担任官方兽医的资格。这是兽医职业的专有性特点决定的。例如，我国台湾地区《兽医师法》第一条规定："经兽医师考试及格者，领有兽医师证的，得充任兽医师。"由此可见，官方兽医并不是"官"，是兽医，是国家兽医专业人员。从功能上看，官方兽医是官方或政府的兽医。这是兽医职业分化的结果。根据兽医服务供给主体不同，兽医职业可分化为官方兽医和执业兽医。官方兽医是承担需要由政府提供公共兽医服务的兽医，执业兽医则是面向市场提供私人兽医服务的兽医。

简单地讲，官方兽医就是政府兽医，执业兽医则是社会兽医。

二、哪些机构的人员是官方兽医

哪些机构的人属于官方兽医，是各级兽医部门非常关注的问题。对此，有的认为只有动物卫生监督机构的人是官方兽医，有的认为兽医行政管理部门、动物卫生监督机构和动物疫病预防控制机构等三类机构的人都是官方兽医。国务院 15 号文件明确地规定了兽医体系的工作机构为兽医主管部门、监督执法机构和动物疫病防控机构。这三类兽医工作机构为国家或政府的官方兽医工作机构，这些机构中的工作人员依法承担着国家或政府的兽医职责。因此，这三类机构中的相关人员就应当是官方或政府的兽医人员。

从官方兽医内涵看，兽医工作机构中的兽医人员是否属于官方兽医，关键看其是否依法承担政府兽医职责，不能简单看其属于哪一个机构。有的人根据《动物防疫法》第四十一条第二款"动物卫生监督机构的官方兽医具体实施动物、动物产品检疫"的规定，推导出只有动物卫生监督机构的人员才是官方兽医的结论，这是不准确的。因为此款仅明确了动物、动物产品的检疫由动物卫生监督机构的官方兽医实施，或者说只有动物卫生监督机构的官方兽医才能实施动物及动物产品的检疫工作。《动物防疫法》这条规定表述的是其职责，并非规定官方兽医的范围。

另外，OIE 规定的官方兽医是指"国家兽医行政管理部门授权对商品的动物卫生/或公共卫生行使监督的兽医，并根据《法典》5.1 章和 5.2 章条款规定签发证书"。OIE 依据履行职责的性质将官方兽医人员划分为行政官员、技术支持人员和官方兽医，只有官方兽医才能根据法典规定签发国际贸易的动物卫生证书，而行政官员和技术支持人员则不具有签发国际贸易卫生证书的权力。我国对官方兽医的规定与 OIE 法典对官方兽医的规定在内涵与外延均有差异，故据此认为只有行使监督执法权的兽医才是官方兽医的理解也是片面的。

从政策法律规定看，国务院 15 号文件和《动物防疫法》对此问题事实上已作出规定。国务院 15 号文件规定，官方兽医是指"有权出具动物卫生证书的国家兽医工作人员"。《动物防疫法》规定，官方兽医是指"负责出具检疫等证明的国家兽医工作人员"。我们认为，国务院 15 号文件和《动物防疫法》规定的"动物卫生证书""检疫等证明"，不能狭义地理解为动物卫生监督机构出具的动物、动物产品检疫合格证，应当还包括兽医行政管理部门颁发的《动物防疫条件合格证》《动物诊疗许可证》和动物疫病预防控制机构出具的诊断监测报告、检验检测结论等证书。

有鉴于此，官方兽医应当包括三类兽医机构中依法承担政府职责的兽医人员。

三、实行官方兽医制度的意义

实行官方兽医制度，首先是适应兽医职业化发展的需要。也就是在兽医职业化发展过程中，根据提供兽医服务的性质不同，可将兽医分化为执业兽医和官方兽医。其次是适应兽医工作属性的需要。兽医工作是一项专业性较强的工作。实行官方兽医制度，突出兽医工作专业化属性，对于提高兽医工作科学化水平，具有重要意义。再次是与国际作法接轨的需要。OIE 有 170 多个成员，70% 以上的成员实行官方兽医制度，也是从专业化、职业化角度强调官方兽医要在兽医工作中发挥作用。基于上述，应当对以下几个大家关注的问题端正认识：

（1）关于官方兽医和"参照公务员"（以下简称"参公"）管理。我国现行官方兽医制度的调整范围是国家兽医工作人员的资格、职责和行为，其调整对象是人。在实际工作中，有的地方期望通过实行官方兽医制度，由国务院兽医主管部门和人事主管部门共同发文明确兽医机构人员"参公"身份问题，这种想法是不符合国家有关机构人事管理规定的。"参公"管理的前提是机构"参公"，在此基础上才能确定其机构的人员"参公"身份。同时，"参公"管理实行一机构一审批，国务院兽医主管部门和人事主管部门不可能统一要求全国动物卫生监督机构实行"参公"管理。因此，动物卫生监督机构是否"参公"管理，并不取决于实行官方兽医制度。

（2）关于动物卫生监督机构现有执法人员的官方兽医身份。过去，动物检疫和监督执法工作，由动物卫生监督机构的检疫员、监督员具体实施。2007年修订的《动物防疫法》实施之后，按规定动物、动物产品的检疫，应当由动物卫生监督机构的官方兽医负责实施。对此，各级兽医部门认为目前动物卫生监督机构的检疫员、监督员没有明确其官方兽医身份，其实施动物、动物产品检疫及其监督执法的合法性受到质疑。按照《动物防疫法》第四十一条第三款的规定，负责出具检疫等证明文件的国家兽医工作人员就是官方兽医。因此，不管其过去叫检疫员还是监督员，只要目前其岗位职责是依法负责动物、动物产品检疫及其监督执法，其身份就应当是官方兽医。但是，这种身份确认应当在农业部的统一部署之下依法进行，这种确认只解决了在实施动物检疫过程中其官方兽医身份合法，与其行使行政处罚权的执法身份是否合法没有必然联系。

（3）关于官方兽医资格与行政执法资格。官方兽医资格不同于行政执法资格。官方兽医资格是表明其具有兽医专业能力、依法履行政府兽医职责的条件。而行政执法资格是执法人员依法履行行政执法职能的资格，其外在形式表现为必须取得行政执法资格证书。按照《中华人民共和国行政处罚法》（以下简称《行政处罚法》）的规定，执法人员调查处理案件时必须向管理相对人出示行政执法证件，表明执法身份。目前，行政执法证件有两类，一类是各省（自治区、直辖市）人民政府颁发的，另一类是国务院行业主管部门颁发的。1998年农业部颁布实施《农业行政执法证件管理办法》，规定农业行政执法证是农业行业有效的执法资格证件，当然有的地方农业行业执法人员同时持有政府颁发的执法证。因此，动物卫生监督机构的官方兽医行使监督执法特别是行使行政处罚权时的身份证明只能是有关行政执法证件。

四、如何推进官方兽医制度建设

当前和今后一段时期，推进官方兽医制度建设，重点要做好以下几项工作：

（1）抓紧明确动物卫生监督机构现有从事动物、动物产品检疫及其监督执法人员的官方兽医称谓。按照《动物防疫法》规定，抓紧明确动物卫生监督机构目前在编在岗从事动物、动物产品检疫及其监督执法的国家兽医工作人员为官方兽医。同时，通过实施签约兽医制度，妥善处理目前大量存在的协检员问题，以确保动物、动物产品检疫工作正常开展。

（2）加快建立官方兽医资格准入制度。官方兽医本质上是"兽医"，作为"兽医"，不管是"官方"的还是社会的，其资格准入条件应当一致。这类似法官、检察官和律师，虽然其所处地位和承担职责不同，但本质上都是法律工作者，其资格条件应当同等。过去，律师从业需要通过国家律师资格考试，但对法官、检察官没有相应要求。但从2001年起，国家统一了法官、检察官和律师的资格条件，明确规定初任法官、初任检察官与律师一样，都必须参加国家司法考试，取得法律职业资格。因此，应当在明确现有动物卫生监督机构执法人员身份、稳定动物卫生监督执法队伍的基础上，对新进入官方兽医队伍的人员，实行与执业兽医一样的资格准入制度，都必须参加全国执业兽医资格考试，取得执业兽医资格证书。

（3）切实加强官方兽医教育培训。加强官方兽医培训是当前官方兽医制度建设的重中之重。近年来各级动物卫生监督机构加大动物卫生监督执法力度，动物检疫率和违法案件查处率逐年上升，但总体上看全国动物卫生监督执法人员素质仍待进一步提高，执法能力和水平亟待进一步加强。为此，2010 年农业部发布了《2010—2014 年全国官方兽医培训规划》，并于 2009—2013 年举办十期全国官方兽医师资培训，各地也先后开展了官方兽医教育培训工作。下一步，要继续加大官方兽医培训力度，拓展培训内容，创新培训方式，注重培训实效，切实提高动物卫生监督机构官方兽医素质。同时，要抓紧研究制定适合兽医行政管理部门和动物疫病预防控制机构官方兽医的培训方案，着力提高兽医行政管理部门官方兽医的依法决策、依法管理能力，着力提高动物疫病预防控制机构官方兽医的检测诊断及技术支撑能力。

第二部分　动物卫生行政法学

第二章　动物卫生行政法学理论

第一节　动物卫生行政概述

一、动物卫生行政的概念和特征

动物卫生行政是指动物卫生行政主体代表国家依法对动物卫生工作进行组织与管理的活动，它是我国行政的组成部分。动物卫生行政具有如下特征：

（1）动物卫生行政的主体必须具有法定的行政职责。我国的动物卫生行政主体是兽医行政主管部门和动物卫生监督机构。

（2）动物卫生行政是代表国家进行的行政管理活动，是国家行政的组成部分。

（3）动物卫生行政以动物卫生行政法律规范为依据，必须严格遵守动物卫生法律、法规、规章及其他规范性文件的规定，任何超越动物卫生行政法律规范规定所实施的动物卫生行政行为，都是无效的。

由于动物卫生行政的目的在于预防、控制和消灭动物疫病，保护消费者的权益，保障人民身体健康，保证动物防疫工作秩序的正常运转，促进畜牧业生产的发展，维护公共卫生安全。因此它的这些特征，既区别于一般的行政，又区别于一般的动物卫生技术工作，体现了动物卫生行政独有的特点。

二、动物卫生行政主体

动物卫生行政主体是指动物卫生行政行为的实施机关，包括兽医行政主管部门和动物卫生监督机构。

（一）兽医行政主管部门

（1）国务院兽医主管部门。农业农村部主管全国的动物卫生和动物卫生监督工作，具体工作由畜牧兽医局承担。

（2）县级以上地方人民政府兽医主管部门。县级以上地方人民政府兽医主管部门主管本行政区域内的动物卫生工作。各级兽医主管部门在职权范围内，依法履行具体的动物卫生管理职责。

（二）动物卫生监督机构

1. 关于动物卫生监督机构的设立

根据国务院 15 号文件的精神，要求各地结合本地的实际情况，对动物防疫、检疫、监督等各类机构及其行政执法职能进行整合，组建动物卫生监督机构，作为动物卫生行政执法机构，负责动物卫生监督行政执法工作，兽医行政主管部门负责对其进行归口管理，并加强其履行职责所需要的技术手段的能力建设。农业部为了全面贯彻落实《动物防疫法》等法律法规和国务院 15 号文件精神，于 2011 年发布了《关于进一步加强动物卫生监督工作的意见》，加快推进动物卫生监督执法机构的建设，要求省、市、县三级地方人民政府根据本地的实际情况，组建具备独立法人资格的动物卫生监督机构，且动物卫生监督机构应当具有独立的银行账号。目前，在省、市、县三级分别设立了动物卫生监督机构，名称为"动物卫生监督所"。在乡镇或区域设立动物卫生监督分所作为县级动物卫生监督机构的派出机构，名称统一为"××县动物卫生监督所××分所"，同时要求各级动物卫生监督机构应使用统一的执法标识，树立良好社会形象。

《动物防疫法》规定：县级以上地方人民政府设立的动物卫生监督机构依照本法规定，负责动物、动物产品的检疫工作和其他有关动物防疫的监督管理执法工作。进一步明确了动物卫生监督机构作为动物卫生行政主体的法律地位。各级兽医行政管理部门应加强对动物卫生监督机构建设的具体指导，分级负责，合理设置机构，优化人员结构，防止职能交叉、权责脱节和执法力量薄弱等问题，建立职责明确、行为规范、执法有力、保障到位的动物卫生监督体系。

2. 动物卫生监督机构职责

动物卫生监督机构依法负责动物防疫的监督管理执法工作，其主要职责有：依法实施辖区内的动物及动物产品检疫；对辖区内有关单位和个人执行有关动物卫生法律规范和技术规范的情况进行监督和检查；纠正和处理违反动物卫生法律、法规和规章的行为，决定动物卫生行政处理、处罚；负责其他相关的动物卫生监督管理等工作。

三、动物卫生行政对象

动物卫生行政对象是指动物卫生行政主体代表国家，在组织管理动物卫生工作中其行政行为所指向的标的。动物卫生行政对象是非常广泛的，包括动物疫病、与动物卫生活动相关的单位和个人、动物及动物产品、相关物品、设施及场所等。

1. 动物疫病

动物疫病是影响养殖业发展、危及人体健康和社会公共卫生安全的主要因素之一。世界卫生组织（World Health Organization，简称 WHO）资料显示，75%的动物疫病可以传染给人，70%的人疫病至少可以传染给一种动物。某些动物疫病的暴发不仅对养殖业造成毁灭性打击，对人类生命安全造成危害，同时也影响社会稳定。因此，动物疫病是动物卫生行政对象。

2. 与动物卫生活动相关的单位和个人

从事动物饲养、屠宰、经营、运输、展览、演出、比赛和生产、经营、加工、贮藏、运输动物产品的单位和个人；动物诊疗机构及其从业人员；从事兽药研制、生产、经营、使用的单位和个人；从事与动物源性病原微生物安全有关的单位和个人；以及其他与动物卫生活动相关的单位和个人。他们的行为都与动物卫生活动有关，因而成为动物卫生行政的管理对象，即动物卫生行政相对人。

3. 动物及动物产品

（1）动物。动物是指家畜家禽和人工饲养、合法捕获的其他动物。家畜包括猪、牛、羊、马、驴、骡、骆驼、鹿、兔、犬等；家禽包括鸡、鸭、鹅、鸽等；人工饲养、合法捕获的其他动物包括各种实验动物、特种经济动物、观赏动物、演艺动物、伴侣动物、水生动物以及人工驯养繁殖的野生动物。

（2）动物产品。动物产品是指供人食用、饲料用、药用、农用或工业用的动物源性产品。例如，动物的肉、生皮、原毛、绒、脏器、脂、血液、精液、卵、胚胎、骨、蹄、头、角、筋以及可能传播动物疫病的奶、蛋等。动物及动物产品可以成为动物疫病病原的载体，因而依法加强对动物及其产品的监督管理，对预防、控制和扑灭动物疫病，保障养殖业健康发展，维护人体健康和社会公共卫生安全具有重要意义。动物和动物产品是动物防疫法的调整对象。因此，动物、动物产品当然是动物卫生行政对象。

4. 与动物卫生活动相关的物品

兽药、消毒和无害化处理的设施设备等有关物品会影响动物疫病的防控效果，因此属于动物卫生行政的管理对象。

5. 场所

场所包括动物饲养、运输、经营及动物产品屠宰、生产、加工、贮藏经营的场所，兽药生产、经营场所，动物诊疗场所等。这些场所同样会影响动物疫病的防控效果，所以必须要符合法定的条件，因此，场所也是动物卫生行政的对象。

四、动物卫生行政分类

根据动物卫生法律规范调整的范围不同，可以将动物卫生行政划分为：兽医医政、兽医药政、防疫监督管理及动物源性食品安全等。

五、动物卫生行政行为

（一）动物卫生行政行为概念及其特征

动物卫生行政行为是指动物卫生行政主体代表国家，并以国家的名义对动物卫生事务进行管理的行政行为，其具有如下特征：

（1）法律从属性。动物卫生行政主体的行政权力来自于动物卫生法律规范的授权。因此，动物卫生行政主体在实施行政行为时，必须依据动物卫生法律规范的相关规定，具备相应的法定条件。

（2）效力先定性。动物卫生行政行为一经作出，就具有法律效力，行政相对人必须服从，除非由有权机关经法定程序变更或撤销该行政行为。

（3）单方面意志性。由于行政管理及时、高效的客观需要，动物卫生行政行为只需动物卫生行政主体单方面的意思表示即可成立，行政相对人同意与否不影响动物卫生行政行为的效力。这与民事行为的成立以双方合意为原则形成鲜明的对比。

（4）国家强制性。动物卫生行政行为一经作出后即发生法律效力，依法得到国家强制力的保障。这种强制力主要体现在以下两个方面：一方面是自行强制执行。当动物卫生行政主体作出处理、处罚决定时，若行政相对人拒不执行，动物卫生行政主体可以依法强制执行。例如，在疫区对被污染的动物产品及其他污染物品强行实施无害化处理措施等。另一方面是申请人民法院强制执行。行政相对人对动物卫生行政主体作出的处理、处罚决定，在法定期限内既不申请复议或起诉也不履行，动物卫生行政主体即可申请人民法院强制执行。

（二）动物卫生行政行为分类

动物卫生行政行为是多种多样的，根据不同的标准可将其作不同的分类，而必要的分类可以使我们在动物卫生行政执法中，了解各类行政行为的特点、作用及具体运用。

动物卫生行政行为以其适用与效力作用的对象范围为标准，可分为内部行政行为与外部行政行为；以受法律规范拘束的程度为标准，可分为羁束行政行为与自由裁量行政行为；以行政机关是否可以主动作出行政行为为标准，可分为依职权的行政行为和依申请的行政行为等。这里我们只以动物卫生行政行为的对象是否特定为标准将其分为抽象行政行为与具体行政行为。

1. 抽象行政行为

动物卫生抽象行政行为是指动物卫生行政主体进行动物卫生行政管理时，以不特定的或一般的事项为对象的行为。例如，制定动物卫生法律规范的立法行为和其他规范性文件的行为；农业部颁布《动物检疫管理办法》（农业部令第6号）和《农业部关于贯彻实施〈动物检疫管理办法〉的通知》（农医发〔2010〕11号）。这类行为在功能上是从日常纷繁多样的具体行政管理活动现象中"抽象"出来，在行政活动领域中人们应当普遍遵守的具有高度概括性的行为规范，这些行为规范对不特定的人有普遍的约束力，因而称之为抽象行政行为。

2. 具体行政行为

动物卫生具体行政行为是指动物卫生行政主体以特定的或个别的事项为对象，予以具体的处置，并只对特定的对象发生法律效力的动物卫生行政行为。例如，动物卫生行政主体对违反动物卫生法律、法规、规章和其他规范性文件规定的行政相对人，依法进行的动物卫生行政处理、处罚的行为。具体行政行为在功能上是适用法律规范而不是设定具有普遍意义的规范，而且它针对的是特定对象并只对特定的对象具有约束力，因而称之为具体行政行为。

六、动物卫生行政法律关系

（一）动物卫生行政法律关系的概念及特征

动物卫生行政主体在行使行政职能的过程中，必然要对内对外发生各种关系，这些关系范围广泛、内容复杂，可以统称为动物卫生行政关系，但并不是所有的动物卫生行政关系都能转化为动物卫生行政法律关系。动物卫生行政关系经动物卫生行政法律规范确认，具有动物卫生行政法律上的权利、义务内容的，才能称之为动物卫生行政法律关系。动物卫生行政法律关系是动物卫生行政法律规范的体现，由国家强制力保障，违反或破坏这种法律关系，就要受法律的追究，承担行政法律责任。其具有如下特征：

1. 主体一方的恒定性

动物卫生行政法律关系一方当事人必须是动物卫生行政主体，即动物卫生行政主体具有恒定性。没有动物卫生行政主体，则构不成动物卫生行政法律关系。换言之，动物卫生行政法律规范对动物卫生行政主体行政职权的确认，是动物卫生行政法律关系存在的前提，没有动物卫生行政职权的存在及其行使，也就没有动物卫生行政法律关系。

2. 法律关系主体互有权利义务但具有不对等性

动物卫生行政法律关系主体的不对等性，主要表现在两个方面：一是动物卫生行政法律关系的发生只需要动物卫生行政主体单方面的意思表示即可，不需要征得相对一方的同意。例如，动物卫生行政主体颁布的各种命令、公告，以及采取的其他行政措施，都体现了这一特点。二是双方当事人所处地位不对等。动物卫生行政主体是以国家的名义依法实施管理，其行政行为得到国家强制力的保障，即使执法机关的行政行为不当或违法，相对一方也不能因此否认其效力而拒不执行，只能在事后通过行政复议或者提起行政诉讼获得补救。这一特征，明显区别于民事法律关系的形成。

3. 单方面意志性

动物卫生行政主体可以单方面创设动物卫生行政法律关系，并以国家强制力使对方接受和服从自己的意志。在动物卫生行政法律关系中，动物卫生行政主体可以以单方面的意思表示而设立某项法律关系，不需要征得行政相对人的同意。这与民事法律关系的平等性、有偿性和双方意思表示一致性，显然不同。动物卫生行政主体以单方面意思表示设立的动物卫生行政法律关系是以国家强制力作保障的，它具有强制性。行政相对人必须接受和服从。这种行政法律关系一旦产生，行政相对人就必须履行作为和不作为的义务。

4. 法律先定性

动物卫生行政法律关系的内容具有国家先定性，即动物卫生行政法律关系当事人的权利和义务都是由动物卫生法律规范预先规定的。如果没有预先规定，就不能发生行政法律关系。例如，经营者依法经营取得动物检疫证明的动物、动物产品，就是一种动物卫生行政法律关系，经营者和动物卫生行政主体之间的权利和义务，是由国家的动物卫生行政法及有关规定预先规定的，经营者和动物卫生行政主体双方都不能自由选择。

（二）动物卫生行政法律关系的构成

动物卫生行政法律关系由主体、客体和内容构成。

1. 动物卫生行政法律关系的主体

动物卫生行政法律关系的主体，即动物卫生行政法主体，又称动物卫生行政法律关系当事人，是指动物卫生行政法律关系中权利、义务的承担者。动物卫生行政法律关系存在于两个以上的主体之间。没有主体，权利、义务就没有承担者，法律关系便不存在。只有一个主体，而没有相对的一方，权利、义务关系也不能构成。动物卫生行政法律关系的主体由动物卫生行政主体即各级畜牧兽医行政主管部门以及各级动物卫生监督机构和行政相对人即公民、法人或其他组织构成。动物卫生行政法律关系中的行政相对人是指与动物卫生行政主体相对应的当事人。

2. 动物卫生行政法律关系的客体

动物卫生行政法律关系的客体是指主体双方的权利和义务所共同指向的对象或标的。包括物和行为。

（1）物。物是现实存在的、能够为人们控制和支配的物质财富。包括实物和货币。它可以是固定财产，也可以是流动财产。例如，动物卫生行政法律关系的客体有动物、动物产品，动物防疫有关证、章、标志，以及货币、环境、场所等。

（2）行为。行为包括作为和不作为。动物卫生行政法律关系最主要的客体是行为。特别是动物卫生行政主体行使职务的行为，即行使行政管理权的行为，例如，采取动物卫生行政措施，决定行政处罚行为；此外，行政相对人的行为，例如，饲养场所申请《动物防疫条件合格证》的行为，以及违反动物卫生行政法律规范的行为，也都是动物卫生行政法律关系的客体。有些动物卫生行政法律关系的客体同时包括物与行为，我们把它称之为综合客体。例如，动物卫生行政主体发现行政相对人出售染疫的动物产品时，除没收违法所得和罚款外，还要没收染疫的动物产品。这就同时出现两个客体：一是出售染疫的动物产品的行为；二是出售的染疫动物产品。

3. 动物卫生行政法律关系的内容

动物卫生行政法律关系的内容是指动物卫生行政法律关系主体之间的权利和义务。一般来讲，在动物卫生行政法律关系中，没有只享有权利而不承担义务，也没有只承担义务而不享有权利。权利和义务是对应的，一方的权利，对于另一方即为义务；一方的义务对于另一方即是权利。

（三）动物卫生行政法律关系的产生、变更和消灭

动物卫生行政法律关系是不断产生、变化和发展的。在动物卫生行政管理活动中经常会产生新的行政法律关系，同时旧的法律关系又不断地变更或消灭。动物卫生行政法律关系这种不断产生、变更、终止的过程，反映了国家行政管理活动的客观需要。

动物卫生法律事实是引起动物卫生法律关系产生、变更和消灭的原因。动物卫生法律事实是指在动物卫生行政法律关系主体之间引起行政法律关系产生、变更和消灭的客观现象，包括法律事件和法律行为。仅有动物卫生行政法律规范并不能在动物卫生行政法律关系主体之间引起动物卫生行政法上的权利和义务关系。动物卫生行政法中所规定的权利和义务关系，只表现出动物卫生行政法律关系主体享有权利和承担义务的可能性。只有当动物卫生行政法律规范中所规定的法律事实即客观现象出现时，才会引起动物卫生行政法律关系变化的后果。

1. 法律事件

法律事件是指不以人的意志为转移的客观现象。例如，经营动物产品的公民死亡，生产经营动物产品的企业倒闭或破产；自然事件；时间因素等。由于这些事件的发生，就会引起动物卫生行政法律关系的产生、变更和消灭。例如，发生了动物卫生行政法律规范规定的一类动物疫病，当地人民政府依法对该地区实行封锁并采取相应的控制、扑灭措施，这就引起了动物卫生行政法律关系的产生。

2. 法律行为

法律行为是指人的一种有意识的活动，是行政法律规范规定的按照人的意愿而作出的引起行政法律关系的产生、变更和消灭的行为。它是一种以人的意志为转移的法律事实。法律行为按其性质可分为合法行为和违法行为。合法行为是指符合动物卫生行政法规定的行为，也就是动物卫生行政法所允许的行为。违法行为是指违反动物卫生行政法律规范规定的行为，既包括作出了法律所禁止的行为即作为违法，也包括不作法律所要求的行为即不作为违法。法律行为不论是合法的行为，还是违法的行为均能在动物卫生行政法上导致一定的权利和义务关系的产生、变更和消灭。例如，动物卫生行政主体依法核发《动物诊疗许可证》，就引起了动物卫生行政主体和行政相对人之间动物卫生行政法律关系的产生。行政相对人的行为也能引起行政法律关系的产生，例如，经营者违反动物防疫法律规范的规定。

七、动物卫生行政法律责任和法律制裁

（一）动物卫生行政法律责任

1. 动物卫生行政法律责任的概念及其分类

动物卫生行政法律责任是指动物卫生行政法律关系的主体由于违反动物卫生法律规范的规定而应承担的法律后果。动物卫生行政法律责任是相对于刑事法律责任、民事法律责任而言的一种法律责任，这种法律责任的前提是有违反动物卫生行政法律规范的行为，而且该行为所要承担的后果也是动物卫生行政法而不是其他部门法规定的后果。动物卫生行政法律责任按照责任主体的不同，主要可以分为三种：

（1）动物卫生行政主体的法律责任。动物卫生行政主体的行政法律责任是指动物卫生行政主体违反动物卫生行政法律规范而应承担的法律责任。动物卫生行政主体的法律责任有的要向国家承担，有的要向行政相对人承担。其中，当动物卫生行政主体作出的违法行政行为不涉及行政相对人但损害了国家、社会公共利益时，要向国家承担法律责任；当行政主体作出的违法行政行为侵害了行政相对人的合法权益时，则要向行政相对人承担法律责任。

（2）动物卫生行政执法人员的法律责任。动物卫生执法人员的行政法律责任是指行政执法人员违反动物卫生行政法律规范而应当承担的法律责任。动物卫生行政执法人员的责任是一种个人责任。这种个人责任主要是针对国家（由动物卫生行政主体代表）承担的。这种个人责任主要源于执法人员的两种违法情况：一是在动物卫生行政主体内部管理中，执法人员违反内部管理制度，破坏了动物卫生行政主体的内部秩序，因而要对国家承担法律责任。二是执法人员在代表动物卫生行政主体行使管理权时，由于个人故意违法或有重大过失，致使动物卫生行政主体对行政相对人作出了违法的行政行为并造成了对方合法权益的损害。对此，动物卫生行政主体就其违法行为向行政相对人承担法律责任。但这种违

法行政行为在动物卫生行政主体内部，又是由执法人员个人故意或重大过失而造成，执法人员损害了动物卫生行政主体的声誉和利益，因而其应向动物卫生行政主体承担法律责任。

（3）行政相对人的法律责任。行政相对人的法律责任是指行政相对人违反动物卫生行政法律规范而应承担的法律责任。行政相对人的法律责任也是一种个人责任，这种责任主要向国家承担，因为其违法行为主要是侵害了国家和社会的公共利益、破坏了国家的行政管理秩序。当然，行政相对人的违法行为在破坏国家行政管理秩序的同时，还可能又侵害了他人的利益，但这种法律责任属于民事责任的性质。

2. 动物卫生行政法律责任的构成

动物卫生行政法律责任的构成，是指形成动物卫生行政法律责任必须具备的各种条件之和。动物卫生行政法律责任的构成则在于这一违反动物卫生行政法律规范的行为是否应当承担动物卫生行政法律责任，其构成要件包括以下两项：

（1）行为人有违反动物卫生行政法的行为。这是构成动物卫生行政法律责任的必备前提条件。动物卫生行政法律责任是违反动物卫生行政法行为所应承担的后果，为此，有违反动物卫生行政法的行为存在是构成动物卫生行政法律责任必不可少的条件。

（2）行为人具有法定的责任能力。行为人具有法定责任能力是构成动物卫生行政法律责任的又一个重要条件。行为人不具有法定的责任能力，即使其违反了动物卫生行政法律规范，也不能被追究或承担动物卫生行政法律责任。在认定行为人是否具有法定责任能力时，对不同对象有着不同的要求。一般而言，对于动物卫生行政主体来讲，其必须符合组织要件和法律要件；对行政相对人为法人和其他组织来讲，认定其责任能力没有特殊的要求，只要其依法成立即可；而对于行政相对人中的公民来讲，认定其具有责任能力，则必须要求其达到法定的责任年龄、有正常的智力甚至生理状态，否则，即使其有违反动物卫生行政法的行为也不得追究动物卫生行政法律责任。根据我国《行政处罚法》规定，已满18周岁的成年人和间歇性精神病人在精神正常时有违反动物卫生行政法律规范的行为，应当负完全行政责任，是完全行政责任能力人；已满14周岁不满18周岁的人有违反动物卫生行政法律规范的行为，应当从轻或减轻行政处罚，是相对从轻或减轻行政责任能力人；不满14周岁的人和不能完全辨认自己行为的精神病人有违反动物卫生行政法律规范的行为，不予行政处罚，不负行政责任。

（二）动物卫生行政法律制裁

1. 动物卫生行政法律制裁的概念

动物卫生行政法律制裁是指由国家有关机关对违反动物卫生行政法律规范的行为人依其法律责任而实施的强制性惩罚措施。法律制裁是承担法律责任的重要方式，法律责任是前提，法律制裁是结果或体现。

2. 动物卫生行政法律制裁的方式

（1）追究动物卫生行政主体法律责任的方式。

①责令作出检查、通报批评。这是一种惩戒性的行政法律责任，通过责令检查或通报批评，对作出违法或不当行政行为的动物卫生行政主体起到一定的警戒作用。责令检查通

常由动物卫生行政主体所属的人民政府，上级机关或主管机关决定；通报批评一般由权力机关、主管机关或监察部门等有权机关以书面形式作出，通过报刊、文件等予以公布。

②赔礼道歉、承认错误。动物卫生行政主体作出违法或不当行政行为，损害行政相对人的合法权益时，必须向对方赔礼道歉，承认错误。承担这种责任一般由动物卫生行政主体的主要领导和直接责任人员或者由动物卫生行政主体向行政相对人作出，可以采取口头形式，也可以采取书面形式。这是动物卫生行政主体所承担的一种较轻微的补救性行政责任。

③恢复名誉、消除影响。动物卫生行政主体的违法或不当行政行为造成行政相对人名誉上的损害时，恢复行政相对人名誉，并消除影响。该责任的履行通常以能弥补行政相对人名誉受损害的程度和影响范围为限。

④返还权益。动物卫生行政主体违法剥夺行政相对人的权益时，承担返还该权益的法律责任。

⑤恢复原状。动物卫生行政主体的违法或不当行政行为给对方的财产带来改变其原有状态的损害时，行政主体要承担恢复原状的补救性法律责任。

⑥停止违法行为。这是行为上的惩戒性法律责任。如果违法行政行为在持续状态中，法律责任的追究机关有权责令动物卫生行政主体停止该违法行为。

⑦责令履行职责。动物卫生行政主体不履行或拖延履行职务而须承担的一种法律责任。

⑧撤销违法的行政行为。动物卫生行政主体的违法行为，行政主体自己有权或有权机关应予以撤销，行政主体要承担违法行为被撤销的法律后果。撤销违法行政行为包括撤销已完成和正在进行的行为。

⑨纠正不当的行政行为。纠正不当的行政行为是对动物卫生行政主体自由裁量权进行控制的法律责任方式。动物卫生主体要对滥用自由裁量权的不当行政行为负法律责任，纠正不当的行政行为通常由行政主体自己或上级机关改变，或者由复议机关以及司法机关予以变更。

⑩赔偿损失。赔偿损失是一种补救性的行政责任。动物卫生行政主体的违法行为造成对方人身损害的，应依法赔偿损失；造成财产损害的，如果不能返还财产和恢复原状的，也应依法赔偿损失。

(2) 追究动物卫生行政执法人员法律责任的方式。执法人员法律责任的追究，主要由对其有法定人事任免、奖惩权力的国家机关进行。方式主要有：

①行政处分。行政处分是对行政执法人员职务身份的制裁，是一种内部行为和责任方式。其具体种类有：警告、记过、记大过、降级、撤职、开除等。

②对违法所得的没收、追缴或者责令退赔。行政执法人员违反行政法义务所取得的财产属于非法所得，监察机关及其他有权机关依法对非法所得实行没收、追缴或者责令退赔。

③赔偿损失。行政执法人员代表行政主体行使职权时侵害了相对人的合法权益并造成损害的，行政主体在对行政相对人赔偿损失后，依法责令有故意或重大过失的行政执法人员负担部分或全部赔偿费用。这种赔偿损失责任是行政执法人员向国家承担的，既有财产

内容，又有制裁因素，属于一种内部行政法律责任。

④其他责任形式。例如，被责令检讨、予以通报批评、当面向受害人作出赔礼道歉等。

（3）追究行政相对人法律责任的方式。动物卫生行政主体实施对行政相对人行政法律责任的追究，取决于职能事项范围和法定的权限方式。在动物卫生行政法律关系中的行政相对人承担法律责任的方式主要有：

①履行法定义务。行政相对人因怠于履行法定义务而构成行政违法行为时，动物卫生行政主体可以责令其依法履行该项义务。

②接受行政处罚。行政处罚是一种惩戒性的行政法律责任。包括申诫罚、财产罚、行为罚和人身罚四种。但在动物卫生行政法律关系中，动物卫生行政主体只能对行政相对人申诫罚、财产罚、行为罚，无权对行政相对人适用人身罚。

第二节　动物卫生行政许可

一、行政许可的概念及特征

1. 行政许可的概念

根据《中华人民共和国行政许可法》（以下简称《行政许可法》）的规定，行政许可是指行政机关根据公民、法人或者其他组织等行政相对人的申请，经依法审查，准予其从事某种特定活动的行为。

行政许可涉及的主要是双方当事人，一方是行政机关或法定授权的组织，这两者可合称为行政主体；另一方当事人为行政法理论上的行政相对人，立法上表述为公民、法人或其他组织。行政相对人在行政许可制度的不同阶段又有不同的称谓，在申请阶段称为申请人；在申领许可证后又称之为被许可人。

2. 行政许可的特征

（1）行政许可是一种依申请而发生的行政行为。行政许可是一种由行政相对人提出申请才能实施的行政行为，行政相对人的申请是行政许可行为启动的必经程序和条件，没有行政相对人的申请，行政机关就不能实施该行为。行政机关不能因行政相对人准备从事某种特定活动而主动颁发许可证。行政相对人的申请是颁发许可证的前提条件，但这并不等于行政许可是双方性质的法律行为。行政许可是行政机关基于法定职权而为的单方行为，申请并不意味着必然得到行政机关的认可。行政相对人提出申请，是其从事某种获益行为之前必须履行的法定义务。

（2）行政许可是一种要式行政行为。行政许可机关除应遵循一定的法定程序外，还应以书面文书的形式作出许可。行政机关作出准予行政许可的决定，需要颁发行政许可证件的，应当向申请人颁发加盖印章的许可证、执照、资格证、资质证或者其他合格证书。行政许可不存在口头形式。行政许可作为要式行政行为主要有颁发许可证件、加贴标签、加盖印章三种形式。

（3）行政许可是一种需经过依法审查的行政行为。行政机关应当根据事前公布的标准和条件对申请人的申请进行审查，从而作出是否准予的决定。行政许可并不是一经申请即可取得，而要经过行政机关的依法审查。这种审查的结果，可能是给予或者不给予行政许可。行政机关接到行政许可申请之后，首先审查决定是否受理。属于本机关职责范围，材料齐全，符合法定形式的，予以受理。受理之后，根据法定条件和标准，按照法定程序进行审查，决定是否准予申请人的申请。审查应当公开、公平和公正，依照法定的权限、条件和程序，以保证行政许可的合法性。

（4）行政许可是一种授益性（也称赋权性）的行政行为。行政许可与行政处罚、行政强制等行政行为不同，后两者属于损益行政，对行政相对人的权益是一种剥夺或限制；前者属于授益行政，是赋予行政相对人某种权利和资格，准予其从事某种特定活动的行为。

二、动物卫生行政许可

动物卫生行政许可是指动物卫生行政主体根据动物卫生行政相对人的申请，按照动物卫生法律规范依法审查，准予其从事某种特定活动的具体行政行为。

动物卫生行政许可包括动物检疫、动物防疫条件审核、动物诊疗许可、执业兽医注册、高致病性动物病原微生物实验室生物安全管理审批、兽药生产和经营许可等。

（一）动物卫生行政许可的实施主体

动物卫生行政许可的实施主体有两个，一是兽医主管部门，二是动物卫生监督机构。

1. 兽医主管部门

根据《动物防疫法》及相关法律规范的规定，除动物及动物产品检疫许可外，其他动物卫生许可均由兽医主管部门实施，包括动物防疫条件审批，动物诊疗许可审批，执业兽医注册，兽药生产、经营、进口等审批，实验室生物安全方面的许可等。

2. 动物卫生监督机构

根据《动物防疫法》《动物检疫管理办法》的规定，动物及动物产品检疫许可由动物卫生监督机构实施，即出具检疫证明、加施检疫标志。包括动物离开饲养地的检疫和屠宰检疫许可，跨省引进乳用、种用动物及其精液、胚胎、种蛋审批，无规定动物疫病区检疫审批等。

（二）动物卫生行政许可的程序

1. 申请与受理

动物卫生行政许可与其他行政许可行为一样都是依申请而启动的行政行为，行政相对人从事特定活动，依法需要取得行政许可的，应当向动物卫生行政主体提出申请。申请人申请动物卫生行政许可，应当如实向动物卫生行政主体提交有关材料和反映真实情况，并对其申请材料实质内容的真实性负责。申请书需要采用格式文本的，动物卫生行政主体应当向申请人提供行政许可申请书格式文本，申请书格式文本中不得包含与申请行政许可事项没有直接关系的内容。行政许可申请可以通过信函、电报、电传、传真、电子数据交换和电子邮件等方式提出。

动物卫生行政主体对申请人提出的行政许可申请，应当根据下列情况分别作出处理：第一，申请事项依法不需要取得行政许可的，应当即时告知申请人不受理。第二，申请事项依法不属于本行政机关职权范围的，应当即时作出不予受理的决定，并告知申请人向有关行政机关申请。第三，申请材料存在可以当场更正的错误的，应当允许申请人当场更正。第四，申请材料不齐全或者不符合法定形式的，应当当场或者在 5 天内一次告知申请人需要补正的全部内容，逾期不告知的，自收到申请材料之日起即为受理。第五，申请事项属于本行政机关职权范围，申请材料齐全、符合法定形式，或者申请人按照本行政机关的要求提交全部补正申请材料的，应当受理行政许可申请。

2. 审查与决定

动物卫生行政主体应当对申请人提交的申请材料进行审查，申请人提交的申请材料齐全、符合法定形式，动物卫生行政主体能够当场作出决定的，应当当场作出书面的行政许可决定。根据法定条件和程序，需要对申请材料的实质内容进行核实的，动物卫生行政主体应当指派两名以上工作人员进行核查。行政机关对行政许可申请进行审查后，除当场作出行政许可决定的外，应当在法定期限内按照规定程序作出行政许可决定。

申请人的申请符合法定条件、标准的，动物卫生行政主体应当依法作出准予行政许可的书面决定。动物卫生行政主体依法作出不予行政许可的书面决定的，应当说明理由，并告知申请人享有依法申请行政复议或者提起行政诉讼的权利。

动物卫生行政主体作出准予行政许可的决定，需要颁发行政许可证件的，应当向申请人颁发加盖印章的下列行政许可证件：第一，许可证、执照或者其他许可证书，例如，《动物防疫条件合格证》《兽药生产许可证》等。第二，资格证、资质证或者其他合格证书，例如，《兽药生产质量管理规范》（简称 GMP）等。第三，动物卫生行政主体的批准文件或者证明文件，例如，兽药产品说明书等。第四，法律、法规规定的其他行政许可证件。

动物卫生监督机构对动物产品实施检疫的，可以在符合加施检疫标志条件的包装物上加贴检疫标志，或者在胴体上加盖检疫印章。

3. 审批期限

除可以当场作出行政许可决定的外，动物卫生行政主体应当自受理行政许可申请之日起 20 天内作出行政许可决定。例如，《动物诊疗许可证》《动物防疫条件合格证》，应当在 20 天内作出决定。20 天内不能作出决定的，经本行政机关或机构负责人批准，可以延长 10 天，并应当将延长期限的理由告知申请人。但是法律、法规对动物卫生行政许可的期限另有规定的，依照其规定执行。

动物卫生行政主体作出行政许可决定，依法需要听证、招标、拍卖、检验、检测、检疫、鉴定和专家评审的，所需时间不计算在前述规定的期限内，但动物卫生行政主体应当将所需时间书面告知申请人。例如，对输入到无规定动物疫病区动物的检疫，其隔离期间不计算在法定审批期间内。

动物卫生行政主体作出准予行政许可的决定，应当自作出决定之日起 10 天内向申请人颁发、送达行政许可证件，或者加贴标签、加盖检验、检测、检疫印章。

4. 变更与延续

被许可人要求变更行政许可事项的，应当向作出行政许可决定的动物卫生行政主体提出申请；符合法定条件、标准的，动物卫生行政主体应当依法办理变更手续。变更是指对获得许可事项的非主要内容的变动，例如，取得动物卫生行政许可的单位其名称、法定代表人或负责人发生变化等；对实质内容的变更，例如，取得《动物防疫条件合格证》的饲养场其饲养地点的变化，取得《动物诊疗许可证》的诊疗场所其诊疗地点的变化，则不属于变更，而应当重新申请许可。

被许可人需要延续依法取得的行政许可的有效期的，应当在该行政许可有效期届满30天前向作出行政许可决定的动物卫生行政主体提出申请。法律、法规另有规定的，应依照其规定执行。动物卫生行政主体应当根据被许可人的申请，在该行政许可有效期届满前作出是否准予延续的决定；逾期未作决定的，视为准予延续。

（三）动物卫生行政许可的撤销

有下列情形之一的，作出行政许可决定的动物卫生行政主体或者其上级行政机关，根据利害关系人的请求或者依据职权，可以撤销行政许可，对于因下列原因而撤销的行政许可，被许可人的合法权益受到损害的，动物卫生行政主体应当依法给予赔偿：第一，动物卫生行政主体工作人员滥用职权、玩忽职守作出准予行政许可决定的。第二，超越法定职权作出准予行政许可决定的。第三，违反法定程序作出准予行政许可决定的。第四，对不具备申请资格或者不符合法定条件的申请人准予行政许可的。第五，依法可以撤销行政许可的其他情形。

此外，同时对被许可人以欺骗、贿赂等不正当手段取得行政许可的，也应当予以撤销，被许可人因不正当手段取得的行政许可被撤销的，被许可人基于行政许可取得的利益不受保护。撤销行政许可，可能对公共利益造成重大损害的，动物卫生行政主体应当不予撤销。

（四）动物卫生行政许可的注销

动物卫生行政许可注销是指动物卫生行政主体注明取消行政许可，动物卫生行政许可结束后由动物卫生行政主体办理的手续。在动物卫生行政许可的实施和监督管理活动中，注销、撤销、撤回以及吊销是较容易混淆的概念。注销与撤销的区别在于，撤销一般需要由动物卫生行政主体作出决定，撤销的事由通常是行政许可的实施过程中有违法因素，即违法导致行政许可的撤销。而注销的事由不仅包括行政许可实施中具有违法因素，还包括其他使得被许可人从事行政许可事项的生产经营等活动终止的情形，即只要被许可人终止从事行政许可事项的生产经营等活动，行政机关即对该项行政许可予以注销。撤回既包括申请人在申请过程对其行政许可申请的撤回，也包括动物卫生行政主体因为行政许可所依据的客观情形发生重大变化而对其行政许可决定的撤回。对于动物卫生行政主体来说，撤回主要是指行政许可的实施以及被许可人从事许可事项的活动本身并不违法，但客观情况发生了变化，动物卫生行政主体对行政许可的撤回。动物卫生行政主体在撤回行政许可后，同样要履行注销行政许可的手续。吊销属于行政处罚，是对行政相对人权利的剥夺，吊销的事由通常是行政相对人在从业过程中实施了违法行为。动物卫生行政主体吊销行政许可后，也要履行注销行政许可的手续。

在动物卫生行政许可的实施和监督管理活动中，有下列情形之一的，动物卫生行政主体应当依法办理有关行政许可的注销手续：第一，行政许可有效期届满未延续的。第二，赋予公民特定资格的行政许可，该公民死亡或者丧失行为能力的。第三，法人或者其他组织依法终止的。第四，行政许可依法被撤销、撤回，或者行政许可证件依法被吊销的。第五，因不可抗力导致行政许可事项无法实施的。第六，法律、法规规定的应当注销行政许可的其他情形。

第三节　动物卫生行政强制

一、动物卫生行政强制概述

行政强制涉及行政管理效率，也涉及对公民人身权的限制和公民、法人财产权的处分。一直以来由于对行政强制没有统一的法律规范，行政机关在执法过程中既存在有滥用行政强制手段，侵害公民、法人和其他组织合法权益的情况，也存在行政机关强制手段不足，执法力量薄弱，对有些违法行为不能有效制止等问题。全国人大常委会从1999年开始酝酿制定《中华人民共和国行政强制法》（以下简称《行政强制法》）到2011年6月30日表决通过该法，前后历时了12年的时间。该法的颁布实施，对保障行政机关依法履行职责，提高行政管理效能和公共服务水平，更好地维护公共利益和社会秩序，以及公民、法人和其他组织的合法权益必将起到不可替代的作用。

动物卫生行政强制是我国行政强制的重要组成部分，在预防、控制和扑灭动物疫病，促进养殖业发展、保护人体健康、维护公共卫生安全起着重要的作用。动物卫生行政强制是指动物卫生行政主体为了实现行政目的，对行政相对人的人身、财产和行为采取的强制性措施，分为动物卫生行政强制措施和动物卫生行政强制执行。

动物卫生行政强制的特征主要表现为以下三方面：第一，具有强制性。动物卫生行政强制一经实施，即具有强制力，不考虑行政相对人的意愿。第二，实施主体的特定性。实施动物卫生行政强制的主体只有动物卫生行政主体或人民法院两类。其中，动物卫生行政主体是全部行政强制措施和部分行政强制执行的实施主体；人民法院依动物卫生行政主体的申请而成为大部分行政强制执行的实施主体。第三，目的的特定性。动物卫生行政强制是为了实现一定的行政目的，保障动物卫生行政管理秩序和执法监督的顺利进行。

二、动物卫生行政强制分类

根据《行政强制法》第二条的规定，可以把动物卫生行政强制分为动物卫生行政强制措施和动物卫生行政强制执行。

（一）动物卫生行政强制措施

1. 动物卫生行政强制措施的定义

动物卫生行政强制措施是指动物卫生行政主体在动物卫生行政管理过程中，为制止违法行为、防止证据损毁、避免危害发生、控制危险扩大等情形，依法对公民的人身自由实施暂时性限制，对公民、法人或者其他组织的财物实施暂时性控制的行为。这里的"对公民的人身自由实施暂时性限制"，仅指发生重大动物疫情时，为了扑灭动物疫病的需要，根据当地人民政府发布的封锁令，对出入疫区的有关人员实施的暂时性限制。

2. 动物卫生行政强制措施的特征

动物卫生行政强制措施的特征主要表现为以下四方面：第一，即时性。不以确定义务的具体行政行为的先行存在为条件。行政强制措施是在需要制止违法行为、防止证据损毁、避免危害发生、控制危险扩大的情况下实施的，即刻作出决定，即刻执行该决定，两者之间没有明显的时间间隔。第二，强制性。表现为对行政相对人及其权利的强行限制，无论相对人同意与否，都要立即实施。第三，临时性。动物卫生行政强制措施通常都要由后续的行政行为等来作出实体处理，所以他通常是一种临时性措施，随着采取强制措施的事由消除而终止。第四，非制裁性。动物卫生行政强制措施的内容本身是通过限制权利的行使，来实现社会秩序和公共利益免受危害，所以，其本质是限制权利而不是剥夺权利，故不是制裁。例如，对染疫或疑染疫的动物采取的查封、扣押措施，行政相对人并没有丧失所有权，只是对该批动物的处分权暂时受到限制；对染疫动物的扑杀、销毁及对动物产品的无害化处理，这些动物及动物产品本身不仅没有价值而且有害，故谈不上制裁性，而且国家还给予适当补偿；实施严格扑杀政策时，对没有临床症状的同群动物予以扑杀，国家予以补偿，也不体现制裁性。

3. 动物卫生行政强制措施与动物卫生行政处罚的区别

动物卫生行政强制措施与动物卫生行政处罚都是动物卫生行政主体实施的行政行为，但两者有如下区别：第一，从实施的阶段看，动物卫生行政强制措施是在事前或事中实施；而动物卫生行政处罚是在事后实施。第二，从所针对对象的性质看，动物卫生行政强制措施是非制裁性行为，既可以针对行政相对人的违法行为，也可以针对行政相对人的合法行为；而动物卫生行政处罚是行政制裁的体现，以行政相对人的违法为前提。这是两者的根本区别。第三，从法律效果看，动物卫生行政强制措施既可以是对行政相对人权利的一种临时限制，是中间行为，例如，对依法应当检疫而未经检疫的动物产品进行留验，也可能是对行政相对人权利的最终处理，例如，没收销毁不符合补检条件的动物产品；而动物卫生行政处罚则是对行政相对人权利的最终剥夺，是最终行为。

（二）动物卫生行政强制执行

1. 动物卫生行政强制执行的定义

动物卫生行政强制执行，是指动物卫生行政主体或者动物卫生行政主体申请人民法院，对不履行动物卫生行政决定的公民、法人或者其他组织，依法强制履行义务的行为。

2. 动物卫生行政强制执行的特征

动物卫生行政强制执行有如下三个特征：第一，动物卫生行政强制执行以行政相对人不履行行政义务为前提。不履行行政义务大致有两种情况，一种是从事动物卫生法律规范所禁止的行为；另一种是不履行动物卫生法律规范规定的必须履行的义务。第二，动物卫生行政强制执行的目的在于强迫相对一方履行行政义务，直接影响其权益，因此，强制执行的内容与范围应以行政义务为限，以最小损害行政相对人权益为原则。第三，动物卫生行政强制执行的主体为双重主体，即动物卫生行政主体和人民法院。

3. 我国的行政强制执行制度的形成

在我国，行政强制执行以申请人民法院强制执行为原则，行政机关自行强制执行为例外，有些事项法律法规明确授予了行政机关强制执行权。实践证明，这一作法吸收了国外两大法系强制执行制度的优点，具有中国特色，是正确可行的。该制度的具有以下特点：第一，强制执行是运用国家机器的强力，涉及公民、法人和其他组织的权利。因此，行政主体需要强制执行时，须向人民法院申请，由人民法院再作一次审查，有助于减少错误。第二，保证了必要的灵活性，对某些维持经济和社会秩序、保障公共利益方面负有重任，需保证效率，且处理案件较多的行政主体，可以由法律单独授权其自行执行。第三，兼顾了行政效率，没有强制执行权的行政主体可以"申请"人民法院强制执行。申请不是诉讼，程序比较简单，以达到既进行审查，又不影响效率的目的。

三、动物卫生行政强制措施的实施

（一）实施动物卫生行政强制措施的条件

动物卫生行政执法中实施行政强制措施必须要符合两个条件：一是实施主体必须在法定的职权范围内，如《动物防疫法》授权动物卫生监督机构具有行政强制措施实施权，《兽药管理条例》赋予兽医行政管理部门具有行政强制措施实施权。二是实施的对象必须是法律法规作出了明确规定。例如，《动物防疫法》第五十九条第一款第二项明确规定，动物卫生监督机构可以对染疫或疑似染疫的动物、动物产品及相关物品采取查封、扣押等行政强制措施；《兽药管理条例》第四十六条明确规定，兽医行政管理部门对有证据证明可能是假、劣兽药的，应当采取查封、扣押的行政强制措施。

需要说明的是，在动物卫生行政执法中，有些兽医主管部门将兽药、饲料等行政管理中的行政处罚权委托动物卫生监督机构或农业综合执法机构实施，但是按照《行政强制法》第十七条第一款"行政强制措施不得委托"的规定，兽医主管部门在委托行政处罚权时，不得将查封、扣押等行政强制措施委托动物卫生监督机构或农业综合执法机构实施。换句话说，动物卫生监督机构或农业综合执法机构受托实施兽药、饲料等行政处罚时，需要对涉案财物采取查封、扣押等行政强制措施的，仍需要委托机关——兽医主管部门实施，动物卫生监督机构或农业综合执法机构不得实施。

（二）动物卫生行政强制措施的实施程序

根据《行政强制法》第十八条的规定，动物卫生行政主体实施行政强制措施必须遵守以下规定：

（1）实施前须向兽医主管部门或动物卫生监督机构负责人报告并经批准。

（2）由两名以上行政执法人员实施。

（3）出示执法身份证件。

（4）通知当事人到场。

（5）当场告知当事人采取行政强制措施的理由、依据以及当事人依法享有的权利、救济途径。

（6）听取当事人的陈述和申辩。

（7）制作现场笔录。

（8）现场笔录由当事人和行政执法人员签名或者盖章，当事人拒绝的，在笔录中予以注明。

（9）当事人不到场的，邀请见证人到场，由见证人和行政执法人员在现场笔录上签名或者盖章。

（10）法律、法规规定的其他程序。

通常情况下，动物卫生行政执法人员实施行政强制措施，必须经实施机关负责人批准，但在情况紧急下，需要当场实施行政强制措施的，动物卫生行政执法人员应当在 24 小时内向实施机关负责人报告，并补办批准手续。实施机关负责人认为不应当采取行政强制措施的，应当立即解除行政强制措施。

（三）关于查封、扣押强制措施的实施

1. 查封、扣押的实施程序

根据《行政强制法》第二十二条的规定，查封、扣押强制措施只能由法律、法规规定的动物卫生行政主体在其法定职权范围内实施，其他任何行政机关或者组织不得实施。例如，《动物防疫法》第五十九条第一款第二项规定的对染疫或疑似染疫的动物、动物产品及相关物品采取的查封、扣押等行政强制措施，只能由动物卫生监督机构实施，兽医主管部门或者其他行政机关不得实施。查封、扣押限于涉案的场所、设施或者财物，动物卫生行政主体不得查封、扣押与违法行为无关的场所、设施或者财物，也不得查封、扣押公民个人及其所扶养家属的生活必需品。当事人的场所、设施或者财物已被其他国家机关依法查封的，动物卫生行政主体不得重复查封。

动物卫生行政主体实施查封、扣押行政强制措施时，除了要遵循《行政强制法》第十八条的规定外，还应当制作并当场交付当事人查封、扣押决定书和清单。查封、扣押清单一式两份，由当事人和动物卫生行政主体分别保存。查封、扣押决定书应当载明下列事项：当事人的姓名或者名称、地址；查封、扣押的理由、依据和期限；查封、扣押场所、设施或者财物的名称、数量等；申请行政复议或者提起行政诉讼的途径和期限；动物卫生行政主体的名称、印章和日期。

2. 查封、扣押的期限

动物卫生行政主体实施查封、扣押的期限不得超过 30 天。情况复杂的，经兽医主管部门或动物卫生监督机构负责人批准，可以延长，但是延长期限不得超过 30 天。经负责人批准延长查封、扣押期限的，动物卫生行政主体应该将延长查封、扣押的决定及时书面告知当事人，并说明理由。对物品需要进行检测、检验、检疫或者技术鉴定的，查封、扣押的期间不包括检测、检验、检疫或者技术鉴定的期间。检测、检验、检疫或者技术鉴定的期间应当明确，并书面告知当事人。检测、检验、检疫或者技术鉴定的费用由动物卫生行政主体承担。

3. 查封、扣押物品的保管

动物卫生行政主体应当妥善保管查封、扣押的物品，动物卫生行政主体不得使用或者

损毁；造成损失的，应当承担赔偿责任。对查封的物品，动物卫生行政主体可以委托第三人保管，第三人不得损毁或者擅自转移、处置。因第三人的原因造成的损失，动物卫生行政主体先行赔付后，有权向第三人追偿。因查封、扣押发生的保管费用由动物卫生行政主体承担。

4. 查封、扣押后的处理

动物卫生行政主体采取查封、扣押措施后，应当及时查清事实，在查封、扣押的期限内作出处理决定。对违法事实清楚，依法应当没收的非法财物予以没收；法律、行政法规规定应当销毁的，依法销毁；应当解除查封、扣押的，作出解除查封、扣押的决定。违法行为涉嫌犯罪应当移送司法机关的，动物卫生行政主体应当将查封、扣押的财物一并移送，并书面告知当事人。

5. 查封、扣押的解除

有下列情形之一的，动物卫生行政主体应当及时作出解除查封、扣押决定：

（1）当事人没有违法行为。

（2）查封、扣押的场所、设施或者财物与违法行为无关。

（3）行政机关对违法行为已经作出处理决定，不再需要查封、扣押。

（4）查封、扣押期限已经届满。

（5）其他不再需要采取查封、扣押措施的情形。

解除查封、扣押应当立即退还财物；已将鲜活物品或者其他不易保管的财物拍卖或者变卖的，退还拍卖或者变卖所得款项。变卖价格明显低于市场价格，给当事人造成损失的，应当给予补偿。

四、动物卫生行政强制执行的实施

《行政强制法》规定的行政强制执行的方式为：加处罚款或者滞纳金，划拨存款、汇款，拍卖或者依法处理查封、扣押的场所、设施或者财物，排除妨碍、恢复原状，代履行，其他强制执行方式。在动物卫生行政执法中，涉及的行政强制执行的方式主要有：加处罚款、代履行。

（一）动物卫生行政主体强制执行程序的一般规定

1. 确认行政相对人不履行义务

行政相对人不履行应当履行的法定义务，是动物卫生行政主体适用行政强制执行的前提条件。因而，动物卫生行政主体对行政相对人实施行政强制执行前，必须要确认行政相对人在行政决定规定的期限内没有履行义务。

2. 催告行政相对人履行义务

动物卫生行政主体作出强制执行决定前，必须事先催告行政相对人履行义务。催告后，行政相对人履行了行政决定确定义务的，不再实施行政强制执行；催告后，行政相对人逾期仍不履行行政决定确定义务，且无正当理由的，动物卫生行政主体可以依法作出强制执行决定。在催告期间，对有证据证明有转移或者隐匿财物迹象的，动物卫生行政主体可以作出立即强制执行决定。催告应当以书面形式作出，并送达行政相对人，催告书应当载明下列事项：履行义务的期限；履行义务的方式；涉及金钱给付的，应当有明确的金额和给付方式；当事人依法享有的陈述权和申辩权。

3. 听取行政相对人的陈述和申辩

行政相对人收到催告书后有权进行陈述和申辩。动物卫生行政主体应当充分听取行政相对人的意见，对行政相对人提出的事实、理由和证据，应当进行记录、复核。行政相对人提出的事实、理由或者证据成立的，动物卫生行政主体应当采纳。

4. 制作并送达强制执行决定书

催告后，行政相对人逾期仍不履行行政决定确定义务，且无正当理由的，动物卫生行政主体可以依法作出强制执行决定。行政强制执行决定应当以书面形式作出，并载明下列事项：当事人的姓名或者名称、地址；强制执行的理由和依据；强制执行的方式和时间；申请行政复议或者提起行政诉讼的途径和期限；动物卫生行政主体的名称、印章和日期。行政强制执行决定书应当直接送达当事人。当事人拒绝接收或者无法直接送达当事人的，应当依照《中华人民共和国民事诉讼法》的有关规定送达。

5. 行政强制执行的中止执行和终结执行

动物卫生行政主体在实施行政强制执行中，有下列情形之一的，应当中止执行：当事人履行行政决定确有困难或者暂无履行能力的；第三人对执行标的主张权利，确有理由的；执行可能造成难以弥补的损失，且中止执行不损害公共利益的；动物卫生行政主体认为需要中止执行的其他情形。中止执行的情形消失后，动物卫生行政主体应当恢复执行。对没有明显社会危害，当事人确无能力履行，中止执行满 3 年未恢复执行的，动物卫生行政主体不再执行。

有下列情形之一的，终结执行：公民死亡，无遗产可供执行，又无义务承受人的；法人或者其他组织终止，无财产可供执行，又无义务承受人的；执行标的灭失的；据以执行的行政决定被撤销的；动物卫生行政主体认为需要终结执行的其他情形。

6. 行政强制执行的时间限制

动物卫生行政主体不得在夜间[①]或者法定节假日实施行政强制执行，但情况紧急的除外。不得对居民生活采取停止供水、供电、供热、供燃气等方式迫使当事人履行相关行政决定。

7. 行政强制执行中的赔偿责任

在执行中或者执行完毕后，据以执行的行政决定被撤销、变更，或者执行错误的，应当恢复原状或者退还财物；不能恢复原状或者退还财物的，依法给予赔偿。

（二）加处罚款的实施

加处罚款又称为执行罚，是指行政相对人逾期不履行具体行政行为确定的金钱给付义务，动物卫生行政主体通过对义务人科以新的金钱给付义务，以促使其履行的强制执行方式。我国《行政处罚法》规定，"到期不缴纳罚款的，每日按罚款数额的 3％加处罚款"，这里规定的"加处罚款"属于执行罚的罚款，而非行政处罚种类中的罚款，因而这种性质

---

① 夜间一般为 22 时至翌日 6 时。

的罚款可以按日反复进行而不受"一事不再罚款"原则的限制。

1. 加处罚款的实施条件

适用加处罚款需要具备两个条件：一是行政相对人逾期不履行金钱给付义务的行政决定。根据《行政强制法》的规定，动物卫生行政主体依法作出金钱给付义务的行政决定，行政相对人逾期不履行的，可以依法加处罚款。二是动物卫生行政主体履行了告知义务。动物卫生行政主体必须将加处罚款的标准告知行政相对人，该告知义务通常载明于《行政处罚决定书》中，例如，"当事人必须在收到本处罚决定书之日起 15 天内持本决定书到×××××缴纳罚（没）款。逾期不按规定缴纳罚款的，每日按罚款数额的 3‰加处罚款。"

2. 加处罚款不得超过本金

根据《行政强制法》的规定，加处罚款的数额不得超出金钱给付义务的数额。通常情况下，加处罚款的时间超过 33 天，加处罚款的数额就会超出给予罚款数额本身。

3. 申请法院强制执行

动物卫生行政主体实施加处罚款超过 30 天，经催告行政相对人仍不履行金钱给付义务的行政决定，动物卫生行政主体应当申请人民法院强制执行。但是，行政相对人在法定期限内不申请行政复议或者提起行政诉讼，经催告仍不履行的，在实施行政管理过程中已经采取查封、扣押措施的动物卫生行政主体，可以将查封、扣押的财物，委托拍卖机构依照《中华人民共和国拍卖法》的规定拍卖抵缴罚款。

（三）代履行的实施

代履行是指义务人逾期不履行法定义务，而该义务由他人代为履行可以达到相同目的，行政机关自行或委托无利害关系的第三人代为履行，并由义务人承担履行义务所需费用的强制执行方式。在动物防疫监督管理活动中，行政相对人有下列三种行为之一的，由动物卫生监督机构责令改正，给予警告处罚；行政相对人拒不改正的，由动物卫生监督机构代履行：一是对饲养的动物不按照动物疫病强制免疫计划进行免疫接种的。二是种用、乳用动物未经检测或者经检测不合格而不按照规定处理的。三是动物、动物产品的运载工具在装载前和卸载后没有及时清洗、消毒的。

1. 代履行的实施条件

适用代履行需要具备两个条件：一是行政相对人不履行排除妨碍、恢复原状等法定义务。二是经动物卫生行政主体催告后仍不履行。

2. 代履行的实施主体

根据《行政强制法》的规定，动物卫生行政主体和第三人都可以实施代履行。但需要说明的是，动物卫生行政主体委托第三人实施代履行的内容是行政相对人应当履行的义务，而不是行政强制执行权。

3. 代履行的实施程序

一是作出代履行决定书并送达。作出并送达书面的代履行决定书是动物卫生行政主体的法定义务，有利于规范代履行行为，使得代履行有凭有据。代履行决定书应当载明当事人的姓名或者名称、地址，代履行的理由和依据、方式和时间、标的、费用预算以及代履行人。二是再次催告。代履行 3 天前，动物卫生行政主体应当再次催告行政相对人履行法定义务，当事人履行的，停止代履行。催告应当制作代履行催告书。三是派人员到场监督。委托第三人代履行时，作出决定的动物卫生行政主体应当派人员到场，监督第三人是否按照合同代为履行义务，在代为履行义务过程中有无违法行为。四是确认代履行结果。代履行完毕，动物卫生行政主体负责代履行的工作人员或到场监督的工作人员、代履行人和当事人或者见证人应当在执行文书上签名或者盖章，以确认代履行的结果。

4. 代履行的费用负担

代履行决定书中应当载明代履行预算费用，代履行费用应当事先基本明确。由于代履行本身不具有惩罚性，所以其费用按照成本合理确定，由当事人承担，但法律另有规定的除外。

5. 即时代履行

需要立即清除道路、河道、航道或者公共场所的污染物，当事人不能清除的，动物卫生行政主体可以决定立即实施代履行；当事人不在场的，动物卫生行政主体应当在事后立即通知当事人，并依法作出处理。

五、申请人民法院强制执行

根据《中华人民共和国行政诉讼法》（以下简称《行政诉讼法》）的规定，人民法院的行政强制执行包括两种：一是对人民法院行政判决、裁定的强制执行。二是非诉行政执行，即人民法院通过非诉讼程序强制执行行政机关作出的生效行政决定的活动。这里所称的申请人民法院强制执行，仅指非诉行政执行。

1. 申请强制执行的条件

动物卫生行政主体申请人民法院强制执行其作出的行政决定的前提条件是：行政相对人在法定期限内不申请行政复议或行政诉讼，又不履行行政决定。

2. 申请强制执行的期限

行政相对人在法定期间内既未申请复议也未提起诉讼又不履行行政决定，动物卫生行政主体可以申请法院强制执行。申请的期限从行政相对人行使救济的法定期限届满之日起3个月内。

3. 申请人民法院执行前的催告程序

动物卫生行政主体申请人民法院强制执行前，应当催告行政相对人履行义务。催告书送达10天后行政相对人仍未履行义务的，动物卫生行政主体可以向所在地有管辖权的人民法院申请强制执行。催告程序是动物卫生行政主体申请人民法院强制执行的程序要件，与动物卫生行政主体自己实施强制执行中催告程序是相对应的。因此，这里的催告也应当符合以下要求：第一，催告应当以书面形式作出。第二，催告书应当载明当事人履行义务的期限、履行义务的方式、涉及金钱给付义务的，应当明确金额和给付方式、当事人依法享有的陈述和申辩权。第三，当事人不履行义务的后果。

4. 申请人民法院执行应当提供的材料

动物卫生行政主体向人民法院申请强制执行，应当提供下列材料：强制执行申请书；行政决定书及作出决定的事实、理由和依据；当事人的意见及动物卫生行政主体催告情况；申请强制执行标的情况；法律、行政法规规定的其他材料。强制执行申请书应当由动物卫生行政主体负责人签名，加盖单位的印章，并注明日期。

5. 申请人民法院强制执行的受理与异议裁定

人民法院接到动物卫生行政主体强制执行的申请，应当在 5 日内受理。动物卫生行政主体对人民法院不予受理的裁定有异议的，可以在 15 日内向上一级人民法院申请复议，上一级人民法院应当自收到复议申请之日起 15 日内作出是否受理的裁定。

6. 人民法院的书面审查

人民法院对动物卫生行政主体强制执行的申请进行书面审查，对在法定期限内提出的、申请材料齐备的、且行政决定具备法定执行效力的申请，人民法院应当自受理之日起 7 日内作出执行裁定。法定执行效力是指行政决定已发生法律效力，包括在复议、诉讼期间行政相对人没有申请复议或提起诉讼，以及加处罚款超过 30 日后当事人仍不履行等情形。

7. 人民法院的实质审查

人民法院对动物卫生行政主体的执行申请一般只进行书面审查，但在书面审查过程中，发现有下列情形之一的，需要进行书面审查，书面审查时可以听取被执行人和动物卫生行政主体的意见：一是明显缺乏事实根据的。二是明显缺乏法律、法规依据的。三是其他明显违法并损害被执行人合法权益的。有前述情形之一的，人民法院应当自受理之日起 30 日内作出是否执行的裁定。裁定不予执行的，应当说明理由，并在 5 日内将不予执行的裁定送达动物卫生行政主体。

8. 对不予执行裁定的救济

动物卫生行政主体对人民法院不予执行的裁定有异议的，可以自收到裁定之日起 15 日内向上一级人民法院申请复议，上一级人民法院应当自收到复议申请之日起 30 日内作出是否执行的裁定。

9. 强制执行费用的承担

动物卫生行政主体申请人民法院强制执行，不缴纳申请费，强制执行的费用由被执行人承担。

10. 关于执行款的规定

人民法院划拨的存款、汇款以及拍卖和依法处理所得的款项应当上缴国库或者划入财政专户，人民法院和动物卫生行政主体不得以任何形式截留、私分或者变相私分。

第四节　动物卫生行政处罚

一、动物卫生行政处罚概述

(一) 动物卫生行政处罚的概念

动物卫生行政处罚是指依法享有行政处罚权的动物卫生行政主体，根据动物卫生行政法律规范的规定，依照法定程序，对违反动物卫生行政法律规范的单位或个人所实施的行政制裁。

行政处罚是一种行政制裁。动物卫生行政处罚是因行政相对人不履行法定义务或不正当地行使权利，动物卫生行政主体依法令其承担新的义务或使其权利受到相应损害的行政行为。

（二）实施行政处罚的条件

（1）必须违反了动物卫生行政法。动物卫生行政处罚是以违反动物卫生行政法律规范为前提，否则就不存在动物卫生行政处罚。

（2）必须由动物卫生行政主体处罚。动物卫生行政处罚必须由兽医行政主管部门和法定的动物卫生监督机构根据动物卫生行政法律规范进行裁决。动物卫生行政主体只能对其所管辖范围内的违法行为进行处罚。

（3）行政相对人必须明确。动物卫生行政处罚的对象是违反动物卫生行政法律规范所规定义务的行政相对人。这里所说的行政相对人是指违反动物卫生行政法的公民、法人或其他组织。

（三）动物卫生行政处罚的特征

1. 双方法律地位不对等

动物卫生行政主体同行政相对人之间的法律地位是不对等的。行政主体在这种法律关系中是行使权力的一方，行政相对人是承受义务的一方。行政主体的权力，是由动物卫生行政法律规范所赋予的。它对违反动物卫生行政法的当事人所作的行政处罚，是基于人民和国家整体的利益而采取的。

2. 单方面的意思表示

动物卫生行政处罚是动物卫生行政主体单方面的意思表示。虽然行政主体依法对违法行政相对人进行处罚时，必须履行告知义务，但作出何种处罚无需征得行政相对人的同意，只要行政主体查明行政相对人的行为确实违反了动物卫生法律规范，就可依职权作出处罚决定。行政行为的单方面意思表示区别于民事行为的协商一致。

3. 说服教育与惩罚相结合

动物卫生行政法的执行，应通过广泛的宣传教育，使义务者在自觉自愿的基础上履行其义务。如果违反义务（如情节轻微），一般对其批评教育，只有在教育无效时，才予处罚。因此，动物卫生行政处罚以惩戒而不以实现义务为目的。一次处罚以后，即告结束。

4. 拥有自由裁量权

动物卫生行政处罚是动物卫生行政主体基于行政管理和监督执法权的单方意思表示，不能调解或协商。行政主体在行政处罚中，依法享有自由裁量权。包括处罚种类和幅度的确定，以及处罚的变更和撤销等方面的自由裁量权。

（四）动物卫生行政处罚与强制执行、行政处分和刑罚的区别

1. 动物卫生行政处罚与强制执行的区别

动物卫生行政处罚是动物卫生行政主体以损害违法行政相对人权益的方法使其以后不再违法。而强制执行是对不履行法定义务的行政相对人通过法定强制手段强迫其履行义务。

2. 动物卫生行政处罚与行政处分的区别

一是适用的对象不同。行政处分适用的对象是具有公务身份人员的一般违法失职行为，针对的是内部行为，以行政隶属关系为基础。例如，《动物防疫法》第六十九条至第七十二条规定的适用行政处分的情形等。动物卫生行政处罚适用的是行政相对人违反动物卫生行政法所规定之义务的行为，是外部行为，以行政管理关系为基础。例如，违反动物卫生法律规范有关规定的行为等。二是实施的机关不同。行政处分由违法者所在单位或上级主管部门进行处理。动物卫生行政处罚则由动物卫生行政主体进行处理。三是适用的种类不同。行政处分的种类主要有警告、记过、记大过、降级、撤职、开除、降低岗位等级（仅针对事业单位工作人员）等。动物卫生行政处罚的种类则主要有警告、罚款、没收、吊销动物卫生许可证照、停产停业等。四是救济的途径不同。对行政处分不服的，只能申请复核或者申诉，不能通过行政复议和行政诉讼救济。对行政处罚不服的，行政相对人则可以通过申请行政复议和提起行政诉讼实施救济。

需要说明的是，在动物卫生行政处罚中，发现官方兽医或其他工作人员倒卖动物检疫证明或检疫标志牟取利益的，因其与动物卫生行政主体有行政隶属关系，是内部的行为，故应当给予行政处分，构成犯罪的依法移送司法机关追究刑事责任，但不能给予罚款等行政处罚。

3. 动物卫生行政处罚与刑罚的区别

一是适用法律不同。动物卫生行政处罚的依据是动物卫生行政法律规范；刑罚的依据是刑法。二是作出决定的机关不同。动物卫生行政处罚是由动物卫生行政主体决定；刑罚则由人民法院判决。三是作出决定的程序不同。动物卫生行政处罚根据动物卫生法律规范和《行政处罚法》等有关规定作出；刑罚判决则根据刑法和刑事诉讼法的有关规定作出。四是制裁的种类不同。刑罚的种类由《中华人民共和国刑法》规定，主要有五种主刑（管制、拘役、有期徒刑、无期徒刑、死刑）和三种附加刑（罚金、剥夺政治权利、没收财产）；动物卫生行政处罚由动物卫生行政法律规范规定，种类较多（警告、罚款、没收违法所得和非法财物，吊销许可证照等）。

二、动物卫生行政处罚的原则

动物卫生行政处罚原则，是指由法律规定的实施动物卫生行政处罚时必须遵循的准则。它贯穿于动物卫生行政处罚的全过程，对实施动物卫生行政处罚的主体具有约束力，否则就要承担相应的法律责任。动物卫生行政处罚是行政处罚的重要组成部分，所以在实施动物卫生行政处罚时，必须要遵循《行政处罚法》规定的处罚原则。行政处罚的原则有以下几项：

1. 处罚法定原则

处罚法定原则要求行政处罚必须有法定依据，主体、职权必须是法定的，且必须依照法定程序实施处罚。该原则是行政处罚最基本和最主要的原则，行政处罚中的其他基本原则都是这一原则派生出来的。该原则体现的最核心的含义是"法无明文规定不得处罚"。公民、法人或其他组织的行为，只有法律、行政法规、地方性法规或规章明确规定应予处罚、给予何种处罚时，才能受处罚；没有规定的，不受处罚。实施动物卫生行政处罚的主体是指兽医主管部门和经法律、法规授权的动物卫生监督机构，他们拥有法定的处罚主体资格，在行使处罚权时，必须遵守法定的职权范围和程序，不得越权和滥用权力。

2. 公正公开原则

（1）公正原则。公正要求动物卫生行政主体实施行政处罚时做到客观、公平、合理，给予的处罚与当事人的违法行为应当是相应的，做到过罚相当，即违法行为的种类、程度与所应受的处罚种类、幅度相一致，不能畸轻畸重。为了使公正性的标准更具有可操作性、可监督性，应当根据当地普遍存在的违法行为的性质、情节及社会危害等实际情况，在规章和规范性文件中将动物卫生行政处罚的适用条件、幅度、范围，尽可能地细化、量化、具体化，并进行公布，使之成为法定的处罚依据。

（2）公开原则。公开是指处罚公开，具体包括，处罚的依据公开，不能依据未公开的规定或内部文件实施处罚；处罚的程序要公开，如获取证据的渠道公开，检查公开，处罚决定公开；更重要的是，在行政处罚的实施过程中，要保障当事人的陈述、申辩以及听证的权利，同时动物卫生行政主体的处罚活动应接受行政相对人及社会的监督。

3. 惩罚与教育相结合原则

惩罚与教育相结合原则，要求动物卫生行政主体在实施行政处罚的同时加强对受罚人的法制教育，使其知道自己行为的违法性和应受惩罚性，让其今后能自觉守法，这样才能达到处罚的真正目的。同时，教育与处罚相结合并不是让动物卫生行政主体以教代罚，毕竟教育与处罚具有不同的功能，对违法行为只教育不处罚会失去处罚应有的惩戒功能，也无法有效保障法律的实施。

4. 过罚相当原则

《行政处罚法》第四条第二款规定：设定和实施行政处罚必须以事实为依据，与违法行为的事实、性质、情节以及社会危害程度相当。这里规定的"与违法行为的事实、性质、情节及社会危害程度相当"，就是违法行为与处罚相适应的原则，是"过罚相当"原则在我国行政处罚中的具体体现。"过罚相当"原则要求，既不能对轻微的违法行为给予较重的行政处罚；也不能对社会危害程度较大的违法行为给予较轻的行政处罚。

5. 一事不再罚原则

《行政处罚法》第二十四条规定：对当事人的同一个违法行为，不得给予两次以上罚款的行政处罚。据该条规定，《行政处罚法》规定的一事不再罚是指，违法行为人实施的同一个违法行为，行政执法主体不得以同一事实和同一依据给予违法行为人两次以上的罚款处罚。这就是执法实践中通常所说的"一事不再罚原则"。《行政处罚法》确立这一原则的目的，是防止处罚机关滥用职权对行政相对人同一违法行为以同一事实理由处以两次以上罚款，以获得不当利益，同时也是为了保障处于被管理地位的行政相对人的合法权益不受侵犯。

6. 保障当事人合法权益原则

动物卫生行政主体依法对动物卫生行政秩序进行管理，对违法的行为依法给予行政处罚，是保障国家的政治、经济及其他社会生活的有序进行的前提，也是保障公民、法人或其他组织的合法权益的条件。《行政处罚法》规定，公民、法人或其他组织对行政机关所给予的行政处罚，享有陈述、申辩权以及特定处罚的听证权，对行政处罚不服的，有权申请行政复议或者提起行政诉讼。公民、法人或其他组织因动物卫生行政主体违法给予行政处罚受到损害的，有权依法提出赔偿要求。这些权利是行政相对人依法保障自己权益的合法武器，动物卫生行政主体若剥夺了行政相对人这些权利，就应当承担相应的法律后果。

三、动物卫生行政处罚的种类

1. 警告

警告是动物卫生行政主体对违反动物卫生行政法律规范所规定义务的行政相对人的谴责和警戒。它既具有教育性质又具有惩罚性质，是一种经常使用而又较轻的处罚形式。警告是申诫罚的主要表现形式。警告即可以单独适用也可以合并适用。有时警告也作为动物卫生行政主体实施其他行政处罚种类的前置条件。实施警告行政处罚时应当以书面形式作出，口头警告是教育而不是行政处罚。

2. 罚款

罚款是动物卫生行政主体对违反动物卫生法律规范法定义务的公民、法人或其他组织实施的一种经济上的惩罚，是行政法中适用范围最广的一种财产罚。在实施行政处罚的过程中，不能以罚款多少论成绩，关键在于罚的得当，罚款收缴，结案率高。这样才能收到惩前毖后，罚一儆百的效果，才能真正维护法律的尊严。正因如此，罚款必须是要式行为，运用时必须遵循一定的程序。动物卫生行政主体必须作出书面处罚决定，明确罚款数额和缴纳期限，同时告知行政相对人享有的权利。

需要注意的是，罚款针对的是行政相对人的合法收入，对违法收入适用没收的行政处罚。在执行上，分为专门机构收缴罚款和行政处罚主体执法人员当场收缴罚款两种。有下列情形之一的，执法人员可以当场收缴罚款：一是20元以下罚款的。二是不当场收缴事后难以执行的。三是在边远、水上、交通不便地区，当事人向指定的银行缴纳罚款有困难且当事人提出的。当场收缴罚款的，必须向当事人出具省、自治区、直辖市财政部门统一制发的罚款收据；不出具财政部门统一制发的罚款收据的，当事人有权拒绝缴纳罚款。

3. 没收

动物卫生行政主体将违法行为人的违法所得和动物卫生行政法律规范规定的违禁物或违法行为工具进行没收的处罚，属于财产罚的种类。它是对生产、经营、贮藏、加工、运输、销售违禁物品或进行其他营利性违法行为的行政相对人所实施的一种经济上的处罚。例如，动物卫生行政主体依法没收违法所得和违禁动物、动物产品等。没收同罚款一样，指向的都是财产，但两者性质不同。罚款是迫使违法者交纳额外负担的金钱，它所针对的是行政相对人合法财物的所有权。没收针对的是违法所得、违禁物或违法行为工具，一般不针对行政相对人的合法财产。例如，没收违法经营的病死动物产品。

4. 责令停产停业

动物卫生行政主体责令违法从事生产、经营活动的行政相对人停止生产或经营活动的处罚，属于行为罚的种类。动物卫生行政主体在实施该处罚种类时，应当附有限期整顿和改进的要求，同时明确责令停止生产或经营的期限，如果行政相对人在期限内改正了违法行为，就可以恢复营业。停产停业改进到期后，动物卫生行政主体应当对整改的事宜进行查验，符合生产、经营条件的，应当制作并送达恢复生产通知书，不符合生产、经营条件的，应当重新作出处罚，直到吊销许可证照。

5. 吊销有关动物卫生证照

动物卫生行政主体对持有某种许可证照，但其活动或行为违反动物卫生法律规范的个人或单位进行的处罚，属于行为罚的种类。许可证照是动物卫生行政主体准予行政相对人从事某项活动的法律凭据，吊销证照，就意味着行政机关取消了这种法律上的承认，从而剥夺了个人或单位实施某种行为的权利，是一种较严厉的行为处罚。

在给予行政相对人行政处罚时，应当责令违法行为人改正或限期改正违法行为。动物卫生行政主体对违反动物卫生行政法所规定义务的行政相对人，限定其在一定的期限内，必须依照动物卫生行政法的规定承担改进的义务，是一种具有强制性质的补救措施。需要说明的是责令改正或限期改正不是行政处罚的种类，根据《行政处罚法》的规定，动物卫生行政主体在实施行政处罚的同时，应当责令违法行为人改正违法行为或消除违法行为所造成的危害后果，其不具有制裁性，故不属于行政处罚的种类。

四、动物卫生行政处罚的管辖

动物卫生行政处罚管辖是指动物卫生行政主体在实施动物行政处罚方面的权限分工。就动物卫生行政处罚而言，原则上以地域管辖为主、级别管辖为辅，即一般案件由违法行为发生地的县（市、区）级动物卫生行政主体管辖，重大、复杂的动物卫生行政违法案件由上级动物卫生行政主体管辖。动物卫生行政主体对管辖发生争议的，报请共同的上一级动物卫生行政主体指定管辖。对违法行为涉嫌构成犯罪的，动物卫生行政主体必须将案件移送司法机关，依法追究刑事责任。需要说明的是，在处理动物卫生行政违法案件中，给予行政相对人吊销许可证照处罚时，要遵循"谁发证谁吊销"的原则。因而，有些动物卫生行政违法案件中，行政相对人可能同时收到两份处罚决定书，一份由动物卫生监督机构实施的罚款行政处罚，一份由兽医主管部门实施的吊销许可证的行政处罚。例如，适用《动物防疫法》第八十一条第二款实施的罚款和吊销《动物诊疗许可证》的行政处罚。

五、动物卫生行政处罚的程序

动物卫生行政处罚程序是指动物卫生行政主体对违反动物卫生行政法律规范的行政相对人实施行政处罚时所遵循的方式和步骤，包括简易程序、一般程序和听证程序。

（一）简易程序

1. 简易程序的含义

简易程序也称当场处罚程序，是指动物卫生行政执法人员对违反动物卫生行政法律规范的违法行为人，当场作出处罚时所遵循的方式和步骤。

2. 简易程序的特点

简易程序具有如下特点：一是依法做出。当场处罚是由动物卫生行政主体的执法人员依法作出的行政处罚行为。在动物卫生处罚中，当场处罚和其他处罚一样奉行国家追诉原则，只有代表国家行使行政处罚权的动物卫生行政主体才能进行当场处罚。当场处罚是动物卫生行政主体的单方行为，并以国家的强制力作为后盾，行政相对人同意与否不影响处罚的实施。二是适用范围特殊。当场处罚一般适用事实清楚、情节简单、后果比较轻微的违法案件。三是处理迅速。当场处罚是发生违法行为后当即给予的行政处罚，体现了当场处罚的高效性，更有利于提高动物卫生行政处罚的效率。

3. 适用简易程序的原则

（1）法定原则。在动物卫生行政处罚中严格遵守法定原则，就是因为当场处罚程序的简化，使之易失公正，容易造成滥用行政处罚权、侵害行政相对人权益的情况发生。当场处罚只是程序简便，而不是没有程序；动物卫生行政执法人员作出当场处罚决定时，必须符合动物卫生行政法律规范规定的必经程序和权限。

（2）保障行政相对人权利的原则。动物卫生行政主体适用简易程序实施当场处罚，不得使违法行为人的正当权利受到影响。它的具体要求是实施当场处罚的动物卫生行政执法人员应当告知被处罚人违法的事实、处罚的依据和理由，同时给被处罚人以当场陈述和申辩的权利。不能把被处罚人对动物卫生行政处罚决定提出异议的权利，视为态度不好，更不能作为从重处罚的理由。动物卫生行政当场处罚决定书制作并送达被处罚人时，应当载明被处罚人申请复议或者提起行政诉讼的权利以及得以实现的途径和期限。

（3）效率原则。当场处罚制度的设立，是动物卫生行政效率原则的一个具体的要求和反映，然而效率原则又是动物卫生行政当场处罚的一个基点。它要求，实施动物卫生当场行政处罚，必须有高素质的行政执法人员，并建立良好的制约机制，以保证动物卫生行政主体高效地完成追究违法行为的使命。

（4）轻微原则。根据我国的立法实践和世界各国的立法经验，当场处罚的适用范围都比较小，大多为案情简单、法律后果轻微、易于处理的案件。我国《行政处罚法》规定："违法事实确凿并有法定依据，对公民50元以下、对法人或者其他组织1000元以下罚款或者警告的行政处罚的，可以当场做出行政处罚决定。"这就充分体现了处罚轻微的原则。

4. 简易程序的内容

（1）表明身份。表明执法者身份是动物卫生行政当场处罚的第一个步骤，这一行为的目的主要是为了表明实施行政处罚的主体资格是合法的。为此，执法人员执行任务时，应着装整洁，标志明显，携带执法证件，并主动向行政相对人出示。这里所说的证件，必须是能够证明执法人员享有行使行政执法权力的证件。

（2）现场取证。执法人员查处案件时，应当及时、全面地了解情况，必要时要在现场提取、收集和保存违法行为人的违法证据，并作好相关调查、询问和现场笔录。

（3）向违法行为人说明处罚理由和依据，并告知其享有的权利。动物卫生行政执法人员在事实清楚、证据充分的前提下，依法现场作出处罚决定，并告诉违法行为人违法事实、处理理由和处罚依据，同时还要告知当事人有权进行申辩和陈述，有权依法提起行政复议和行政诉讼等权利。

（4）填写书面决定书。执法人员必须现场填写《当场处罚决定书》，并注明当事人的违法行为、行政处罚的理由和依据，以及当场处罚的种类或者罚款的数额，罚款缴纳的时间、地点以及动物卫生行政主体的名称、执法人员的签名或者盖章等内容。

（5）送达与执行。制作《当场处罚决定书》后应当现场交由当事人签收。现场处罚案卷应报送所属动物卫生行政执法机关归档。处以罚款的，应当告知行政相对人在规定的期限内到指定的银行缴纳。依法给予 20 元以下罚款的或不当场收缴事后难以执行的，执法人员可以当场收缴罚款。执法人员当场收缴的罚款，应当自收缴罚款之日起二日内，交至动物卫生行政执法机关。

（二）一般程序

动物卫生行政处罚的一般程序是指除有特别规定外，动物卫生行政处罚应当遵循的方式和步骤。按照《行政处罚法》的规定，除可以适用简易程序外，其他动物卫生行政处罚案件均应适用一般程序。需要说明的是，可以适用简易程序的违法案件并不等于必须适用简易程序，其中有一部分案件或者部分程序也可以适用一般程序的规定。可以说，一般程序是适用所有动物卫生行政处罚案件的通用程序。一般程序的要求相对比较严格，它可以保障动物卫生行政主体作出的行政处罚公正、合理，当然也有利于保护行政相对人的合法权益。由于一般程序方式步骤较多，就具体案件的处理而言，效率相对受到一些影响。因此，《行政处罚法》不要求所有的案件都一律适用一般程序，而是允许一部分案件适用简易程序来处理。一般程序和简易程序并行，使行政效率和保护行政相对人的合法权益都得到应有的保障。

一般程序包括立案、调查取证、审查证据、事先告知、决定处罚、送达 6 个阶段。

1. 立案

立案是以一般程序审查处理动物卫生行政违法案件的第一道法律步骤，是一般程序的开始。立案是指动物卫生行政主体的执法人员在检查发现、群众举报或投诉、上级交办、有关部门移送、媒体曝光、监督抽检、违法行为人交代等情况中，经初步调查发现公民、法人或其他组织涉嫌有违法行为，依法应当给予行政处罚而决定进行调查处理的一种行政法律活动。动物卫生行政执法人员发现违法行为不能视为立案，立案必须经过动物卫生行政主体负责人批准。只有立案后，才可以全面调查收集取证，当然并不能否认执法人员在立案前经初步调查获得证据的合法性。否则，即视为程序违法。立案办理的案件，应指明具有行政执法权的执法人员负责承办。承办人员应填写办案记录，呈报单位负责人批准后建立案卷，并在法定期限内调查取证，提出处理或处罚意见。

2. 调查取证

动物卫生行政处罚的证据主要有书证、物证、证人证言、当事人的陈述、视听资料、鉴定结论、现场检查（勘验）笔录等。

（1）调查。调查是指动物卫生行政主体的执法人员依照法定程序，向案件的知情人、见证人以及当事人了解案件真实情况的活动。一是对当事人进行询问。在动物卫生行政处罚实践中，当事人一般为违法行为人，办案人员可以通过询问当事人了解案件情况、取得证据、查明案件事实。当事人也可以在陈述违法事实的同时进行辩解。当事人有两个或者两个以上的，应当分别进行询问，以免串通或者相互影响。询问当事人应当制作《询问笔录》，内容包括：时间、地点、询问人、被询问人，询问的主要内容包括违法行为发生的时间、地点、经过、结果等。询问结束后应将《询问笔录》交由被询问人核对，对没有阅读能力的，应当向其宣读。被询问人提出补充或者更正的，应当允许。确认笔录无误，被询问人应当在笔录上签名或者盖章。被询问人拒绝签名或者盖章的，应当在《询问笔录》

上注明情况。被询问人有书写能力并要求自己书写的，可允许其自行书写。《询问笔录》属于证据中的当事人的陈述，经查证属实，可以作为定案的依据。二是对证人进行调查。证人是对案情有所了解的知情人和见证人。询问证人对查明案件事实具有十分重要的意义。执法人员应当在查处案件之前，尽量地熟悉案情和有关材料，了解证人与当事人的关系，理清需要调查的有关问题，拟定调查提纲。如果证人为多人时，应当分别进行询问。询问证人应当制作《询问笔录》，包括被询问人的基本情况，询问的时间、地点，询问人和记录人等。《询问笔录》的主要内容为案件发生的时间、地点、当事人、经过和结果等。《询问笔录》制作完成后应当交由证人核实，对没有阅读能力的，还应当向其宣读，证人认为笔录记载有遗漏和错误的，应当允许其进行更正和补充。经核对无误后，由证人签名或者盖章。对证人进行调查制作的《询问笔录》属于证据中的证人证言，经查证属实之后，可以作为定案的依据。需要说明的是，根据《最高人民法院关于行政诉讼证据若干问题的规定》（法释〔2002〕21号）的有关规定，执法人员对知情人、证人或当事人制作的《询问笔录》，除由被询问人核对签名外，执法人员必须在该《询问笔录》上签名，否则该《询问笔录》无证明能力。

（2）取证。取证是指执法人员提取和索取物证、书证等证据材料的活动。一是收集物证。任何违法行为都必然会使客观因素发生变化，或多或少留下各种物质痕迹。例如，经营依法应当检疫而未经检疫或者病死的动物产品、逃避检疫监督，涂改、伪造、买卖动物防疫证照，生产、经营和使用假劣兽药等。在这种情况下，执法人员只要能取得有关这方面的物证，就既能证明违法行为的时间、地点、经过和结果的一部分或者全部，又可作为审查证人证言、当事人陈述真实性的重要手段。特别是在动物卫生行政处罚案件中，有时物证的作用更为直接有效。二是提取书证。书证也是执法人员在办案中应当收集的一种重要证据。例如，涂改、伪造、买卖的动物检疫证明或标志等。提取书证时，要把握以下三点：第一，提取证据要及时，否则一些物证（如痕迹）就容易灭失，或者被违法行为人隐匿、毁弃。第二，提取证据要细致，不能放过每一个与案件有关的物品与痕迹。必要时，可以采取特殊的、专门的技术手段。例如，提取实物、拍照、录音、录像等。第三，提取证据手续要完备，需要出具清单的，应当一式两份，根据需要由执法人员、见证人或持有人签名盖章后，一份交持有人，一份归档备查；需要拍照、录像的，应当注意方法，使其能够客观反映案件的真实情况。

依照《农业行政处罚程序规定》的有关规定，动物卫生行政主体在搜集证据时，可以采用抽样取证的方法。同时，在证据可能灭失或者以后难以取得的情况下，经动物卫生行政主体负责人批准，可以先行登记保存。对就地保存的证据，保存期间当事人或者有关人员不得使用、销售、转移、损毁或者隐匿。对先行登记保存的证据，应当在7天内及时作出下列处理决定并告知当事人：对需要进行技术检验或者鉴定的，送交有关部门检验或者鉴定；对依法应予没收的物品，依照法定程序处理；对依法应当由有关部门处理的，移交有关部门；为防止损害公共利益，需要销毁或者无害化处理的，依法进行处理；不需要继续登记保存的，解除登记保存。需要说明的是，采取证据登记保存后，并不要求动物卫生行政主体必须在7日内作出处罚决定。动物卫生行政主体对证据进行抽样取证或者登记保存，应当有当事人在场。当事人不在场或拒绝到场的，执法人员可以邀请有关人员参加。

对抽样取证或者登记保存的物品应当制作《抽样取证凭证》《证据登记保存清单》。登记保存物品时，就地保存可能妨害公共秩序、公共安全，或者存在其他不适宜就地保存情况的，可以异地保存。对异地保存的物品，动物卫生行政主体应妥善保管。

动物卫生行政主体为调查案件需要，有权要求当事人或者有关人员协助调查；有权依法进行现场检查或者勘验；有权要求当事人提供相应的证据资料；对重要的书证，有权进行复制。执法人员对与案件有关的物品或者场所进行现场检查或者勘验检查时，应当通知当事人到场，制作《现场检查（勘验）笔录》，当事人拒不到场或拒绝签名盖章的，应当在笔录中注明，并可以请在场的其他人员见证。对需要鉴定的专门性问题，交由法定鉴定部门进行鉴定；没有法定鉴定部门的，可以提交有资质的专业机构进行鉴定。

3. 审查证据

执法人员对收集到的各种证据，必须经过认真、细致的审查判断，以确认其客观性、合法性、关联性。只有经审查属实的证据，才能作为认定案件事实的依据。证据审查要围绕收集的证据材料，首先审查取得的证据是否满足证据的形式要件。其次审查证据的实质内容，包括审查哪些证据证明当事人的违法事实是否存在，哪些证据证明当事人主体的适格性，哪些证据证明违法行为的时间、地点、目的、手段、情节、危害后果、违法所得等事实，以及是否具有从重、从轻或减轻情节。最后对所有证据材料进行综合审查，排除证据材料间的矛盾，确认证据的证明力。执法人员在调查取证结束后，认为案件事实清楚，证据充分，应当制作《案件处理意见书》，报请动物卫生行政主体负责人审批。案情复杂或者有重大违法行为需要给予较重行政处罚的案件，应当由动物卫生行政主体负责人集体讨论决定。

4. 事先告知

动物卫生行政主体负责人对《案件处理意见书》审批后，认为应当给予行政处罚的，执法人员应当制作《行政处罚事先告知书》，并送达当事人，告知拟给予的行政处罚内容及事实、理由和依据，并告知当事人可以在收到通知书之日起 3 日内，进行陈述和申辩，符合听证条件的，告知行政相对人享有申请听证的权利。当事人无正当理由逾期未提出陈述、申辩或者要求组织听证的，视为放弃陈述、申辩和听证权利。

对于在边远、水上和交通不便的地区按一般程序实施处罚时，执法人员可以采用通信方式报请动物卫生行政主体负责人批准对调查结果及处理意见进行审查（报批记录必须存档备案），当事人可当场向执法人员进行陈述和申辩。当事人不提出陈述和申辩的，视为放弃陈述和申辩权利。但是，属于案情复杂或者重大违法行为需要给予较重行政处罚的案件，不得采取通信方式报请审查。

需要说明的是，事先告知当事人依法享有陈述、申辩和申请听证权利是动物卫生行政主体的法定义务，不履行该项义务，会导致动物卫生行政主体作出的行政处罚不成立。

5. 决定处罚

《行政处罚事先告知书》送达当事人后，执法人员应当及时对当事人的陈述、申辩或者听证情况进行审查，并制作《行政处罚决定审批表》，送交从事行政处罚决定审核的人员进行审核后，报请动物卫生行政主体负责人审批，负责人根据不同情况分别作出处理决定，但动物卫生行政主体不得因当事人的申辩而加重处罚：

（1）认为违法事实清楚、证据确凿的，作出行政处罚的决定，并制作《行政处罚决定书》。

（2）违法行为轻微，依法可以不予行政处罚的，作出不予行政处罚的决定，并制作《不予行政处罚决定书》。

（3）违法事实不能成立的，不得给予行政处罚。对立案后认为违法事实不成立的案件，无需制作决定书，但应当告知当事人。

（4）违法行为已经构成犯罪的，制作《案件移送函》移送公安机关。

动物卫生行政处罚案件自立案之日起，应当在3个月内作出处理决定。特殊情况下3个月内不能作出处理的，报经上一级动物卫生行政主体批准，可以延长至1年。但对于在行政处罚过程中采取查封、扣押行政强制措施的案件，应当在查封、扣押期间内作出行政处罚决定。对专门性问题需要鉴定的，所需时间不计算在办案期限内。

6. 送达

这里所称的送达仅指行政处罚决定的送达，是指动物卫生行政主体依照法律规定的程序和方式，将行政处罚决定书送交行政相对人的行政行为。《行政处罚决定书》送达后才能产生法律效力。《行政处罚决定书》应当在宣告后当场交付被处罚人；被处罚人不在场的，应当在7天内送达被处罚人，并由被处罚人在《送达回证》上签名或者盖章；被处罚人不在的，可以交其成年家属或者所在单位的负责人代收，并在送达回证上签名或者盖章。被处罚人或者代收人拒绝接收、签名、盖章的，送达人可以邀请有关基层组织或者其所在单位的有关人员到场说明情况，把《行政处罚决定书》留在其住处或者单位，并在《送达回证》上记明拒绝的事由、送达的日期，由送达人、见证人签名或者盖章，即视为送达。直接送达行政处罚文书确有困难的，可以委托其他动物卫生行政处罚机关代为送达，也可以邮寄或公告送达。邮寄送达的，挂号回执上的收件日期为送达日期；公告送达的，自发出公告之日起经过60天，即视为送达。

（三）听证程序

动物卫生行政处罚听证程序是指动物卫生行政主体在作出行政处罚决定之前听取当事人的陈述和申辩，在非本案调查人员主持下，在案件调查人员、当事人及其他利害关系人参加的情况下，听取各方陈述、申辩、质证，然后根据双方质证、核实的材料作出行政决定的一种程序。听证程序赋予了当事人为自己抗辩的权利，为当事人充分维护和保障自己的权益，提供了程序上的条件。

1. 听证的适用范围

根据《行政处罚法》第四十二条的规定，动物卫生行政处罚主体在拟给予行政相对人下列种类的行政处罚时，应当告知行政相对人有要求举行听证的权利：

（1）责令停产停业。其属于行为罚，也称能力罚，是限制或剥夺行政相对人生产、经营能力的一种处罚。包括停止生产、停止经营等情况，例如，执业兽医违反有关动物诊疗的操作技术规范，造成动物疫病传播、流行的，责令暂停6个月以上1年以下动物诊疗活动。

（2）吊销许可证照。也属于行为罚，是动物卫生行政主体依法剥夺违法行为人某种权利或资格的处罚。例如，动物诊疗机构违反《动物防疫法》的有关规定，造成动物疫病扩散且情节严重的，吊销动物诊疗许可证。

（3）处以较大数额罚款。这里所说的"较大数额"，地方动物卫生行政主体按省级人大常委会或人民政府规定的标准执行；中央执法机关实施的，对公民罚款超过 3000 元、对法人或其他组织罚款超过 3 万元的属于较大数额罚款。

在执法实践中，对于"没收较大数额违法所得"是否应当举行听证存在一定的争议。《行政处罚法》第四十二条规定："行政机关作出责令停产停业、吊销许可证或者执照、较大数额罚款等行政处罚决定之前，应当告知当事人有要求举行听证的权利；……"。该条对听证范围的规定中有个"等"字，这是立法上的一种不完全列举，应结合《行政处罚法》的立法本意来理解规定中的"等"字。从《行政处罚法》的立法本意讲，给予较大数额的罚款可以召开听证会，没收较大数额的违法所得在法律精神上理所应当也可以召开听证会。"没收违法所得"与"罚款"都属行政处罚中的财产罚，都是致违法行为人经济利益受到损失来惩罚违法行为人的违法行为。两者只是适用的范围和条件不同，从行政相对人经济利益都会受到重大损失这一点而言，两者没有本质上的区别。2004 年 9 月 4 日，《最高人民法院关于没收财产是否应当进行听证及没收经营药品行为等有关法律问题的答复》（〔2004〕行他字第 1 号）中称："人民法院经审理认定，行政机关作出的没收较大数额财产的行政处罚决定前，未告知当事人有权要求举行听证或者未按规定举行听证的，应当根据《行政处罚法》的有关规定，确认该行政处罚决定违反法定程序"。对于没收违法所得"较大数额"的标准问题，应当参照省级人大常委会或人民政府有关较大数额罚款标准的规定认定。因此，对"没收较大数额违法所得"的行政处罚，也应当有与之相对应的处罚程序，应同"较大数额罚款"一样，适用听证程序。

2. 听证的适用条件

听证程序的适用条件有两个：一是处罚种类必须在听证的适用范围之内。二是当事人要求听证的申请必须在动物卫生行政主体告知后 3 日内提出。

3. 听证的原则

（1）公开原则。听证程序一般公开举行，但是涉及国家秘密、商业秘密或者个人隐私的听证程序，不公开举行，不予公告，不允许无关人员旁听，也不允许新闻工作者进行采访报道，其目的是出于保守国家秘密、商业秘密和个人隐私的需要。

（2）职能分离原则。本案的调查人员不能作为自己承办案件的"法官"，是听证程序的重要制度和特征。《行政处罚法》规定，听证由本机关指定的非本案调查人员主持，当事人认为主持人与本案有利害关系的，有权申请回避。我国听证制度实行内部职能分离制，保证了行政处罚的公正、公平。

4. 举行听证会的具体步骤

（1）送达听证通知书。动物卫生行政处罚机关应当在举行听证的 7 日前，通知当事人听证的时间、地点。

（2）告知权利。动物卫生行政处罚机关应当告知行政相对人有权委托 1～2 名代理人参加听证，有权申请听证主持人回避等权利。

（3）举行听证会。动物卫生行政处罚的听证会存在三方主体，即听证主持人、案件承办人和行政相对人。听证主持人由动物卫生行政机关中非本案的调查人员担任。整个听证过程是在听证主持人的主持下，由双方对有关处罚的事实、证据和法律的适用进行陈述、辩论、质问和对证。

（4）听证会的程序。听证会要遵循以下步骤：第一，首先由听证书记员宣布听证会场纪律、当事人的权利和义务。听证主持人宣布案由，核实听证参加人名单，宣布听证开始。第二，由案件调查人员提出当事人的违法事实、出示证据，说明拟作出的动物卫生行政处罚的内容及法律依据。第三，由当事人或其委托代理人对案件的事实、证据、适用的法律等进行陈述、申辩和质证，也可以向听证会提交新的证据。第四，由听证主持人就案件的有关问题向当事人、案件调查人员、证人询问。第五，由案件调查人员、当事人或其委托代理人相互辩论。第六，由当事人或其委托代理人作最后陈述。第七，由听证主持人宣布听证结束。听证笔录交当事人和案件调查人员审核无误后签字或者盖章。

5. 听证后的裁决

听证结束后，听证主持人应当依据听证情况，制作《行政处罚听证会报告书》并提出处理意见，连同听证笔录，报动物卫生行政主体负责人审查，对情节复杂或者重大违法行为给予较重的行政处罚，动物卫生行政主体的负责人应当集体讨论决定。对于行政相对人在听证过程中提出的事实、理由认为可以成立的，予以采纳；对违法事实清楚的，依法作出行政处罚决定；违法事实与动物卫生行政主体原来认定有出入，在听证中核实清楚的，应当在重新认定的基础上作出行政处罚或不予行政处罚的决定。

六、动物卫生行政处罚的执行

动物卫生行政处罚决定依法作出后，当事人对行政处罚决定不服申请行政复议或者提起行政诉讼的，除法律另有规定外，行政处罚决定不停止执行。

动物卫生行政主体按照简易程序对当事人当场作出20元以下罚款，或者当场给予罚款的数额虽然超过20元，但不当场收缴事后难以执行的，执法人员可以当场收缴罚款。此外，在边远、水上、交通不便地区，动物卫生行政主体及其执法人员依照《农业行政处罚程序规定》第二十二条、第三十九条的规定作出罚款决定后，当事人向指定的银行缴纳罚款确有困难，经当事人提出，动物卫生行政主体及其执法人员可以当场收缴罚款。当场收缴罚款的，应当向当事人出具省级财政部门统一制发的罚款收据。除前述情形外，动物卫生行政主体不得自行收缴罚款。决定罚款的动物卫生行政主体或执法人员应当书面告知当事人向指定的银行缴纳罚款。

对生效的动物卫生行政处罚决定，当事人拒不履行的，作出动物卫生行政处罚决定的动物卫生行政主体可以采取下列措施：一是到期不缴纳罚款的，可每日按罚款数额的百分之三加处罚款。二是根据法律规定，将查封、扣押的财物拍卖抵缴罚款。三是制作《强制执行申请书》，申请人民法院强制执行。

除依法应当予以销毁的物品外，依法没收的非法财物必须按照国家规定公开拍卖或者按国家有关规定处理。罚款、没收违法所得或者没收非法财物拍卖的款项，必须全部上缴国库，任何动物卫生行政主体或者个人不得以任何形式截留、私分或者变相私分。

需要说明的是，已经发生法律效力的动物卫生行政处罚决定，动物卫生行政主体及其工作人员不得随意增减行政处罚决定书中载明的罚款数额。如果当事人确有经济困难暂时无力缴纳罚款的情形，需要延期或者分期缴纳罚款的，由当事人书面申请，经作出行政处罚决定的动物卫生行政主体批准，可以暂缓或者分期缴纳。

七、动物卫生行政处罚案件的结案

《农业行政处罚程序规定》第六十三条规定：农业行政处罚案件终结后，案件调查人员应填写《行政处罚结案报告》，经农业行政处罚机关负责人批准后结案。根据该条的规定，并结合执法实践，有下列情形之一的，应当予以结案：第一，作出不予处罚决定的。第二，作出行政处罚等处理决定，且已执行的。第三，违法行为涉嫌构成犯罪，转为刑事案件办理的。第四，行政相对人死亡或不可抗力等原因造成无法追究行政法律责任的。结案后，案件调查人员要对案卷进行认真的整理，按要求填写卷内目录，并按规定进行装订，填写《行政处罚结案报告》，经动物卫生行政主体负责人批准后结案。

执法实践中，并不是所有的动物卫生行政案件都需要办理到行政处罚、执行等程序才算办理完结，而是经过动物卫生行政主体调查，发现有些动物卫生行政案件因为具有一些特殊情形使案件调查工作不必要进行或者无法继续进行调查，或者继续调查下去已无任何实际意义，在这种情况下就应当立即终止案件的调查工作，例如，群众举报的案件经调查不存在违法事实等。一般来讲，有下列情形之一的，应当终止调查：第一，没有违法事实。第二，违法行为已过追究时效的。第三，违法嫌疑人死亡的。动物卫生行政主体决定对案件终止调查的，执法人员应当制作终止案件调查报告，并经动物卫生行政主体负责人批准，该报告是动物卫生行政主体对撤销案件进行审批时所使用的内部法律文书，是案件处理结果的法律凭据。需要说明的是，动物卫生行政主体对案件终止调查时，行政相对人的财产已被采取查封、扣押等行政强制措施的，应当立即解除。

八、动物卫生行政执法与刑事司法的衔接

（一）行政执法案件移送司法机关的相关规定

动物卫生行政执法与刑事司法的衔接，无论是法律法规，还是最高人民检察院、公安部以及农业部等部门发布的相关规范性文件中，均对此作出了明确的规定。《行政处罚法》第七条第二款：违法行为构成犯罪的，应当依法追究刑事责任，不得以行政处罚代替刑事处罚；第二十二条：违法行为构成犯罪的，行政机关必须将案件移送司法机关，依法追究刑事责任；第三十八条第一款第四项规定：调查终结，行政机关负责人应当对调查结果进行审查，违法行为已构成犯罪的，移送司法机关。《动物防疫法》第八十四条第一款规定：违反本法规定，构成犯罪的，依法追究刑事责任。《行政执法机关移送涉嫌犯罪案件的规定》第三条：行政执法机关在依法查处违法行为过程中，发现违法事实涉及的金额、违法事实的情节、违法事实造成的后果等，根据刑法关于破坏社会主义市场经济秩序罪、妨害社会管理秩序罪等罪的规定和最高人民法院、最高人民检察院关于破坏社会主义市场经济秩序罪、妨害社会管理秩序罪等罪的司法解释以及最高人民检察院、公安部关于经济犯罪案件的追诉标准等规定，涉嫌构成犯罪，依法需要追究刑事责任的，必须依照本规定向公

安机关移送。《中华人民共和国刑法》（以下简称《刑法》）第四百零二条：行政执法人员徇私舞弊，对依法应当移交司法机关追究刑事责任的不移交，情节严重的，处3年以下有期徒刑或者拘役；造成严重后果的，处3年以上7年以下有期徒刑。《农业部关于加强农业行政执法与刑事司法衔接工作的实施意见》（农政发〔2011〕2号）中提出：加强农业行政执法与刑事司法衔接工作是严厉打击农业违法行为的迫切要求和重要手段，事关依法行政，事关农资市场秩序维护和农产品质量安全，事关农民和消费者合法权益保障。此外，最高人民检察院、全国整顿和规范市场经济秩序领导小组办公室、公安部、监察部共同发布了《关于在行政执法中及时移送涉嫌犯罪案件的意见》（高检会〔2006〕2号），也规范行政执法中对涉嫌犯罪案件的移送。

（二）动物卫生行政执法中行政相对人涉嫌犯罪的法律适用

依据《刑法》、最高人民法院、最高人民检察院、公安部单独或共同发布的相关司法解释，动物卫生行政执法中行政相对人的违法行为主要涉嫌以下几个罪名：

1. 生产、销售伪劣产品罪

（1）违法行为。加工、经营检疫不合格、染疫、病死或死因不明等动物及动物产品，生产或者销售假、劣兽药，或者对动物及动物产品注水或注入其他物质等，且销售额累计较大的行为；或者明知他人实施生产、销售伪劣产品犯罪，而为其提供《动物防疫条件合格证》或《兽药生产许可证》等许可证件，或者提供生产、经营场所或者运输、贮藏等便利条件等行为。这里的销售金额是指出售伪劣产品后所得和应得的全部违法收入。

（2）违反的法律规范。《刑法》第一百四十条："生产者、销售者在产品中掺杂、掺假，以假充真，以次充好或者以不合格产品冒充合格产品，销售金额5万元以上不满20万元的，处2年以下有期徒刑或者拘役，并处或者单处销售金额50％以上2倍以下罚金；销售金额20万元以上不满50万元的，处2年以上7年以下有期徒刑，并处销售金额50％以上2倍以下罚金；销售金额50万元以上不满200万元的，处7年以上有期徒刑，并处销售金额50％以上2倍以下罚金；销售金额200万元以上的，处15年有期徒刑或者无期徒刑，并处销售金额50％以上2倍以下罚金或者没收财产。"单位犯罪的，对单位判处罚金，并对其直接负责的主管人员和其他直接责任人员，依照前述的规定处罚。

（3）立案追诉标准。《最高人民检察院、公安部关于公安机关管辖的刑事案件立案追诉标准的规定（一）》（公通字〔2008〕36号）第十六条："〔生产、销售伪劣产品案（刑法第一百四十条）〕生产者、销售者在产品中掺杂、掺假，以假充真，以次充好或者以不合格产品冒充合格产品，有下列情形之一的，应予立案追诉：（一）伪劣产品销售金额五万元以上的；（二）伪劣产品尚未销售，货值金额15万元以上的；（三）伪劣产品销售金额不满5万元，但将已销售金额乘以3倍后，与尚未销售的伪劣产品货值金额合计15万元以上的"。

2. 生产、销售不符合安全标准的食品罪

（1）违法行为。生产、销售检疫不合格、染疫、病死或死因不明等动物及动物产品的行为，或者在动物及动物产品养殖、销售、运输、贮存等过程中违反规定超限量或者超范围滥用添加剂、兽药等，或者生猪定点厂（场）销售未经肉品品质检验或经肉品品质检验不合格的生猪产品，足以造成他人严重食物中毒事故或者其他严重食源性疾病。明知他人生产、销售不符合食品安全标准的食品，而为其提供《动物防疫条件合格证》《动物检疫合格证明》等许可证件，或者提供生产、经营场所，或者提供运输、贮藏、保管等便利条件等行为的，按共犯论处。

（2）违反的法律规范。《刑法》第一百四十三条："生产、销售不符合食品安全标准的食品，足以造成严重食物中毒事故或者其他严重食源性疾病的，处3年以下有期徒刑或者拘役，并处罚金；对人体健康造成严重危害或者有其他严重情节的，处3年以上7年以下有期徒刑，并处罚金；后果特别严重的，处7年以上有期徒刑或者无期徒刑，并处罚金或者没收财产。"单位犯罪的，对单位判处罚金，并对其直接负责的主管人员和其他直接责任人员，依照前述的规定处罚。

（3）立案追诉标准。《最高人民检察院、最高人民法院关于办理危害食品安全刑事案件适用法律若干问题的解释》（法释〔2013〕12号）分别对《刑法》第一百四十三条规定的"足以造成严重食物中毒事故或者其他严重食源性疾病"，"对人体健康造成严重危害"，"其他严重情节"以及"后果特别严重"的认定标准进行了解释。

动物卫生行政执法中，发现行政相对人生产、销售不符合食品安全标准的食品，具有下列情形之一的，应当认定为"足以造成严重食物中毒事故或者其他严重食源性疾病"：第一，含有严重超出标准限量的致病性微生物、兽药残留、污染物质以及其他危害人体健康的物质的。第二，属于病死、死因不明或者检验检疫不合格的动物、动物产品及其制品的。第三，其他足以造成严重食物中毒事故或者严重食源性疾病的情形。对于"足以造成严重食物中毒事故或者其他严重食源性疾病"难以确定的，可以根据检验报告并结合专家意见等相关材料进行认定。无证据证明足以造成严重食物中毒事故或者其他严重食源性疾病，不构成生产、销售不符合安全标准的食品罪，但是构成生产、销售伪劣产品罪等其他犯罪的，动物卫生行政主体应当按该其他犯罪移送公安机关。

动物卫生行政执法中，发现行政相对人生产、销售不符合食品安全标准的食品，具有下列情形之一的，应当认定为"对人体健康造成严重危害"：第一，造成轻伤以上伤害的。第二，造成轻度残疾或者中度残疾的。第三，造成器官组织损伤导致一般功能障碍或者严重功能障碍的。第四，造成10人以上严重食物中毒或者其他严重食源性疾病的。第五，其他对人体健康造成严重危害的情形。

动物卫生行政执法中，发现行政相对人生产、销售不符合食品安全标准的食品，具有下列情形之一的，应当认定为"有其他严重情节"：第一，生产、销售金额20万元以上的。第二，生产、销售金额10万元以上不满20万元，不符合食品安全标准的食品数量较大或者生产、销售持续时间较长的。第三，生产、销售金额10万元以上不满20万元，属于婴幼儿食品的。第四，生产、销售金额10万元以上不满20万元，一年内曾因危害食品安全违法犯罪活动受过行政处罚或者刑事处罚的。第五，其他情节严重的情形。

动物卫生行政执法中，发现行政相对人生产、销售不符合食品安全标准的食品，具有下列情形之一的，应当认定为"后果特别严重"：第一，致人死亡或者重度残疾的。第二，造成 3 人以上重伤、中度残疾或者器官组织损伤导致严重功能障碍的。第三，造成 10 人以上轻伤、5 人以上轻度残疾或者器官组织损伤导致一般功能障碍的。第四，造成 30 人以上严重食物中毒或者其他严重食源性疾病的。第五，其他特别严重的后果。

3. 生产、销售有毒、有害食品罪

(1) 违法行为。在养殖、销售、运输、贮存动物及动物产品过程中，掺入或使用禁用兽药等禁用物质或者其他有毒、有害物质的行为。明知他人生产、销售有毒、有害的食品，而为其提供《动物防疫条件合格证》等许可证件，或者提供生产、经营场所，或者提供运输、贮藏、保管等便利条件等行为的，按共犯论处。

(2) 违反的法律规范。《刑法》第一百四十四条："在生产、销售的食品中掺入有毒、有害的非食品原料的，或者销售明知掺有有毒、有害的非食品原料的食品的，处 5 年以下有期徒刑，并处罚金；对人体健康造成严重危害或者有其他严重情节的，处 5 年以上 10 年以下有期徒刑，并处罚金；致人死亡或者有其他特别严重情节的，依照本法第一百四十一条的规定处罚。"即处 10 年以上有期徒刑、无期徒刑或者死刑，并处罚金或者没收财产。单位犯罪的，对单位判处罚金，并对其直接负责的主管人员和其他直接责任人员，依照前述的规定处罚。

(3) 立案追诉标准。《最高人民检察院、最高人民法院关于办理危害食品安全刑事案件适用法律若干问题的解释》(法释〔2013〕12 号) 分别对《刑法》第一百四十四条规定的"有毒、有害非食品原料"，"对人体健康造成严重危害"，"其他严重情节"以及"致人死亡或者有其他特别严重情节"的认定标准进行了解释。

动物卫生行政执法中，发现行政相对人具有下列情形之一的，应当认定为"在生产、销售的食品中掺入或销售明知掺有有毒、有害的非食品原料"，该行政相对人的行为涉嫌触犯本罪，应当移送公安机关追究其刑事责任：第一，法律、法规禁止在食品生产经营活动中添加、使用的物质。第二，农业部公告①禁止使用的兽药以及其他有毒、有害物质。第三，其他危害人体健康的物质。对于"有毒、有害非食品原料"难以确定的，可以根据检验报告并结合专家意见等相关材料进行认定。

依据《最高人民检察院、公安部关于公安机关管辖的刑事案件立案追诉标准的规定(一)》(公通字〔2008〕36 号) 第二十条的规定，在"瘦肉精"监管中，发现行政相对人有下列五种情形之一的，该行政相对人的行为涉嫌触犯本罪，应当移送公安机关追究其刑事责任：第一，在养殖、销售、运输环节使用盐酸克仑特罗 (俗称"瘦肉精") 等禁止在饲料和动物饮用水中使用的药品。第二，在养殖、销售、运输环节使用含有盐酸克仑特罗等该类药品的饲料养殖供人食用的动物。第三，销售明知是使用盐酸克仑特罗等该类药品或者含有该类药品的饲料养殖的供人食用的动物。第四，屠宰、加工明知是使用盐酸克仑特罗等禁止在饲料和动物饮用水中使用的药品，或者含有该类药品的饲料养殖的供人食用

---

① 农业部于 2002 年 2 月 9 日发布了《禁止在饲料和动物饮用水中使用的药物品种目录》(农业部公告第 176 号)；2002 年 4 月 9 日发布了《食品动物禁用的兽药及其它化合物清单》(农业部公告第 193 号)；2010 年 12 月 27 日发布了《禁止在饲料和动物饮水中使用的物质》(农业部公告第 1519 号)；以及 2015 年 9 月 1 日农业部公告第 2292 号，2017 年 9 月 15 日农业部公告第 2583 号，2018 年 1 月 11 日农业部公告第 2638 号。

的动物。第五，销售明知是使用盐酸克仑特罗等禁止在饲料和动物饮用水中使用的药品，或者含有该类药品的饲料养殖的供人食用的动物产品。

动物卫生行政执法中，发现行政相对人具有下列情形之一的，应当认定为"对人体健康造成严重危害"：第一，造成轻伤以上伤害的。第二，造成轻度残疾或者中度残疾的。第三，造成器官组织损伤导致一般功能障碍或者严重功能障碍的。第四，造成10人以上严重食物中毒或者其他严重食源性疾病的。第五，其他对人体健康造成严重危害的情形。

动物卫生行政执法中，发现行政相对人具有下列情形之一的，应当认定为"有其他严重情节"：第一，生产、销售金额20万元以上不满50万元的。第二，生产、销售金额10万元以上不满20万元，有毒、有害食品的数量较大或者生产、销售持续时间较长的。第三，生产、销售金额10万元以上不满20万元，属于婴幼儿食品的。第四，生产、销售金额10万元以上不满20万元，一年内曾因危害食品安全违法犯罪活动受过行政处罚或者刑事处罚的。第五，有毒、有害的非食品原料毒害性强或者含量高的。第六，其他情节严重的情形。

动物卫生行政执法中，发现行政相对人具有下列情形之一的，应当认定为"致人死亡或者有其他特别严重情节"：第一，致人死亡或者重度残疾的。第二，造成3人以上重伤、中度残疾或者器官组织损伤导致严重功能障碍的。第三，造成10人以上轻伤、5人以上轻度残疾或者器官组织损伤导致一般功能障碍的。第四，造成30人以上严重食物中毒或者其他严重食源性疾病的。第五，生产、销售有毒、有害食品，生产销售金额50万元以上的。第六，其他特别严重的后果。

4. 生产、销售伪劣兽药罪

（1）违法行为。生产假兽药，销售明知是假的或者失去使用效能的兽药，或者生产者、销售者以不合格的兽药冒充合格兽药，使生产遭受较大损失的行为。

（2）违反的法律规范。《刑法》第一百四十七条："生产假农药、假兽药、假化肥，销售明知是假的或者失去使用效能的农药、兽药、化肥、种子，或者生产者、销售者以不合格的农药、兽药、化肥、种子冒充合格的农药、兽药、化肥、种子，使生产遭受较大损失的，处3年以下有期徒刑或者拘役，并处或者单处销售金额50%以上2倍以下罚金；使生产遭受重大损失的，处3年以上7年以下有期徒刑，并处销售金额50%以上2倍以下罚金；使生产遭受特别重大损失的，处7年以上有期徒刑或者无期徒刑，并处销售金额50%以上2倍以下罚金或者没收财产。"单位犯罪的，对单位判处罚金，并对其直接负责的主管人员和其他直接责任人员，依照前述的规定处罚。

（3）立案追诉标准。《最高人民检察院、公安部关于公安机关管辖的刑事案件立案追诉标准的规定（一）》（公通字〔2008〕36号）第二十三条：〔生产、销售伪劣农药、兽药、化肥、种子案（刑法第一百四十七条）〕生产假农药、假兽药、假化肥，销售明知是假的或者失去使用效能的农药、兽药、化肥、种子，或者生产者、销售者以不合格的农药、兽药、化肥、种子冒充合格的农药、兽药、化肥、种子，有下列情形之一的，应予立案追诉：第一，使生产遭受损失2万元以上的。第二，其他使生产遭受较大损失的情形。此外，《刑法》第一百四十七条规定的"重大损失"，一般以10万元为起点；"特别重大损失"，一般以 50 万元为起点。

《兽药管理条例》第四十七、四十八条分别规定了假、劣兽药的判定标准。动物行政执法主体在执法中，发现当事人有生产、销售假、劣兽药的行为，同时给第三人造成 2 万元（含本数）以上的生产损失，应当将案件移送给公安机关追究其刑事责任。

5. 非法经营罪

（1）违法行为。违反国家规定，非法生产、销售国家禁止生产、销售、使用的兽药、饲料、饲料添加剂，或者饲料原料、饲料添加剂原料等行为（例如，非法生产、销售"三聚氰胺蛋白粉""瘦肉精"及含有"瘦肉精"的饲料）；或者违反国家规定，私设生猪屠宰厂（场），从事生猪屠宰、销售等经营活动的行为。

在动物卫生执法中，这些行为主要表现在：第一，未经批准非法生产、销售盐酸克仑特罗等禁止在饲料和动物饮用水中使用的药品，扰乱兽药市场秩序。第二，在生产、销售的饲料中添加盐酸克仑特罗等禁止在饲料和动物饮用水中使用的药品，或者销售明知是添加有该类药品的饲料。第三，直接向他人提供禁止在饲料和动物饮用水中添加的有毒、有害物质。

（2）违反的法律规范。《刑法》第二百二十五条："违反国家规定，有下列非法经营行为之一，扰乱市场秩序，情节严重的，处 5 年以下有期徒刑或者拘役，并处或者单处违法所得一倍以上 5 倍以下罚金；情节特别严重的，处 5 年以上有期徒刑，并处违法所得一倍以上 5 倍以下罚金或者没收财产：（一）未经许可经营法律、行政法规规定的专营、专卖物品或者其他限制买卖的物品的；……；（四）其他严重扰乱市场秩序的非法经营行为。"单位犯罪的，对单位判处罚金，并对其直接负责的主管人员和其他直接责任人员，依照前述的规定处罚。

（3）立案追诉标准。《最高人民检察院、公安部关于公安机关管辖的刑事案件立案追诉标准的规定（二）》（公通字〔2010〕23 号）第七十九条：［非法经营案（刑法第二百二十五条）］违反国家规定，进行非法经营活动，扰乱市场秩序，有下列情形之一的，应予立案追诉：第一，个人非法经营数额在 5 万元以上，或者违法所得数额在 1 万元以上的。第二，单位非法经营数额在 50 万元以上，或者违法所得数额在 10 万元以上的。第三，虽未达到上述数额标准，但两年内因同种非法经营行为受过两次以上行政处罚，又进行同种非法经营行为的。第四，其他情节严重的情形。

6. 妨害动植物防疫、检疫罪

（1）违法行为。违反有关动植物防疫、检疫的国家规定，引起重大动植物疫情的，或者有引起重大动植物疫情危险的行为。需要说明的是，按照《重大动物疫情应急条例》第二条和《动物防疫法》第四十条的规定，一、二、三类动物疫病突然发生，迅速传播，给养殖业生产安全造成严重威胁、危害，以及可能对公众身体健康与生命安全造成危害的，应当认定该一、二、三类动物疫病构成重大动物疫情。

（2）违反的法律规范。《刑法》第三百三十七条："违反有关动植物防疫、检疫的国家规定，引起重大动植物疫情的，或者有引起重大动植物疫情危险，情节严重的，处 3 年以下有期徒刑或者拘役，并处或者单处罚金。单位犯前款罪的，对单位判处罚金，并对其直接负责的主管人员和其他直接责任人员，依照前款的规定处罚。"

（3）立案追诉标准。根据《最高人民检察院、公安部关于公安机关管辖的刑事案件立案追诉标准的规定（一）的补充规定》（公通字〔2017〕12号）第九条的规定：〔妨害动植物防疫、检疫案（刑法第三百三十七条）〕违反有关动物防疫、检疫的国家规定，引起重大动物疫情的，应予立案追诉；违反有关动物防疫、检疫的国家规定，有引起重大动物疫情危险，涉嫌下列情形之一的，应予立案追诉：第一，非法处置疫区内易感动物或者其产品，货值金额五万元以上的；第二，非法处置因动物防疫、检疫需要被依法处理的动物或者其产品，货值金额二万元以上的；第三，输入《中华人民共和国进出境动植物检疫法》规定的禁止进境物逃避检疫，或者对特许进境的禁止进境物未有效控制与处置，导致其逃逸、扩散的；第四，进境动物及其产品检出有引起重大动物疫情危险的动物疫病后，非法处置导致进境动物及其产品流失的；第五，一年内携带或者寄递《中华人民共和国禁止携带、邮寄进境的动植物及其产品名录》所列物品进境逃避检疫两次以上，或者窃取、抢夺、损毁、抛洒动植物检疫机关截留的《中华人民共和国禁止携带、邮寄进境的动植物及其产品名录》所列物品的；第六，其他情节严重的情形。

"重大动物疫情"由省、自治区、直辖市兽医主管部门认定。

7. 其他涉嫌与动物卫生活动有关的罪名

（1）投放危险物质罪。《刑法》第一百一十四条："放火、决水、爆炸以及投放毒害性、放射性、传染病病原体等物质或者以其他危险方法危害公共安全，尚未造成严重后果的，处三年以上十年以下有期徒刑"。第一百一十五条："放火、决水、爆炸以及投放毒害性、放射性、传染病病原体等物质或者以其他危险方法致人重伤、死亡或者使公私财产遭受重大损失的，处十年以上有期徒刑、无期徒刑或者死刑。"

（2）妨害公务罪。《刑法》第二百七十七条："以暴力、威胁方法阻碍国家机关工作人员依法执行职务的，处三年以下有期徒刑、拘役、管制或者罚金。"

（3）伪造、变造、买卖国家机关公文、证件、印章罪；盗窃、抢夺、毁灭国家机关公文、证件、印章罪；伪造事业单位印章罪。《刑法》第二百八十条：伪造、变造、买卖或者盗窃、抢夺、毁灭国家机关的公文、证件、印章的，处三年以下有期徒刑、拘役、管制或者剥夺政治权利；情节严重的，处三年以上十年以下有期徒刑。伪造公司、企业、事业单位、人民团体的印章的，处三年以下有期徒刑、拘役、管制或者剥夺政治权利。

（4）污染环境罪。《刑法》第三百三十八条："违反国家规定，排放、倾倒或者处置有放射性的废物、含传染病病原体的废物、有毒物质或者其他有害物质，严重污染环境的，处三年以下有期徒刑或者拘役，并处或者单处罚金；后果特别严重的，处三年以上七年以下有期徒刑，并处罚金。"

（三）动物卫生行政主体移送行政相对人涉嫌犯罪案件的程序

动物卫生行政主体在查办案件过程中，对符合刑事追诉标准、涉嫌犯罪的案件，应当依据《行政执法机关移送涉嫌犯罪案件的规定》等有关规定，及时将案件向同级公安机关移送。

1. 移送主体

在动物卫生行政处罚中，移送涉嫌犯罪案件的主体为依照法律、法规或规章的规定，对妨害动物防疫、兽药等社会管理秩序以及其他违法行为具有行政处罚权的兽医主管部门和动物卫生监督机构。

2. 移送情形

兽医行政主管部门、动物卫生监督机构在依法查处违法行为过程中，发现违法事实涉及的金额、违法事实的情节、违法事实造成的后果等，根据《刑法》和最高人民法院、最高人民检察院的有关司法解释以及最高人民检察院、公安部关于公安机关管辖的刑事案件追诉标准等规定，涉嫌构成生产、销售伪劣产品罪，生产、销售不符合安全标准的食品罪，生产、销售有毒、有害食品罪，生产、销售伪劣兽药罪，非法经营罪，妨害动植物防疫、检疫罪，妨害公务罪，以及涉嫌公文、证件、印章的犯罪，依法需要追究刑事责任的违法行为，兽医行政主管部门和动物卫生监督机构应当按照其法定职权和有关规定，必须向公安机关移送，不得以行政处罚代替刑事处罚。

3. 关于涉嫌犯罪案件的证据

兽医主管部门、动物卫生监督机构在查处违法行为过程中，必须妥善保存所收集的与违法行为有关的证据。对查获的涉案物品，应当如实填写涉案物品清单，并按照有关规定予以处理。对易腐烂、变质等不宜或者不易保管的涉案物品，应当采取必要措施，留取证据；对需要进行检验、鉴定的涉案物品，应当由法定检验、鉴定机构进行检验、鉴定，并出具检验报告或者鉴定结论。

4. 成立专案组

兽医主管部门、动物卫生监督机构对必须向公安机关移送的涉嫌犯罪案件，应当立即指定两名或者两名以上行政执法人员组成专案组专门负责，核实情况后提出移送涉嫌犯罪案件的书面报告，报经兽医主管部门、动物卫生监督机构正职负责人或者主持工作的负责人审批。

5. 决定是否移送

兽医主管部门、动物卫生监督机构正职负责人或者主持工作的负责人应当自接到报告之日起 3 日内作出批准移送或者不批准移送的决定。决定批准的，应当在 24 小时内向同级公安机关移送；决定不批准的，应当将不予批准的理由记录在案。

6. 移送案件材料

兽医主管部门、动物卫生监督机构向公安机关移送涉嫌犯罪案件，应当附有下列材料：一是案件移送函[①]。二是涉嫌犯罪案件情况的调查报告。三是涉案物品清单（载明涉案物品的名称、数量、特征、存放地等事项，并附采取行政强制措施、现场笔录等表明涉案物品来源的相关材料）。四是有关检验报告或者鉴定结论（鉴定结论应当附有鉴定机构和鉴定人资质证明或者其他证明文件的检验报告或者鉴定意见）。五是其他有关涉嫌犯罪的材料（包括但不限于：现场照片、询问笔录、电子数据、视听资料、认定意见、责令改正通知书等其他与案件有关的证据材料）。同时将案件移送函及有关材料目录抄送同级人民检察院。兽医主管部门、动物卫生监督机构向公安机关移送涉嫌犯罪案件前已经作出警告、责令停产停业、或者吊销许可证等行政处罚决定的，不停止执行。在案件移送时，应

---

① 具体内容见 2012 年 9 月 26 日农业部修订发布的农业行政执法基本文书格式之二十六。

当将《行政处罚决定书》一并抄送公安机关和人民检察院。此外，根据《行政执法机关移送涉嫌犯罪案件的规定》第七条的规定，兽医主管部门、动物卫生监督机构向公安机关移送的涉嫌犯罪案件，应当制作移送回执，由公安机关在移送回执上盖章，并由接收案件材料的执法人员签字。

7. 交接案件材料

公安机关应当自接受兽医主管部门、动物卫生监督机构移送的涉嫌犯罪案件之日起 3 日内，依照刑法、刑事诉讼法以及最高人民法院、最高人民检察院关于立案标准和公安部关于公安机关办理刑事案件程序的规定，对所移送的案件进行审查，并自受理之日起 10 日以内作出决定。认为有犯罪事实，需要追究刑事责任，依法决定立案的，应当书面通知移送案件的兽医主管部门、动物卫生监督机构。兽医主管部门、动物卫生监督机构对公安机关决定立案的案件，应当自接到立案通知书之日起 3 日内将涉案物品以及与案件有关的其他材料移交公安机关，并办结交接手续。

8. 对公安机关不受理等情形案件的异议处理

兽医主管部门、动物卫生监督机构对公安机关不受理本部门移送的案件，或者未在法定期限内作出立案或者不予立案决定的，可以建议人民检察院进行立案监督。对公安机关作出的不予立案决定有异议的，可以自接到不予立案通知书之日起 3 日内向作出决定的公安机关提请复议，也可以建议人民检察院进行立案监督；对公安机关不予立案的复议决定仍有异议的，可以自收到复议决定通知书之日起 3 日内建议人民检察院进行立案监督。对公安机关立案后作出撤销案件的决定有异议的，可以建议人民检察院进行立案监督。

9. 对公安机关不予立案案件的处理

公安机关审查后，认为没有犯罪事实，或者犯罪事实显著轻微，不需要追究刑事责任，依法不予立案的，应当依法作出不予立案决定，书面通知兽医主管部门、动物卫生监督机构，并退回案卷材料。对于未作出行政处罚决定的案件，兽医主管部门、动物卫生监督机构应当在公安机关决定不予立案或者撤销案件、人民检察院作出不起诉决定、人民法院作出无罪判决或者免予刑事处罚后，依照有关法律、法规或者规章的规定应当给予行政处罚的，应当依法实施行政处罚，并将处理结果书面告知公安机关和人民检察院。

10. 不移送涉嫌犯罪案件的法律责任

兽医主管部门、动物卫生监督机构违反规定，对应当向公安机关移送的案件不移送，或者以行政处罚代替移送的，由本级或者上级人民政府责令改正，给予通报；拒不改正的，对其正职负责人或者主持工作的负责人给予记过以上的行政处分，对直接负责的主管人员和其他直接责任人员给予记过以上的行政处分；构成徇私舞弊不移交刑事案件罪等渎职犯罪的，依法追究刑事责任。

兽医主管部门、动物卫生监督机构违反规定，逾期不将案件移送公安机关的，由本级或者上级人民政府责令限期移送，并对其正职负责人或者主持工作的负责人根据情节轻重，给予记过以上的行政处分，对直接负责的主管人员和其他直接责任人员给予记过以上的行政处分；构成徇私舞弊不移交刑事案件罪等渎职犯罪的，依法追究刑事责任。

11. 关于移送涉嫌犯罪案件的其他规定

一是对于现场查获的涉案货值或者案件其他情节明显达到刑事追诉标准、涉嫌犯罪的，应当立即移送公安机关查处。二是对于案情复杂、疑难，性质难以认定的案件，可以向公安机关、人民检察院咨询，公安机关、人民检察院应当认真研究，在七日以内回复意见。三是对有证据表明可能涉嫌犯罪的行为人可能逃匿或者销毁证据，需要公安机关参与、配合的，兽医主管部门、动物卫生监督机构可以商请公安机关提前介入。四是移送案件后，需要作出责令停产停业、吊销许可证等行政处罚，或者在相关行政复议、行政诉讼中，需要使用已移送公安机关证据材料的，可以向公安机关调取相关证据材料。根据《公安机关受理行政执法机关移送涉嫌犯罪案件规定》（公通字〔2016〕16号）第六条第三款的规定，公安机关应当协助。

（四）动物卫生行政执法中行政执法人员涉嫌渎职罪的法律适用

近年来，虽然各级兽医主管部门对重大动物疫病防控一直不敢有丝毫懈怠和放松，但对动物卫生监督执法，尤其是动物产品质量安全监管问题还存在认识不到位、重视程度不够等问题。2012年"3·15"曝光的"瘦肉精"事件，就反映出动物卫生监督执法存在一些薄弱环节和问题，特别是个别执法人员"隔山开证"、违规监管等违规违纪行为时有发生，动物卫生行政管理中行政执法人员因渎职被追究刑事责任的案件成逐年上升的趋势。在动物卫生行政执法中，动物卫生行政执法人员的违法行为涉嫌渎职刑事犯罪的，主要涉及以下几种罪名：

1. 滥用职权罪

（1）违法行为。动物卫生行政执法人员超越职权，违法决定、处理其无权决定、处理的事项，或者违反规定处理公务，致使公共财产、国家和人民利益遭受重大损失的行为。

（2）违反的法律规范。《刑法》第三百九十七条：国家机关工作人员滥用职权或者玩忽职守，致使公共财产、国家和人民利益遭受重大损失的，处3年以下有期徒刑或者拘役；情节特别严重的，处3年以上7年以下有期徒刑。

（3）定罪量刑标准。依据《最高人民法院、最高人民检察院关于办理渎职刑事案件适用法律若干问题的解释（一）》（法释〔2012〕18号）第一条第一款的规定，动物卫生行政执法人员滥用职权，具有下列情形之一的，应当认定为《刑法》第三百九十七条规定的"致使公共财产、国家和人民利益遭受重大损失"，构成滥用职权罪，刑事责任范围为，3年以下有期徒刑或者拘役：第一，造成死亡1人以上，或者重伤3人以上，或者轻伤9人以上，或者重伤2人、轻伤3人以上，或者重伤1人、轻伤6人以上的。第二，造成经济损失30万元以上的。第三，造成恶劣社会影响的。第四，其他致使公共财产、国家和人民利益遭受重大损失的情形。

动物卫生行政执法人员滥用职权，具有下列情形之一的，应当认定为《刑法》第三百九十七条规定的"情节特别严重"，刑事责任范围为3年以上7年以下有期徒刑：第一，造成死亡3人以上，或者重伤9人以上，或者轻伤27人以上，或者重伤6人、轻伤9人以上，或者重伤3人、轻伤18人以上的。第二，造成经济损失150万元以上的。第三，造成认定为"致使公共财产、国家和人民利益遭受重大损失"的情形之一的损失后果，不报、迟报、谎报或者授意、指使、强令他人不报、迟报、谎报事故情况，致使损失后果持续、扩大或者抢救工作延误的。第四，造成特别恶劣社会影响的。第五，其他特别严重的情节。

2. 玩忽职守罪

（1）违法行为。动物卫生行政执法人员严重不负责任，不履行或者不认真履行职责，致使公共财产、国家和人民利益遭受重大损失的行为。

（2）违反的法律规范。《刑法》第三百九十七条：国家机关工作人员滥用职权或者玩忽职守，致使公共财产、国家和人民利益遭受重大损失的，处3年以下有期徒刑或者拘役；情节特别严重的，处3年以上7年以下有期徒刑。

（3）定罪量刑标准。依据《最高人民法院、最高人民检察院关于办理渎职刑事案件适用法律若干问题的解释（一）》（法释〔2012〕18号）第一条第一款的规定，动物卫生行政执法人员玩忽职守，具有下列情形之一的，应当认定为《刑法》第三百九十七条规定的"致使公共财产、国家和人民利益遭受重大损失"，构成玩忽职守罪，刑事责任范围为，3年以下有期徒刑或者拘役：第一，造成死亡1人以上，或者重伤3人以上，或者轻伤9人以上，或者重伤2人、轻伤3人以上，或者重伤1人、轻伤6人以上的。第二，造成经济损失30万元以上的。第三，造成恶劣社会影响的。第四，其他致使公共财产、国家和人民利益遭受重大损失的情形。

动物卫生行政执法人员玩忽职守，具有下列情形之一的，应当认定为《刑法》第三百九十七条规定的"情节特别严重"，刑事责任范围为，3年以上7年以下有期徒刑：第一，造成死亡3人以上，或者重伤9人以上，或者轻伤27人以上，或者重伤6人、轻伤9人以上，或者重伤3人、轻伤18人以上的。第二，造成经济损失150万元以上的。第三，造成认定为"致使公共财产、国家和人民利益遭受重大损失"的情形之一的损失后果，不报、迟报、谎报或者授意、指使、强令他人不报、迟报、谎报事故情况，致使损失后果持续、扩大或者抢救工作延误的。第四，造成特别恶劣社会影响的。第五，其他特别严重的情节。

3. 徇私舞弊不移交刑事案件罪

（1）违法行为。动物卫生行政执法人员徇私舞弊，对依法应当移交司法机关追究刑事责任的案件不移交，情节严重的行为。

（2）违反的法律规范。《刑法》第四百零二条：行政执法人员徇私舞弊，对依法应当移交司法机关追究刑事责任的不移交，情节严重的，处3年以下有期徒刑或者拘役；造成严重后果的，处3年以上7年以下有期徒刑。

（3）立案追诉标准。依据《最高人民检察院关于渎职侵权犯罪案件立案标准的规定》（高检发释字〔2006〕2号），有下列情形之一的，检察机关应当立案：第一，对依法可能判处3年以上有期徒刑、无期徒刑、死刑的犯罪案件不移交的。第二，不移交刑事案件涉及3人次以上的。第三，司法机关提出意见后，无正当理由仍然不予移交的。第四，以罚代刑，放纵犯罪嫌疑人，致使犯罪嫌疑人继续进行违法犯罪活动的。第五，兽医主管部门或动物卫生监督所主管领导阻止移交的。第六，隐瞒、毁灭证据，伪造材料，改变刑事案件性质的。第七，直接负责的主管人员和其他直接责任人员为牟取本单位私利而不移交刑事案件，情节严重的。第八，其他情节严重的情形。

依据《最高人民法院、最高人民检察院关于办理渎职刑事案件适用法律若干问题的解释（一）》（法释〔2012〕18 号）第二条第二款的规定，动物卫生行政执法人员不具备徇私舞弊等情节，不构成徇私舞弊不移交刑事案件罪，但依法构成《刑法》第三百九十七条规定的犯罪的，以滥用职权罪或者玩忽职守罪定罪处罚。

4. 动植物检疫徇私舞弊罪

（1）违法行为。动物卫生监督机构的工作人员徇私舞弊，伪造检疫结果的行为。

（2）违反的法律规范。《刑法》第四百一十三条第一款：动植物检疫机关的检疫人员徇私舞弊，伪造检疫结果的，处 5 年以下有期徒刑或者拘役；造成严重后果的，处 5 年以上 10 年以下有期徒刑。

（3）立案追诉标准。依据《最高人民检察院关于渎职侵权犯罪案件立案标准的规定》（高检发释字〔2006〕2 号），有下列情形之一的，检察机关应当立案：第一，采取伪造、变造的手段对检疫证明、检疫标志、检疫印章等作虚假的证明或者出具不真实的结论的。第二，将送检的合格动物、动物产品检疫为不合格，或者将不合格动物、动物产品检疫为合格的。第三，对明知是不合格的动物、动物不品，不检疫而出具合格检疫结果的。第四，其他伪造检疫结果应予追究刑事责任的情形。

依据《最高人民法院、最高人民检察院关于办理渎职刑事案件适用法律若干问题的解释（一）》（法释〔2012〕18 号）第二条第二款的规定，动物卫生行政执法人员不具备徇私舞弊等情节，不构成动植物检疫徇私舞弊罪，但依法构成《刑法》第三百九十七条规定的犯罪的，以滥用职权罪或者玩忽职守罪定罪处罚。

5. 动植物检疫失职罪

（1）违法行为。动物卫生监督机构的工作人员严重不负责任，对应当检疫的检疫物不检疫，或者延误检疫出证、错误出证，致使国家利益遭受重大损失的行为。

（2）违反的法律规范。《刑法》第四百一十三条第二款：前款所列人员（注：动植物检疫机关的检疫人员）严重不负责任，对应当检疫的检疫物不检疫，或者延误检疫出证、错误出证，致使国家利益遭受重大损失的，处 3 年以下有期徒刑或者拘役。

（3）立案追诉标准。依据《最高人民检察院关于渎职侵权犯罪案件立案标准的规定》（高检发释字〔2006〕2 号），有下列情形之一的，检察机关应当立案：第一，导致疫情发生，造成人员重伤或者死亡的。第二，导致重大疫情发生、传播或者流行的。第三，造成个人财产直接经济损失 15 万元以上，或者直接经济损失不满 15 万元，但间接经济损失 75 万元以上的。第四，造成公共财产或者法人、其他组织财产直接经济损失 30 万元以上，或者直接经济损失不满 30 万元，但间接经济损失 150 万元以上的。第五，不检疫或者延误检疫出证、错误出证，引起国际经济贸易纠纷，严重影响国家对外经贸关系，或者严重损害国家声誉的。第六，其他致使国家利益遭受重大损失的情形。

6. 放纵制售伪劣商品犯罪行为罪

（1）违法行为。对生产、销售伪劣商品犯罪行为负有追究责任的动物卫生行政主体的工作人员徇私舞弊，不履行法律规定的追究职责，情节严重的行为。

（2）违反的法律规范。《刑法》第四百一十四条：对生产、销售伪劣商品犯罪行为负有追究责任的国家机关工作人员，徇私舞弊，不履行法律规定的追究职责，情节严重的，处5年以下有期徒刑或者拘役。

（3）立案追诉标准。依据《最高人民检察院关于渎职侵权犯罪案件立案标准的规定》（高检发释字〔2006〕2号），有下列情形之一的，检察机关应当立案：第一，放纵生产、销售假兽药或者有毒、有害食品犯罪行为的。第二，放纵生产、销售伪劣兽药犯罪行为的。第三，放纵依法可能判处三年有期徒刑以上刑罚的生产、销售伪劣商品犯罪行为的。第四，对生产、销售伪劣商品犯罪行为不履行追究职责，致使生产、销售伪劣商品犯罪行为得以继续的。第五，3次以上不履行追究职责，或者对3个以上有生产、销售伪劣商品犯罪行为的单位或者个人不履行追究职责的。第六，其他情节严重的情形。

7. 帮助犯罪分子逃避处罚罪

（1）违法行为。动物卫生行政执法人员实施渎职行为，向犯罪分子通风报信、提供便利，帮助犯罪分子逃避处罚的行为。

（2）违反的法律规范。《刑法》第四百一十七条：有查禁犯罪活动职责的国家机关工作人员，向犯罪分子通风报信、提供便利，帮助犯罪分子逃避处罚的，处3年以下有期徒刑或者拘役；情节严重的，处3年以上10年以下有期徒刑。

（3）立案追诉标准。依据《最高人民检察院关于渎职侵权犯罪案件立案标准的规定》（高检发释字〔2006〕2号），有下列情形之一的，检察机关应当立案：第一，向犯罪分子泄漏有关部门查禁犯罪活动的部署、人员、措施、时间、地点等情况的。第二，向犯罪分子提供钱物、交通工具、通信设备、隐藏处所等便利条件的。第三，向犯罪分子泄漏案情的。第四，帮助、示意犯罪分子隐匿、毁灭、伪造证据，或者串供、翻供的。第五，其他帮助犯罪分子逃避处罚应予追究刑事责任的情形。

8. 食品监管渎职罪

（1）违法行为。负有食品安全监督管理职责的动物卫生行政主体的工作人员，滥用职权或者玩忽职守，导致发生重大食品安全事故或者造成其他严重后果的行为。

（2）违反的法律规范。《刑法》第四百零八条之一：负有食品安全监督管理职责的国家机关工作人员，滥用职权或者玩忽职守，导致发生重大食品安全事故或者造成其他严重后果的，处5年以下有期徒刑或者拘役；造成特别严重后果的，处5年以上10年以下有期徒刑。徇私舞弊犯食品监管渎职罪的，从重处罚。

（3）立案追诉标准。食品监管渎职罪是最高人民法院和最高人民检察院根据《中华人民共和国刑法修正案（八）》新确立的罪名，截至2017年5月，最高人民检察院尚未制定食品监管渎职刑事案件的立案追诉标准。但是鉴于《刑法》对食品监管渎职犯罪规定了多项交织罪名，为了便于司法实践中准确适用罪名，依法严惩食品监管渎职犯罪，最高人民法院和最高人民检察院于2013年5月联合发布了《关于办理危害食品安全刑事案件适用法律若干问题的解释》（法释〔2013〕12号），该解释对食品监管渎职犯罪各罪名的适用以及共犯的处理提出了以下四点明确意见：一是在《刑法修正案（八）》增设食品监管渎职罪后，食品监管渎职行为应以食品监管渎职罪定罪处罚，不再适用法定刑较轻的滥用职权罪或者玩忽职守罪处理。二是同时构成食品监管渎职罪和动植物检疫徇私舞弊罪、徇私舞弊不移交刑事案件罪、放纵制售伪劣商品犯罪行为罪等其他渎职犯罪的，依照处罚较重的规定定罪处罚。三是不构成食品监管渎职罪，但构成动植物检疫徇私舞弊罪等其他渎职犯罪的，依照相关犯罪定罪处罚。四是负有食品安全监督管理职责的国家机关工作人员与他人共谋，利用其职务行为帮助他人实施危害食品安全犯罪行为，同时构成渎职犯罪和危害食品安全犯罪共犯的，依照处罚较重的规定定罪处罚。

（五）动物卫生行政主体移送行政执法人员涉嫌渎职犯罪案件的程序

动物卫生行政主体在依法查处违法行为过程中，发现动物卫生行政主体的工作人员渎职等违纪、犯罪线索的，应当根据案件的性质，及时向监察机关或者人民检察院移送。监察机关依法对动物卫生行政主体查处违法案件和移送涉嫌犯罪案件工作进行监督，发现违纪、违法问题的，依照有关规定进行处理。发现涉嫌职务犯罪的，应当及时移送人民检察院。动物卫生行政主体应当比照《行政执法机关移送涉嫌犯罪案件的规定》的相关程序及时移送涉嫌犯罪案件。

第五节　动物卫生行政救济

一、动物卫生行政救济概述

（一）动物卫生行政救济的含义

动物卫生行政救济是指行政相对人即公民、法人和其他组织，认为动物卫生行政主体的具体行政行为侵害其合法权益，在法定期限内向法定的复议机关申请行政复议或向人民法院提起行政诉讼，请求依法对行政违法或行政不当行为实施纠正，并追究其行政责任，以保护行政相对人的合法权益。

（二）动物卫生行政救济的意义

1. 有利于保护行政相对人的合法权益

动物卫生行政救济制度的确立，意味着行政相对人获得一种权利，即对动物卫生行政主体所作的具体行政行为不服时，可以依法提出复议或提起诉讼。请求有权机关撤销或变更动物卫生行政主体原来的具体行政行为，以维护自己的合法权益免受侵害。

2. 有利于提高动物卫生行政主体及其工作人员的执法水平

动物卫生行政救济制度本身就是对动物卫生行政主体及其工作人员的一种约束和监督。这种制度要求动物卫生行政主体必须严格依法办事，遵守办案程序，保护国家和行政相对人的合法权益。为了避免违法或不当行政处理的发生，动物卫生行政主体应当组织执法人员认真学习法律、增强法制观念。并深入实际、调查研究，正确收集、运用证据，以保证办案质量。从而提高动物卫生行政主体及其执法人员的执法水平。

3. 有利于国家行政管理和维护社会主义法制

确立动物卫生行政救济制度，就是为了使动物卫生行政法律规范得到贯彻落实。动物卫生行政救济制度不仅可以纠正和制止违法、不当的动物卫生行政行为，还可以维护行政相对人的合法权益。

二、动物卫生行政救济的途径

（一）动物卫生行政复议

1. 动物卫生行政复议的概念和特征

动物卫生行政复议是指动物卫生行政相对人认为动物卫生行政主体的具体行政行为侵犯其合法权益，按照法定的程序和条件向有管辖权的行政复议机关提出复查申请，由受理申请的动物卫生行政复议机关对该具体行政行为进行复查并作出决定的活动。动物卫生行政复议是动物卫生行政主体内部进行救济的一种途径。根据行政相对人的申请，依据《中华人民共和国行政复议法》（以下简称《行政复议法》）和动物卫生行政法律规范的有关规定，对特定的动物卫生行政争议进行审查、处理、裁决的一种准司法活动。

动物卫生行政复议具有如下几个特征：一是具有准司法性。行政复议机关对引起争议的具体行政行为的合法性和适当性作出裁判。行政复议的实质是行政复议机关作为裁判，依据法定程序裁决行政相对人和行政主体之间因具体行政行为而发生的行政争议的活动。在此活动中，行政复议机关居于第三方的裁判地位，因此，行政复议机关的行为与其他具体行政作为不同，具有司法的特点，是一种"准司法"行政行为。二是行政救济性。因行政管理而引起的各类争议大多数具有较强的技术性和专业性，这就使得法院在处理此类案件时面临着一定的困难，自然会影响到解决问题的效率。所以，由行政主体自身建立一套监督机制来解决行政纠纷，无疑具有其现实的合理性和极大的必要性。在司法监控作为最终手段能为行政相对人筑起最后一道防线的情况下，通过作为"行政司法"形式的动物卫生行政复议制度，来恢复和保障行政相对人合法权益的"行政救济"措施，就显得更具现实意义。三是自我监督性。动物卫生行政复议是通过对动物卫生行政主体所作出的具体行政行为的审查，来实现自我监督的一种准司法活动。它是在对行政权力实行有效监督的基础上，建立起来的以权力制约权力的监督机制。四是衔接性。我国动物卫生行政复议救济实行的是一种双轨制行政救济模式，即行政相对人不服动物卫生行政主体的行政处理处罚时，可采用行政复议或行政诉讼来获得救济的一种方式。

2. 动物卫生行政复议的原则

一是不诉不议原则。不诉不议原则是指动物卫生行政复议必须由行政相对人提起。否则，即使具体的动物卫生行政行为确实侵犯了行政相对人的合法权益，行政相对人不提出复议申请的，动物卫生行政复议主体也不得主动进行行政复议。二是一级复议原则。一级复议原则是指动物卫生行政复议案件经过复议机关的复议之后即告结束。根据这一原则，行政相对人仍不服动物卫生行政复议决定的，则只有诉诸人民法院而不得再行申请复议。三是对具体行政行为合法适当审查原则。在动物卫生行政复议中，动物卫生行政复议主体既要对具体的动物卫生行政行为的合法性进行审查，又要对其适当性进行审查。合法性审查的主要内容为：第一，行政复议被申请人是否超越职权。第二，作出具体行政行为的主要事实是否查清，并以证据佐证。第三，在作出具体行政行为过程中是否遵守法定程序，即在步骤、顺序、方式、时限等方面是否符合法律规定。第四，作出具体行政行为的依据是否合法。适当性审查源于动物卫生行政主体的自由裁量权。自由裁量权源于法律法规的授权，是动物卫生行政主体的法定授权。因此，司法只能是有限监督，即行政诉讼对被诉的具体行政行为审查其合法性，具体行政行为只有"明显失当"时才予以判决变更。行政复议机关作为行政复议被申请人的主管或上级机关，当然具有适当性的审查权和变更权。适当性审查应考虑作出具体行政行为的各种综合性因素，依据客观事实和法律基本精神进行判断，使得具体行政行为合法、公正、合理。四是合法原则。合法原则是指承担复议职责的动物卫生行政复议主体，必须严格按照法律规定的职责权限，以事实为依据以法律为准绳，对行政相对人提出申请复议的具体行政行为按法定程序进行审查。五是公正原则。公正原则是指动物卫生行政复议主体在实施动物卫生行政复议行为时要在程序上平等对待当事人各方。公正原则主要由立案、回避、调查情况、听取意见、审查处理、得出处理意见、经负责人同意或经集体讨论决定等方式加以体现。六是公开原则。公开原则是指某些重大的与行政相对人权利、义务直接相关的动物卫生行政复议行为，要求通过一定的程序让行政相对人了解动物卫生行政复议的过程。七是效率原则。动物卫生行政复议是动物卫生行政内部监督的一种形式，复议决定并非终局裁决，可能受到国家的司法监督。因此，动物卫生行政复议既要注意维护公正性，又要注意保证其行政效率。八是便民原则。便民原则就是要求行政复议活动要给予行政相对人方便，使其在行政复议活动中在尽量节省费用、时间、精力的情况下，保证充分行使复议权利。

3. 动物卫生行政复议机关

《行政复议法》第十二条规定：对县级以上地方各级人民政府工作部门的具体行政行为不服的，由申请人选择，可以向该部门的本级人民政府申请行政复议，也可以向上一级主管部门申请行政复议。以某县兽医主管部门为行政复议被申请人的，复议机关可以是本县人民政府，也可以是地市级兽医主管部门，由申请人选择。《行政复议法》第十五条第一款第三项规定：对法律、法规授权的组织的具体行政行为不服的，分别向直接管理该组织的地方人民政府、地方人民政府工作部门或者国务院部门申请行政复议。以动物卫生监督机构为行政复议被申请人的，行政复议机关为该动物卫生监督机构的本级动物卫生主管部门。例如，某县动物卫生监督所为行政复议被申请人，则该县人民政府兽医主管部门为行政复议机关。

行政复议机关应根据工作需要设置行政复议机构，具体办理行政复议事项，但不能以自己名义，只能以复议机关的名义作出行政复议决定。

4. 动物卫生行政复议范围

动物行政复议的范围，是指申请人可以就哪些事项向行政复议机关申请复议。根据《行政复议法》的规定，包括具体行政行为和抽象行政行为。

（1）具体行政行为。根据《行政复议法》的规定，动物卫生行政复议的范围主要有：第一，行政处罚。主要有兽医主管部门和动物卫生监督机构作出的警告、罚款、没收违法所得、没收非法财物、责令停产停业、暂扣或者吊销许可证照、暂扣或者吊销执照等。第二，行政强制措施。主要有隔离、留验、查封、扣押动物和动物产品，扑杀销毁、无害化处理染疫动物和动物产品，查封、扣押兽药以及饲料或饲料添加剂等。第三，行政许可。包括不予颁发许可证照，变更、中止、撤销许可证照等。第四，侵犯经营自主权。例如，动物卫生监督机构违法限制动物、动物产品流通。第五，违法征收财物或者违法要求履行义务等。

（2）抽象行政行为。根据《行政复议法》规定，行政相对人认为动物卫生行政主体的具体行政行为所依据的国务院部门的规定（不含国务院部委规章）、或县级以上地方各级人民政府及其工作部门的规定、或乡（镇）人民政府的规定不合法，在对具体行政行为申请行政复议时，可以一并向动物卫生行政复议机关提出对该规定进行审查。

5. 动物卫生行政复议程序

动物卫生行政复议程序，是指申请人向复议机关申请复议，复议机关受理、审理复议案件，作出复议决定的各项步骤、顺序、形式、时限的总和。复议程序在行政复议中起着非常重要的作用，复议当事人的权利义务，复议机关行使复议职权都离不开法律程序来保障和监督，程序的法制化最终体现行政复议的立法精神，实现行政复议的各项基本原则。动物卫生行政复议程序一般包括六项内容：行政复议的申请、复议申请的受理、审理复议案件、作出复议决定、复议的期间与送达及复议决定的执行。

6. 动物卫生行政复议决定

动物卫生复议机关的行政复议具体承办人员在对被申请人作出的具体行政行为审查后，提出意见，经行政复议机关的负责人同意或者集体讨论通过后，按照下列规定作出行政复议决定：

（1）具体行政行为认定事实清楚，证据确凿，适用依据正确，程序合法，内容适当的，决定维持。

（2）被申请人不履行法定职责的，决定其在一定期限内履行。

（3）具体行政行为有下列情形之一的，决定撤销、变更或者确认该具体行政行为违法：第一，主要事实不清、证据不足的。第二，适用依据错误的。第三，违反法定程序的。第四，超越或者滥用职权的。第五，具体行政行为明显不当的。决定撤销或者确认该具体行政行为违法的，可以责令动物卫生行政主体在一定期限内重新作出具体行政行为。

7. 动物卫生行政复议执行

动物卫生行政复议决定一经送达，即发生法律效力，申请人和动物卫生行政主体都应当自觉履行复议决定的内容。动物卫生行政主体不履行或者无正当理由拖延履行行政复议决定的，行政复议机关或者有关上级行政机关应当责令其限期履行。申请人逾期不起诉又不履行行政复议决定的，按照下列规定分别处理：第一，维持具体行政行为的行政复议决定，由作出具体行政行为的动物卫生行政主体依法强制执行，或者申请人民法院强制执行。第二，变更具体行政行为的行政复议决定，由行政复议机关依法强制执行，或者申请人民法院强制执行。

在行政复议中需要说明的是，作出具体行政行为的动物卫生行政主体应当自收到行政复议申请书副本或者申请笔录复印件之日起 10 日内，提出书面答复，并提交当初作出具体行政行为的证据、依据和其他有关材料。作出具体行政行为的动物卫生行政主体如果在收到行政复议申请书或者申请笔录复印件之日起 10 日内，未提出书面答复或未提交当初作出具体行政行为的证据、依据和其他有关材料的，视为该具体行政行为没有证据、依据，行政复议机关应当决定撤销该具体行政行为。

（二）动物卫生行政诉讼

1. 动物卫生行政诉讼的含义

动物卫生行政诉讼是一种外部救济程序。即由人民法院根据动物卫生行政相对人的请求，依据《行政诉讼法》及动物卫生行政法律规范的规定，对动物卫生行政争议，进行裁判的一种司法活动。

2. 动物卫生行政诉讼的特征

第一，行政诉讼中的当事人特定。原告只能是动物卫生行政活动中的行政相对人，即认为动物卫生行政主体的具体行政行为侵犯了自己合法权益的公民、法人和其他组织；被告是恒定的，即只能是作出具体行政行为的动物卫生行政主体或复议机关，包括兽医主管部门和动物卫生监督机构等。第二，动物卫生行政诉讼的标的是法定的。动物卫生行政诉讼的标的就是原告对动物卫生行政主体或其工作人员的具体行政行为不服，而请求法院予以裁决的行政权利义务关系。第三，多方的动物卫生行政诉讼法律关系。动物卫生行政诉讼和其他诉讼一样，它是在人民法院的主持下，并同当事人及其他诉讼参与人的参加下进行的活动。在诉讼中以人民法院为裁判方，以动物卫生行政主体为一方，以行政相对人为另一方的诉讼法律关系。

3. 动物卫生行政诉讼的原则

第一，一般原则。这是指我国所有诉讼活动都必须遵循的基本准则，包括人民法院依法对动物卫生行政争议案件独立行使审判权、以事实为依据以法律为准绳、合议、回避、公开审判、两审终审、当事人法律地位平等、辩论、使用本民族语言文字和人民检察院实行法律监督等原则。第二，特殊原则。这是指人民法院在审理所有行政争议案件才适用的基本准则，包括特定主管、合法性审查、起诉不停止执行、被告承担举证责任和司法变更权有限原则。

4. 动物卫生行政诉讼的受案范围和管辖

第一，受案范围。根据我国《行政诉讼法》的规定，只有列入受案范围的行政争议，行政相对人才能向人民法院提起诉讼，人民法院才拥有司法审查权，才能立案受理和作出裁判。动物卫生行政诉讼的受案范围，包括对动物卫生行政处罚、动物卫生行政强制措施、动物卫生行政许可不服的，侵犯法定经营自主权、拒绝颁发动物卫生行政证章标志、拒绝履行保护财产权之法定职责、违法要求履行义务等。第二，案件管辖。案件管辖是指各级人民法院之间或同级人民法院之间受理第一审动物卫生行政案件的具体分工和权限。根据《中华人民共和国宪法》《中华人民共和国人民法院组织法》的规定，我国人民法院的设置分为四级，即基层人民法院、中级人民法院、高级人民法院和最高人民法院。我国《行政诉讼法》规定了三种管辖形式：即级别管辖、地域管辖和指定管辖。前两种是最基本的管辖形式，后一种是对前两种的补充。《行政诉讼法》在级别管辖中规定，各级人民法院管辖第一审行政案件的范围，除法律明确规定应由上级人民法院管辖的第一审行政案件外，其他第一审行政案件，一律由基层人民法院管辖。中级人民法院管辖的第一审行政案件有四类：一是对国务院部门或者县级以上地方人民政府所作的行政行为提起诉讼的案件。二是海关处理的案件。三是本辖区内重大、复杂的案件。四是其他法律规定由中级人民法院管辖的案件。高级人民法院管辖本辖区范围内重大、复杂的第一审行政案件。最高人民法院管辖全国范围内重大、复杂的第一审行政案件。

5. 动物卫生行政诉讼程序

行政诉讼同民事诉讼、刑事诉讼一样，实行"不告不理"原则。因此，动物卫生行政诉讼必须依行政相对人的起诉才能启动诉讼程序。动物卫生行政诉讼程序一般分为，即起诉和受理、审理、裁判三阶段。起诉是指动物卫生行政相对人认为动物卫生行政主体的行政行为侵犯其合法权益，向人民法院提起诉讼，请求人民法院审查行政行为合法性的行为。受理是指人民法院对原告的起诉行为进行审查后，认为起诉符合法定条件，在法定期限内予以立案，或者认为起诉不符合法定条件，决定不予受理的行为。行政诉讼与民事、刑事诉讼一样，实行两审终审制，因此，动物卫生行政案件的审理裁判程序包括一审、二审和审判监督程序。由于受篇幅限制，行政诉讼的审理和裁判程序请参见《行政诉讼法》的有关规定。

6. 动物卫生行政诉讼判决

人民法院经过审理，根据不同情况，分别作出以下判决：第一，动物卫生行政行为证据确凿，适用法律、法规正确，符合法定程序的，或者原告申请被告履行法定职责或者给付理由不成立的，判决驳回原告的诉讼请求。第二，判决撤销或者部分撤销，并可以判决被告重新作出动物卫生行政行为的情形是：主要证据不足，适用法律、法规错误，违反法定程序，超越职权，滥用职权或明显不当情形的。第三，被告不履行法定职责的，判决其在一定期限内履行。第四，被告负有给付义务的，判决被告履行给付义务。第五，判决确认违法，但不撤销动物卫生行政行为的情形：动物卫生行政行为依法应当撤销，但撤销会给国家利益、社会公共利益造成重大损害的；程序轻微违法，但对原告权利不产生实际影响的。第六，判决确认违法的情形：动物行政行为违法，但不具有可撤销内容的；动物卫生行政主体改变原违法行政行为，原告仍要求确认原行政行为违法的；动物卫生行政主体不履行或者拖延履行法定职责，判决履行没有意义的。第七，行政行为有实施主体不具有行政主体资格或者没有依据等重大且明显违法情形，原告申请确认行政行为无效的，人民法院判决确认无效。第八，行政处罚明显不当，或者其他行政行为涉及对款额的确定、认定确有错误的，人民法院可以判决变更；人民法院判决变更，不得加重原告的义务或者减损原告的权益，但利害关系人同为原告，且诉讼请求相反的除外。

人民法院判决被告重新作出行政行为的，动物卫生行政主体不得以同一事实和理由作出与原行政行为基本相同的行政行为。

7. 动物卫生行政诉讼执行

当事人必须履行人民法院发生法律效力的判决、裁定、调解书。行政相对人拒绝履行判决、裁定、调解书的，动物卫生行政主体或者第三人可以向第一审人民法院申请强制执行，或者由动物卫生行政主体依法强制执行。动物卫生行政主体拒绝履行判决、裁定、调解书的，第一审人民法院可以采取以下措施：第一，对应当归还的罚款或者应当给付的款额，通知银行从该动物卫生行政主体的账户内划拨。第二，在规定期限内不履行的，从期满之日起，对该动物卫生行政主体的负责人按日处 50～100 元的罚款。第三，将动物卫生行政主体拒绝履行的情况予以公告。第四，向监察机关或者该动物卫生行政主体的上一级行政机关提出司法建议。接受司法建议的机关，根据有关规定进行处理，并将处理情况告知人民法院。第五，拒不履行判决、裁定、调解书，社会影响恶劣的，可以对该动物卫生行政主体直接负责的主管人员和其他直接责任人员予以拘留；情节严重，构成犯罪的，依法追究刑事责任。

动物卫生行政主体在行政诉讼中，要特别注意举证的时限。根据《行政诉讼法》的有关规定，在行政诉讼中，动物卫生行政主体对其作出的行政行为负有举证责任，应当提供作出该行政行为的证据和所依据的规范性文件。动物卫生行政主体应当在收到起诉状副本之日起 15 日内向人民法院提交作出行政行为的证据和所依据的规范性文件，并提出答辩状。动物卫生行政主体不提供或者无正当理由逾期提供证据，人民法院视为没有相应证据。

（三）动物卫生行政赔偿

1. 动物卫生行政赔偿的含义

动物卫生行政赔偿是国家赔偿在动物卫生行政方面的具体运用。动物卫生行政赔偿是指动物卫生行政主体及其工作人员执行职务、行使国家管理职权的过程中，因违法给行政相对人的合法权益造成损害，由国家所承担赔偿责任的法律制度。动物卫生行政赔偿属于国家赔偿范畴。动物卫生行政赔偿责任，也称动物卫生行政侵权赔偿责任，简称国家赔偿。

2. 动物卫生行政赔偿的特征

一是国家赔偿责任的主体是国家。国家赔偿以"国家"为责任主体，这一点不仅是与民事赔偿的重要区别，也是国家赔偿制度的政治意义所在。二是引起国家赔偿的原因是行使职权的行为侵权。动物卫生行政赔偿责任产生于动物卫生行政主体及其工作人员执行职务的过程之中，即侵权主体是动物卫生行政主体及其工作人员、侵权的产生是行使职务的违法行为。三是动物卫生行政赔偿是国家侵权赔偿责任的一种形式。即返还财产、恢复原状或支付赔偿金。除此之外，还有赔礼道歉、恢复名誉、消除影响等责任形式。四是责任主体与侵权主体相分离。国家虽为责任主体，但并不参与具体的赔偿事务，赔偿事务由特定的赔偿义务机关（一般为侵权主体）来负责。但是赔偿是以国家名义进行的，赔偿费用由国库支付。

3. 动物卫生行政赔偿的构成要件

动物卫生行政赔偿的构成要件是指动物卫生行政主体代国家承担赔偿责任的必要条件。即在什么条件下动物卫生行政主体应当代国家予以赔偿，申请人符合什么条件才能取得行政赔偿，裁判机关根据哪些条件要求动物卫生行政主体对受害人进行赔偿。必须同时具备这些条件，国家才予赔偿；缺少任何一个条件，国家都不承担赔偿责任，受害人也得不到赔偿。

第一，必须有合法权益受到损害的事实。即损害必须是已经发生的；受到损害的必须是合法利益；损害必须是超过了公共生活正常的负担；损害的必须是自身利益的损失。第二，侵害主体必须是动物卫生行政主体及其工作人员。即侵害主体必须是兽医主管部门或动物卫生监督机构及其工作人员。第三，侵害行为必须是违法行使职权的行为。产生损害的行为必须是动物卫生行政主体及其工作人员行使职权的行为，而这种行为又是违法行使职权的行为。非职权行为的个人行为或行政主体的民事行为以及合法行使职权行为所造成的损害，不属国家赔偿范畴，国家不承担赔偿责任。合法行使职权造成行政相对人人身或财产损害的，由国家予以补偿。例如，国家对扑杀疫区内有关动物给予的补偿。第四，存在因果关系。动物卫生行政主体及其工作人员的侵权行为与损害事实之间必须存在因果关系。

4. 国家赔偿责任的理论基础

第一，国家赔偿责任理论的发展。国家侵权赔偿责任理论经历了一个由否定到肯定的过程。在此过程中，交织着两种变化，一是政府从免责到负责。二是工作人员从负责到免责。第二，国家赔偿的思想根源。一是合法财产不可侵犯。人们普遍认为财产得到了保护，自由、社会秩序以及其他一些基本价值的连续性才能有所保障。二是保护个人自由和财产权利。国家之所以要对国家机关工作人员的侵权行为承担赔偿责任，就在于公共权力机关包括国家存在的基本理论就是要保障个人自由和财产权利不受侵犯。三是社会公共负担平等。国家公务活动致使公民、法人或者其组织的权益受到损害时，由国家代表全体成员共同负担赔偿责任，这就是公共负担平等原则在国家赔偿上的体现。四是社会福利与社会保险思想。社会保险的思想对国家赔偿制度的建立和完善影响较大，它的着眼之处在于保障和提高全体社会成员的物质生活待遇，促进全社会福利水平的不断提高。

5. 《中华人民共和国国家赔偿法》（以下简称《国家赔偿法》）的基本观念

一是对人民负责。国家的前途在很大程度上取决于人民对政府的信赖和支持。对人民负责是取得这种信赖和支持的前提，而对其任用并由其监督管理的工作人员违法行使职权造成他人的损害，承担赔偿责任是对人民负责的最基本的要求。对人民负责就必须对公务行为所造成的损害承担责任。二是公共负担平等。公共负担平等是《国家赔偿法》的基石。国家机关工作人员代表国家行使职权一般来说是为了公共利益，这种职务行为造成特定当事人的损害由国家承担赔偿责任，实际上是将这种损害分担于国民头上（因国家的资金是通过赋税取之于民的），也可以说是由全体国民共同分担个别当事人的不幸。三是有错必纠。国家承担赔偿责任，以致害行为违法为前提。如怕承担赔偿责任而坚持错误，则会使无辜受害公民或组织告状无门，这不仅与《国家赔偿法》的宗旨相悖，而且也会使国家机关的威信受到影响。四是依法行使职权。根据《国家赔偿法》的规定，如果国家机关工作人员的职务行为造成他人损害，则应由国家来承担赔偿责任，工作人员个人具有一般过错无须承担赔偿责任。由于行使职权过程中的风险责任由国家予以承担，这就解除了工作人员的后顾之忧。应当说，《国家赔偿法》的颁布为国家机关工作人员依法行使职权创造了重要的条件。但是，如果工作人员的侵害行为有故意或者重大过失的，赔偿义务机关代表国家赔偿之后应当向该工作人员追偿部分或全部赔偿费用。由此可见，《国家赔偿法》既有支持工作人员大胆行使职权的一面，又有增强工作人员自我约束的另一面。这样可使工作人员既不至于害怕自己承担赔偿责任而缩手缩脚，又不因国家承担赔偿责任而为所欲为。

（四）动物卫生行政申诉

动物卫生行政申诉是广义上的动物卫生行政救济。它既可以在动物卫生行政主体内部进行，也可以在外部进行。它与动物卫生行政复议比较具有如下区别：

（1）当事人不同。动物卫生行政复议的当事人只能是与具体动物卫生行政行为有利害关系的行政相对人。而通过来信、来访等方式申诉的当事人不一定都是与其批评、建议、申诉、控告、检举的事实有利害关系的人，有的可能是与动物卫生行政行为无关的第三人。

（2）请求事项的范围不同。动物卫生行政复议中行政相对人针对动物卫生行政主体所作的具体行政行为不服，而提出复议申请。而动物卫生行政申诉反映的问题范围特别广，既可能对动物卫生行政行为不服，也可能是政策问题、历史积案或违法乱纪问题等。

（3）申诉期限不同。动物卫生行政复议必须在法定期限内提出，无正当理由超过法定期限提出的，复议机关不予受理。而动物卫生行政申诉反映问题不受期限限制。

（4）法律依据不同。动物卫生行政复议是当事人依据法律、法规、规章的规定请求改变或撤销原行政处理、处罚决定。而动物卫生行政申诉当事人是依照宪法赋予的民主权利，根据党和国家的政策向有关机关提出申诉或控告，以保护自己或他人的合法权益。

第三部分　动物防疫

第三章　动物疫病的预防和控制

第一节　概　　述

动物疫病的预防和控制是一项复杂的系统工程，既要完善监测、免疫、扑杀、检疫等各项技术措施，又要通过立法提升物资、财政和队伍保障能力；既要做好外来疫情的风险防范、突发疫情的应急处置，又要有步骤地做好重大疫病的控制和消灭。本章拟立足我国重大动物疫病防控实际，结合《动物防疫法》等法律法规的有关规定，参照有关国际组织的规定和发达国家的通行做法，对动物疫病的防控关键环节进行简要概述，供大家在实践中参考。

一、全球动物疫病防控思路

（一）动物疫病防控有关概念

参照《国际动物卫生法典》和国际疫病消灭专家委员会（International Task Force for Disease Eradication，简称 ITFDE）的有关定义，本章对以下术语进行概述：

（1）疫病风险防范。广义上讲，风险防范是指防止任何疫病和卫生事件发生的措施和行为。狭义上讲，风险防范是指通过边境控制、进境检疫等措施预防外来疫情传入的行为。本章中，风险防范特指后者。

（2）疫病控制。疫病控制是指把一种疾病的发病率或患病率大大降低的状态。

（3）疫病扑灭。疫病扑灭是指在一个国家、一个洲或其他有限的地理区域内但尚未在全球（国）范围内扑灭某种疾病，而仍需继续采取防治措施，否则疫病仍会回升、蔓延。

（4）疫病消灭。疫病消灭是指通过采取防控措施，使某病全球（国）发病率降到零，任何地方均无病例发生，将来无需采取任何防控措施的状态。

（5）疫病根除。疫病根除是指该种疫病的病原在自然界和实验室均不存在。

（二）FAO 等国际组织在动物疫病防控中的职责

近年来，重大动物疫病导致的经济社会问题日益严重，国际社会高度关注兽医工作，FAO、OIE、WTO 围绕全球动物疫病防控目标开展了一系列活动。

1. FAO 及其动物疫病防控活动

FAO 是联合国动物疫病防控专门机构之一，1943 年 5 月成立，总部设在意大利罗马。FAO 设有动物卫生及生产司和首席兽医官，负责制定动物疫病防控政策，建设跨境动植物病虫害紧急预防系统，实施全球牛瘟、口蹄疫、禽流感等重大动物疫病防控计划。FAO 近 5 年在重大动物疫病防控方面的主要工作见表 3 - 1。

表 3 - 1　2006—2011 年 FAO 动物疫病防控主要工作

工作领域	主要活动	备　注
控制消灭	全球牛瘟消灭计划（GREP）	计划 2010 年在全球消灭牛瘟
	跨境动物疫病全球渐进控制战略（GF - TADs）	FAO/OIE 联合启动，相关成员资助
	拉丁美洲古典猪瘟消灭方案	2020 年拉丁美洲和加勒比海地区消灭猪瘟
	东南亚口蹄疫控制运动（SEA - FMD）	通过亚太卫生理事会（APHCA）协调
	全球高致病性禽流感渐进控制计划	系统描述了有疫国、新发国和无疫国的防控策略
监测预警	全球动物疫病早期预警系统（GLEWS）	FAO、OIE、WHO 及各成员紧急疫情信息共享
	跨境动物疫病信息系统（TADinfo）	建立国际-区域-国家三级动物疫情信息系统
	非洲动物流行病调查监测计划	通过 AU - IBAR 协调
	西非裂谷热监测计划	提高西非裂谷热发现能力
	跨境动物疫病应急中心（ECTAD）	为提高全球跨境动物疫病应急能力提供平台
应急反应	应急预案导则	牛瘟、牛肺疫、口蹄疫、裂谷热和非洲猪瘟应急预案
	国家禽流感风险防范工作手册	减轻人/禽流感发生和流行的政策和技术措施
	技术合作项目	为成员国提供技术支持
	培训班	对成员国首席兽医官和高级兽医官进行应急管理专业培训
技术支持	建立 PPR、FMD、CBPP、RVF、CSF 和其他动物疫病参考实验室，以及诊断技术协作中心等	引领全球兽医诊断和疫苗生产技术

2. OIE 及其职责

OIE 成立于 1924 年，总部设在法国巴黎，主要负责动物疫病通报、动物及其产品国际贸易规则制定和动物疫病无疫评估认证等工作。

OIE 的具体工作职责包括：

（1）建立国际动物卫生信息系统，收集并通报全世界动物疫病发生发展情况，实现动物疫情透明化。

（2）制定 WTO 认可的国际动物卫生规则，促进世界贸易卫生安全。

（3）建立参考实验室和协作中心，为动物疫病控制扑灭提供专家和专业支持，提高全球动物卫生工作水平。

（4）制定食品微生物检测、抗生素抗药性检测规范等食品安全规则，促进全球食品安全水平提高。

（5）评估各成员动物疫病控制、消灭情况，推动重大动物疫病无疫国际认证。

（6）与 FAO、WHO、WTO 及其成员国加强合作促进国际合作，促进全球重大动物疫病扑灭目标实现。

OIE 制定的国际动物卫生规则体现在《国际动物卫生法典》中，主要内容包括：

（1）动物疫情通报基本规则，包括疫情快报、周报、月报的内容及方式。

（2）动物及其产品贸易安全规则，包括口蹄疫等 84 种动物疫病的进口检疫要求。

（3）无疫区/无疫国家评估规则，包括牛瘟、牛肺疫、疯牛病三种动物疫病的无疫认证标准。

（4）流行病学监测技术规范，包括牛瘟、牛肺疫、疯牛病、痒病、口蹄疫、禽流感 6 种动物疫病的监测方法。

（5）动物卫生（防疫）条件，包括孵化场、精液、胚胎、卵采集的卫生标准。

（6）动物福利标准，包括家畜海运、空运时应予提供的福利条件。

（7）病原体灭活方法，包括口蹄疫病毒、疯牛病病原体等的灭活方法。

（8）动物疫病诊断方法和疫苗标准，包括口蹄疫等 51 种动物疫病的诊断方法和疫苗标准。

（9）成员国兽医机构质量保证体系。

3. WTO《SPS 协议》

WTO 是世界上最大的多边贸易组织，成立于 1995 年 1 月。基本职能是制订和规范国际多边贸易规则，组织多边贸易谈判，解决成员之间的贸易争端。为了保障动植物及其产品国际贸易中的卫生安全，同时又把动植物卫生措施对贸易的影响降低到最低程度，WTO 制定了《SPS 协议》。该协议规定：各成员有权采取为保护人类和动植物健康所必需的检疫措施；各成员实施的检疫措施不得构成贸易壁垒。

（三）全球动物疫病防控策略

基于前面的描述可以认为，FAO 是全球重大动物疫病防控工作的领导机构，WTO 是促进动物及其产品自由、安全贸易的平台机构，OIE 是全球动物卫生状况的评估机构，也是 FAO 和 WTO 的技术咨询机构。综合分析 FAO、OIE、WTO 在动物疫病防控领域的职责任务及其规范性文件，可以梳理出全球动物疫病的防控策略：

（1）提高跨境动物疫病的风险防范水平。WTO 制定的《SPS 协议》提供了法律基础，OIE《国际动物卫生法典》规定了具体防范措施，以提高动物及其产品国际贸易安全水平。

（2）提高动物疫病监测预警能力。FAO、OIE 各自或联合制定了一系列疫病监测计划和规范，构建了信息交流平台，旨在提高成员（国）重大动物疫病监测预警能力，为疫病风险防范、应急处置和控制消灭工作提供技术支持。

（3）提高突发重大疫情应急处置能力。FAO 制定了一系列应急预案，为各成员提供应急反应技术培训，旨在提高全球重大动物疫病应急处置能力，降低疫病扩散风险。

（4）有计划地推进全球重大动物疫病控制消灭工作。FAO 启动了一系列重大动物疫病区域或全球消灭计划，OIE 实施无疫评估和认证，逐步实现重大动物疫病控制消灭目标。

如果按照动物疫病防控工作的主体方向划分，跨境传播动物疫病的风险防范、突发病的应急处置、流行病的控制消灭可以作为重大动物疫病防控工作的三条主线，如图 3-1 所示。提高监测预警能力从属于以上三条工作主线中。

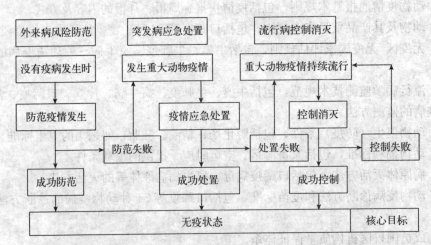

图 3-1　国家或区域层次的重大动物疫病预防与控制路线

二、我国防疫体制机制建设现状

我国已经成功消灭牛瘟、牛肺疫，长期维持无疯牛病等外来病状态，禽流感、口蹄疫、猪瘟、新城疫等重大动物疫病防控工作取得重要成效，对促进畜牧业健康持续发展、保障公共卫生安全乃至推动经济社会协调发展做出了重要贡献。2005 年以来，我国推动兽医管理体制改革，兽医行政、动物卫生监督和动物疫病防控技术支撑三套队伍日益完善。2007 年修订的《动物防疫法》使我国的重大动物疫病风险防范、应急处置和控制消灭三条工作主线日益清晰，防控能力不断提升。

1. 重大动物疫病防控策略逐步清晰

从《动物防疫法》《中华人民共和国进出境动植物检疫法》《重大动物疫情应急条例》可以看出我国重大动物疫病的防控策略。

（1）坚持预防为主的方针。《动物防疫法》规定，国家对动物疫病实行预防为主的方针。与此相适应，有关法律法规规定了重大动物疫病防控的调查评估、监测预警、免疫接种、防疫条件审核、外来疫病风险防范和检疫监督等相关制度。

（2）实施应急处置"24 字"方针。《重大动物疫情应急条例》规定，重大动物疫情应急工作应当坚持"24 字"方针，即加强领导、密切配合，依靠科学、依法防治，群防群控、果断处置的方针，及时发现，快速反应，严格处理，减少损失。国家兽医行政管理部门进一步完善了重大动物疫病发生后的应急处置机制和程序。

（3）有计划地控制和消灭重大动物疫病。《动物防疫法》规定，县级以上人民政府应当加强动物防疫工作的统一领导，加强基层动物防疫队伍建设，建立健全动物防疫体系，制定并组织实施动物疫病防治规划。2012 年 5 月 2 日，国务院常务会议讨论通过了《国家中长期动物疫病防治规划（2012—2020 年）》，意味着国家将有计划地预防、控制和扑灭重大动物疫病。

2. 综合防控措施不断完善

为了有效防控重大动物疫病，我国有关部门坚持依法防疫、科学防疫，不断完善各项防控措施。

（1）外来疫病风险防范。我国建立了国际动物疫情监视信息系统，定期分析国际疫情发生状况，实施动物疫情风险评估制度，及时对相关风险动物及其产品发布进口禁令和解禁令；出入境检疫机构和机制不断完善。

（2）实验室生物安全管理制度。兽医实验室是重要的传染源，须对病原体进行严格控制。为做好这项工作，国务院发布了《病原微生物实验室生物安全管理条例》，农业部亦出台了相关管理办法，对防范实验室病原泄漏具有重要意义。

（3）免疫政策。国家实施重大动物疫病强制免疫计划，农业部每年制定《国家动物疫病强制免疫计划》，强制免疫疫病种类不断增加，免疫覆盖率大幅提高，有效建立了免疫屏障。目前，按照 2016 年农业部和财政部《关于调整完善动物疫病防控支付政策的通知》（农医发〔2016〕35 号）的规定，国家继续对口蹄疫、高致病性禽流感和小反刍兽疫实施强制免疫。在布鲁氏菌病重疫区省份（一类地区）将其纳入强制免疫范围，包虫病重疫区省份将包虫纳入强制免疫范围。对猪瘟和高致病性猪蓝耳病暂不实施国家强制免疫政策，由国家制定猪瘟和高致病性猪蓝耳病防治指导意见，各地根据实际开展防治工作。

（4）动物防疫条件审核制度。散养和小规模饲养场所是高风险动物群体，提高动物防疫条件是降低疫情发生风险的重要措施。为防范疫情发生，《动物防疫法》规定，由兽医主管部门对动物饲养场、屠宰加工厂等进行防疫条件审查，经审查合格的，发放《动物防疫条件合格证》。

（5）检疫管理制度。检疫管理是切断疫情传播途径，保障公共卫生安全的重要手段。农业部制定了《动物检疫管理办法》，规定了动物及动物产品检疫的具体要求，各地动物卫生监督机构相继成立后，这项工作将进一步强化和规范。

（6）监测预警制度。农业部制定发布《国家动物疫情测报体系管理规范》，每年制定《重大动物疫情监测方案》《主要动物疫病流行病学调查方案》，逐步形成了主动监测与被动监测相结合，应急监测和常规监测相结合，随机抽检和定点定时监测相结合的工作机制，疫情测报能力不断增强。

（7）应急处置机制。国务院发布了《重大动物疫情应急条例》（国务院令第 450 号），国务院办公厅印发了《国家突发重大动物疫情应急预案》，农业部及各地及时制定预案，加强应急队伍培训和演练，做好应急物资储备，提高应急处置能力。基本上形成了科学合理的预案体系、训练有素的应急队伍、快速可行的反应程序。扑杀和扑杀补贴制度对及时扑灭重大疫情起到重要作用。

（8）疫病区域化管理制度。农业部成立了全国动物卫生风险评估专家委员会，发布了《无规定动物疫病区评估管理办法》（农业部令2017年第2号），标志着我国疫病区域化管理工作逐步规范化。此外，农业部还于2005年5月实施了重大动物疫病防控定点联系制度，组成6个联系组，划片督促重大动物疫病防控措施，指导各项防控工作，调研各地存在问题，协调建立区域联防机制。

（9）种用和乳用动物健康标准。2007年修订的《动物防疫法》新增一项规定，要求种用、乳用动物和宠物应当符合国务院兽医主管部门规定的健康标准，并接受动物疫病预防控制机构的定期检测。从实施层面讲，这项制度类似于美国提出的家禽改良计划（NPIP）和猪改良计划，通过提高种用和乳用动物健康水平，达到控制动物疫情的目的。

（10）国际交流合作制度。我国已经逐步健全重大动物疫情发布制度；2007年5月在OIE恢复合法权利；建立了FAO、WHO、农业部、卫生部四方会谈机制；定期参加WTO-SPS例会；不定期召开中美、中法等双边兽医工作组会议；扩大对东南亚、中东、非洲、南太平洋岛国及周边国家的物资和技术援助。国际影响力不断增强。

3. 行政法制保障能力不断增强

制度的执行，需要强有力的行政和法制保障。2004年禽流感阻击战以来，我国重大动物疫病防控组织能力、兽医法律法规体系、兽医管理体制，以及各项保障措施不断完善。

（1）组织领导不断加强。2004年发生禽流感疫情以来，重大动物疫病防控工作摆上了各级政府的重要议事日程。2004年3月2日，国务院成立全国防控高致病性禽流感指挥部，由回良玉副总理任总指挥，加强防控工作的统一领导。农业部成立了重大动物疫病防控指挥中心，由部长任指挥长。各级政府也成立了相应指挥机构，政府主要领导和分管领导亲自指挥，各有关部门加强协调和配合，层层落实责任制，保证禽流感等重大动物疫病防控各项措施的落实。地方各级政府和部门建立了同样的运行机构。

（2）法律法规体系不断健全。近年来，我国陆续出台《动物防疫法》及配套规章、《重大动物疫情应急管理条例》《病原微生物实验室生物安全管理条例》等法律法规，以及《高致病性禽流感防治技术规范》等一系列防治技术规范，为各项防治措施顺利实施提供了法律保障。

（3）财政支持力度不断加大。2004年以来，中央先后确定了"三补一扶"的动物疫病防控财政支持政策，即免疫补助政策、扑杀补助政策、无害化处理补助政策和家禽业发展扶持政策，对调动农民积极性，维护养殖户利益，减少灾害损失，发挥了重要作用。为有效控制口蹄疫、禽流感、高致病性猪蓝耳病、小反刍兽疫、布病等重大动物疫情提供了重要资金保障。此外，国家在扶持家禽、生猪发展等方面也投入大量资金，动物防疫科技资助资金亦在逐年增加。

（4）兽医工作体系不断完善。2005年，国务院下发了《关于推进兽医管理体制改革的若干意见》（国发〔2005〕15 号）。农业部成立兽医局，组建中国动物疫病预防控制中心、中国动物卫生与流行病学中心，在中国兽药监察所加挂农业部兽药评审中心的牌子。各地在整合现有机构、职能基础上，分别设立兽医行政管理、动物卫生监督、动物疫病预防控制三类兽医工作机构，按乡镇或区域设立乡镇畜牧兽医站。同时，各地加强村级动物防疫网络建设，每个行政村设立村级动物疫情报告观察员。

三、我国动物防疫工作面临的挑战

我国政府高度重视动物疫病防控工作，将动物防疫上升到公共卫生安全的高度，逐步建立健全兽医工作体系，提高重大动物疫病防控水平，取得了巨大成就。与此同时，我国畜牧业快速发展，动物及动物产品进出口贸易及国内贸易量逐年增加，动物疫病发生特点随之发生改变，给动物疫病防控工作带来了诸多新挑战，对重大动物疫病防控工作提出了更高要求。从动物疫病流行的三个环节看，如图 3－2 所示，我国动物防疫工作面临三个双重压力：

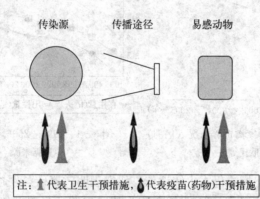

图 3－2　动物疫病传播流行的三个基本环节

1. 动物疫病种类多、变异快的双重压力

（1）我国动物疫病种类多。畜禽疫情普查表明，我国发生和流行过的疫病有 200 多种。动物疫病的发生和流行，严重危害畜牧业发展，危害人类健康，同时造成巨大的经济损失。据统计，1998 年我国猪、大家畜、禽因病死亡率分别为 10％、3％、20％，因动物疫病造成的直接损失为 260 亿；2004 年死亡率分别为 8％、2％、18％，直接损失为 238 亿。禽流感、高致病性猪蓝耳病等一些重大动物疫病在个别地区集中暴发时，造成的损失往往会成倍增加，波及畜禽生产、贸易、消费等多个利益群体。部分疫情发生时，可对饲料加工业、餐饮业、旅游业带来严重影响。

（2）主要动物疫病病原体变异快、多病原混合感染严重。通过采取免疫、监测等综合预防措施，口蹄疫、猪瘟、新城疫等危害我国畜牧业发展的传统疫病，呈明显下降趋势。但是，禽流感、口蹄疫、猪瘟、猪蓝耳病等病毒不断变异增加了防控难度，猪瘟、新城疫等传统疫病在临床症状、病理变化和流行特点等方面出现非典型变化，虽然临床上表现出温和型的流行态势，死亡率不高，临床症状不典型，但持续性感染、混合感染以及引起的免疫抑制可带来严重损失。

2. 易感动物养殖密度大、条件差的双重压力

（1）养殖总量持续增加。研究表明，养殖密度越大，疫病发生风险越高。改革开放以来，我国畜牧业总体表现为持续快速发展。2000—2005 年，家禽出栏量年均增长 4.02%，如图 3-3 所示，存栏量约占全球的 30%，其中水禽约占全球的 80%；1996—2005 年，我国生猪存栏年均增长 3.13%，如图 3-4 所示，2005 年生猪存栏 5.03 亿头，约占全球的 50%。此外，肉牛、奶牛、羊也呈现出较快增长态势，养马量在长期下降后近年有所回升。从我国人口总量以及人均动物产品占有量均将不断增加的趋势看，我国动物养殖密度仍将持续增加。

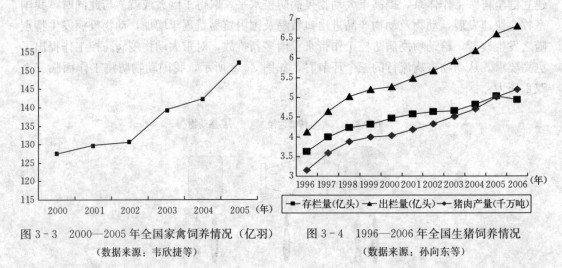

图 3-3　2000—2005 年全国家禽饲养情况（亿羽）　　　图 3-4　1996—2006 年全国生猪饲养情况
（数据来源：韦欣捷等）　　　　　　　　　　　　　　（数据来源：孙向东等）

（2）千家万户的饲养模式仍占主体地位。研究表明，养殖条件越差，疫病发生风险越高。从全国畜牧业生产情况看，2005 年全国生猪、肉鸡、蛋鸡、奶牛、肉牛和肉羊规模化饲养①水平分别达到 37.2%、75.2%、66.2%、54.4%、34.7% 和 41.4%，表明我国畜牧业规模化程度不断提高。但 2007 年流行病学调查表明，我国千家万户的畜禽养殖饲养方式并没有发生实质性改变，以猪为例，对 13 个省 26 个县的抽样调查显示，26 个县共有各种规模养猪场/户 74 万余个，存栏生猪 628 万余头，平均每个养殖场/户存栏 8.5 头。散养户、专业养殖户、小规模养殖场、中规模养殖场和规范化养殖场存栏量分别占总存栏量的 27.65%、23.96%、34.35%、6.54% 和 7.49%，平均存栏数分别为 2.54 头、31.64 头、423.41 头、4 568.34 头和 33 613 头，养殖户防疫能力不足大大增加了疫情传播扩散的风险。

3. 外疫传入途径多、内疫扩散途径广的双重压力

（1）外来动物疫病传入风险始终存在。一是来自正常贸易，中华人民共和国成立后我国已传入外来疫病 30 余种，改革开放后的 10 年间，传入速度随贸易量增加而明显加快，如图 3-5 所示。二是来自周边国家，我国周边一些国家重大动物疫病防控能力较弱，是

---

① 规模化饲养是饲养规模在年生猪出栏 50 头以上、肉鸡出栏 2 000 只以上、蛋鸡存栏 500 只以上、奶牛存栏 5 头以上、肉牛出栏 10 头以上、肉羊出栏 30 只以上。

口蹄疫、禽流感、小反刍兽疫等重大动物疫病的疫源地，南部邻国的边境小道，西部邻国的共牧、互市现象，北部邻国的野生动物迁徙，都是重要风险途径。近年来，亚洲 I 型口蹄疫、马流感、小反刍兽疫、非洲猪瘟疫情先后通过这种途径传入境内。三是野生动物走私情况仍然严重。从当前情况看，疯牛病、尼帕病、牛瘟等外来病传入境内的风险始终存在，对防控工作形成很大压力。

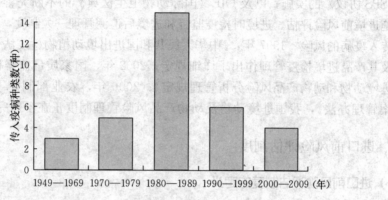

图 3 - 5　我国外来动物疫病传入情况
（数据来源：沈朝建等）

（2）国内活动物跨区域流通频繁。我国幅员辽阔，畜禽区域化分布特征明显，畜禽区间价格差别大，使得活动物跨区域、长距离调运频繁。例如，2008 年定点流行病学分析表明，由于仔猪、育肥猪区间价格差异明显，仔猪、育肥猪跨区调运频繁。FAO 的调查表明，我国淘汰蛋鸡流通也有这种特点。近年来，我国人畜共患病有所抬头：如图 3 - 6所示，与活动物跨区流通有着明显的关联。

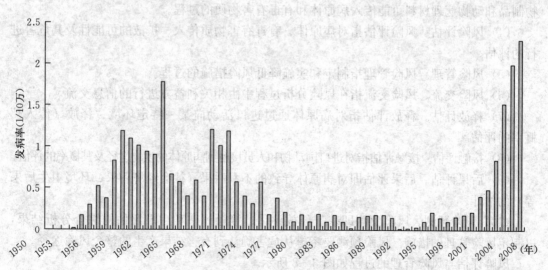

图 3 - 6　我国人间布鲁氏株菌病发病率变化
（数据来源：根据卫生部有关数据整理）

第二节　跨境动物疫病的风险防范

外来疫情传入会给我国畜牧业乃至人类健康带来严重危害。强化动物及其产品进境管理，加强边境动物疫病防控，对于防范跨境动物疫病传入具有重要意义。近年来，随着WTO《SPS协议》的实施，以及OIE《国际动物卫生法典》的不断完善，发达国家随之普遍实施进境前风险评估、进境时检疫监督和进境后追溯管理三大制度，最大程度降低进境贸易传入疫病的风险。1997年，《中华人民共和国进出境动植物检疫法》及其实施条例对动物及其产品进境检疫管理作出了详细规定；2002年，国家质量监督检验检疫总局制定了《进境动物和动物产品风险分析管理规定》；2006年，农业部制定了《畜禽标识和养殖档案管理办法》，我国进境动物及动物产品风险管理制度正在不断完善。

一、进口前风险评估制度

(一) 进口前风险评估制度的定义

结合OIE《国际动物卫生法典》及我国《进境动物和动物产品风险分析管理规定》给出的概念，作出以下定义：

（1）风险。风险指动物疫病随进境动物、动物产品、动物遗传物质、动物饲料、生物制品和动物病理材料传入的可能性及可能造成的危害。

（2）风险分析。风险分析指危害因素确定、风险评估、风险管理和风险交流的过程。风险分析组成部分如图3-7所示。

（3）危害确认。危害确认指确定进境动物、动物产品、动物遗传物质、动物饲料、生物制品和动物病理材料可能传入病原体和有毒有害物质的过程。

（4）风险评估。风险评估指对病原体、有毒有害物质传入、扩散的可能性及其危害进行的评估。

（5）风险管理。风险管理指制定和实施降低风险措施的过程。

（6）风险交流。风险交流指在风险分析过程中由相关利益方进行的信息交流。

（7）释放评估。释放评估指对病原体通过进口活动向某一特定环境"释放（传入）"概率的评估。

（8）接触评估。接触评估指对进口国动物和人员接触到病原体的生物途径及其概率的评估。

（9）后果评估。后果评估即对病原体导致的不利后果（社会经济后果、环境卫生后果等）的估计。

（10）风险预测。风险预测即基于释放评估、接触评估和后果评估的综合分析结果，以制定风险管理的措施。风险预测要考虑从危害确认到有害结果产生的整个风险途径。

风险评估与风险管理的过程如图3-8所示。

(二) 进口风险分析的内容和程序

进口动物和动物产品会对进口国带来一定程度的风险，引发的风险可以是一种或多种疫病。为此，应当对拟进口的动物、动物产品、动物遗传材料、饲料、生物制品和病料进行风险评估。

动物疫病风险评估工作涉及国家因素、生物学因素和商品因素三方面。国家因素层面上，必须考虑出口国的兽医机构状况、区域区划情况以及动物疫病监测能力；生物学因素层面上，应考虑特定病原的流行病学特征；商品因素层面上，应考虑拟进口动物的种类、年龄、品种、免疫情况、数量等因素。

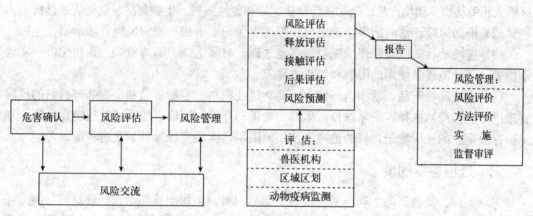

图3-7 风险分析的组成部分　　图3-8 风险评估与风险管理的过程

（三）我国的进境风险分析管理

国家质检总局《进境动物和动物产品风险管理规定》主要规定了以下内容：

1. 危害因素确认

（1）《中华人民共和国进境一、二类动物传染病寄生虫名录》所列动物传染病、寄生虫病病原体。

（2）国外新发现并对农、牧、渔业生产和人体健康有危害或潜在危害的动物传染病、寄生虫病病原体。

（3）列入国家控制或者消灭计划的动物传染病、寄生虫病病原体。

（4）对农、牧、渔业生产，人体健康和生态环境可能造成危害或者负面影响的有毒有害物质和生物活性物质。

确定进境动物、动物产品、动物遗传物质、动物源性饲料、生物制品和动物病理材料不存在危害因素的，不再进行风险评估。

2. 分析评估方式

（1）进境动物、动物产品、动物遗传物质、动物源性饲料、生物制品和动物病理材料存在危害因素的，启动风险评估程序。

（2）根据需要，对输出国家或者地区的动物卫生和公共卫生体系进行评估。

（3）动物卫生和公共卫生体系的评估以书面问卷调查的方式进行，必要时可以进行实地考察。

（4）对传入评估①、发生评估②和后果评估的内容综合分析，对危害发生作出风险预测。

对比有关国家的做法，我国这种评估方式和欧美国家是一致的，显示了我国进境管理制度的进步。

3. 风险管理方式

（1）当境外发生重大疫情和有毒有害物质污染事件时，国家质检总局根据我国进出境动植物检疫法律法规，并参照国际标准、准则和建议，采取应急措施，禁止从发生国家或者地区输入相关动物、动物产品、动物遗传物质、动物源性饲料、生物制品和动物病理材料。

（2）根据风险评估的结果，确定与我国适当保护水平相一致的风险管理措施。

（3）进境动物的风险管理措施包括产地选择、时间选择、隔离检疫、预防免疫、实验室检验、目的地或者使用地限制和禁止进境等。

（4）进境动物产品、动物遗传物质、动物源性饲料、生物制品和动物病理材料的风险管理措施包括产地选择，产品选择，生产、加工、存放、运输方法及条件控制，生产、加工、存放企业的注册登记，目的地或者使用地限制，实验室检验和禁止进境等。

二、进境检疫制度

进境动物、动物产品、动物遗传物质、动物饲料、生物制品和动物病理材料，所适用的检疫制度是不一致的。相对而言，活动物传入病原的风险相对较大，检疫措施相对严格。下面，仅就我国活动物（陆生动物）进境检疫制度作简单介绍：

（1）隔离场许可申请。目前，国家质检总局设有国家隔离检疫场所，各直属检验检疫局指定隔离场所。货主或其代理人在贸易合同或协议签订前，提供进境活动物申请，经相应程序审核后批准使用。

（2）派出预检兽医实施出国检疫。根据双边检疫议定书的规定，需要实施产地预检的，由国家质检总局选派人员到国外进行产地检疫。

（3）报检。货主或其代理人应在大、中家畜进境前30天（其他动物15天），向进境口岸局和指运地检验检疫局报检。

（4）现场检验检疫。由有关检验检疫局对进境活动物按照有关规定进行检验检疫和消毒工作。

（5）隔离检疫。一般情况下，大、中动物需要在隔离场隔离检疫45天，小动物需要30天。隔离检疫期间，由检验检疫工作人员取样送实验室进行检测。

（6）检疫出证放行。隔离检疫期满，且实验室检验工作完成后，由检验检疫工作人员做最后一次临床检查，合格的动物由隔离场所在地检验检疫局出具《中华人民共和国出入境检验检疫入境货物检验检疫证明》放行。

比较而言，发达国家对进境检疫的要求相对较高。以美国为例，美国对出口方面的卫生要求非常简单，也没有过多的条款规定。据简单统计，美国《联邦法典》有关动物及动

---

① 传入评估应为释放评估。——编者注
② 发生评估应为接触评估。——编者注

物产品出口方面的规定只有 16 页，可以出口的空港和海港分设在 18 个州，共有 28 个港口。但美国对进口要求却非常严格，《联邦法典》中的有关卫生要求可就达到 200 页，相当于出口要求的 12 倍。除此之外，APHIS 还严格限制进口港的数量，并对进口港设施设备特别是隔离设施给予了严格要求。目前，在动物进口方面，只有洛杉矶、迈阿密、火奴鲁鲁和纽约 4 个港口符合进口活禽或活反刍动物的条件。美国这一"严进宽出"的要求目的有三：一是设法简化出口程序，扩大出口数量。二是限制进口数量，维护本国利益。三是减少外来病发生。

三、建立完善的进境登记系统和追溯体系

建立进出口动物及动物产品的登记制度，对做好疫情追溯至关重要。例如，欧盟审批边境检查站时，登记系统是审批检查的一个重要方面，丹麦、葡萄牙等欧盟成员国发现牛海绵状脑病后，通过这一系统很快就查知患病牛来自英国，此后又通过追溯体系查到了所有进口牛的后裔。

比较而言，我国进境动物及其产品的登记制度正在完善过程中。此外，2006 年农业部发布的《畜禽标识和养殖档案管理办法》对建立畜禽及畜禽产品可追溯制度作出了规定，要求从国外引进畜禽，在畜禽到达目的地 10 天内加施畜禽标识。这些都是很大的进步。在内、外检分设的情况下，健全部门间的协调机制十分重要。

进口前实施风险评估、进口时实施严格检疫、进口后实施有效追溯，是降低重大动物疫病跨界传播的重要措施。未来一定时期，这些做法值得我国无疫区建设借鉴。

除此之外，健全边境地区防控机制也是国家动物疫病防控体系的重要组成部分。区域疫病联防联控体系是有关国际和区域组织正在努力推动的项目，边境免疫带在重大动物疫病防控行动中也发挥了重要作用。对此，本节不再赘述。

第三节　动物疫病的监测预警

监测是发现疫情、评估疫病发展趋势、制定防控政策措施、评价疫病防控效果的基础，贯穿于疫病预防、控制、消灭全过程。没有科学合理的监测，就不可能制定科学合理的防控政策。因此，《动物防疫法》规定县级以上人民政府应当建立健全动物疫情监测网络，加强动物疫情监测；国家和省级兽医主管部门分别制定相应层次的动物疫病监测计划，并根据对动物疫病发生、流行趋势的预测，及时发出动物疫情预警；地方各级人民政府接到动物疫情预警后，应当采取相应的预防、控制措施。

结合我国有关法律法规的规定，参照国内外实践情况，现就动物疫病监测、预测、预警的有关知识进行简要介绍。

一、动物疫病监测

（一）动物疫病监测的概念

动物疫病监测是指长期、连续、系统地收集动物疫病发生信息及其影响因素资料，经

过分析和信息交流活动，为决策者采取干预措施提供技术支持的活动。疫病监测有广义和狭义之分，狭义的监测是指通过实验室检测获取相应的疫病分布资料；广义的监测则是收集包括实验室监测结果在内的各种疫病相关因素资料。

这一概念强调了3个层次的内容：一是必须长期、连续、系统地开展监测活动，只有这样才能发现疫病的分布规律和发展趋势。二是必须对收集到的资料进行整理、分析，只有这样才能将收集到的资料转化为有价值的信息。三是必须开展信息交流，只有将有用信息反馈给有关部门和人员后，该活动才能在疫病防控活动中发挥效用。

（二）动物疫病监测的目的任务

疫病监测是动物疫病防控工作的基础环节。概括起来讲，疫病监测包括四方面的目的任务：

（1）发现疫病。通过监测及早地发现外来病、新发病和突发传染病及其风险因素，是预测预警工作的基础，是实施应急反应的前提。

（2）确定疫病流行现状。通过监测确定疫病（特别是流行病）的发生及分布情况，评价危害程度，判断发展趋势，是有效制定防控政策措施的基础和前提。

（3）评估防控效果。通过监测评价动物疫病感染和发生变化情况，是评估防控政策措施实施效果的重要环节，例如，免疫效果监测等。

（4）证明无疫状态。只有按既定方式实施监测，才能证明某一区域或国家的无疫状态。

（三）动物疫病监测的分类

按照组织方式、敏感性、资源利用效率和监测对象的不同，监测有不同分类方式：

1. 按照组织方式划分

按照组织方式划分可分为被动监测与主动监测。下级单位常规上报监测数据和资料，上级单位被动接收，称为被动监测。各国常规法定传染病报告即属于被动监测范畴。根据特殊需要，上级单位亲自组织或要求下级单位严格按照规定要求开展调查监测并收集相关资料，称为主动监测。我国各级兽医部门有计划地组织的动物疫病专项监测、定点监测、定点调查等，均属主动监测。主动监测的质量明显优于被动监测。

2. 按照敏感性划分

按照敏感性划分可分为常规监测与哨点监测。常规监测是指国家和地方的常规报告系统开展的疫病监测（如我国的法定疫病报告），优点是覆盖面广，缺点是漏报率高、效率和质量较低。哨点监测是指基于某病或某些疫病的流行特点，有代表性地选择特定动物群体实施的监测。我国设置的动物疫情测报站、边境动物疫情测报站和野生动物监测站开展的疫情监测属于哨点监测。

3. 按照资源利用效率划分

按照资源利用效率划分可以分为传统监测和风险监测。传统监测是指根据传统危害因素识别方法，按一定比例，定期在动物群体中抽样进行检测。风险监测是指在风险识别和风险分析基础上，遵循提高效益成本比的原则，在风险动物群体中进行抽样检测。与传统监测相比，风险监测提高了资源分配效率，成本效益比较高。

4. 按照监测对象划分

按照监测对象划分可以分为以下几种方式：

（1）地方流行病的监测。主要用于掌握这类疫病的分布状况及其危害，分析疫病发生的风险因素，评估疫情发展趋势，监视病原变异情况；基于与既往监测结果的对比，评价现行防控措施实施效果，提出防控措施优化建议。

（2）外来病和新发病的监测。以尽可能早地发现和诊断疫病为首要任务。主要目的包括：在国家或区域层面上判断有无外来病的发生风险，及早采取防范措施；尽可能早地发现、诊断外来病和新发病，及早采取应急处置措施；在特定外来病和新发病确诊后，全面了解其感染和发病情况，掌握疫病分布，分析疫情来源及其扩散趋势，为深入开展防控工作提供信息和技术支持。做好外来病防控知识宣传、技术人员诊断技术培训工作，对提高外来病和新发病发现能力具有重要作用。

（3）证明无疫的监测。在无疫区及无疫国家的评估认证过程中，令人信服、严密有效的疫病监测结果是最有力的证明材料。无疫状态得到确认后，持续开展监测活动，有利于及时发现复发疫情，为有效开展应急处置、及早恢复无疫状态提供技术支持。

（4）疫苗免疫效果监测。可用于掌握被免疫动物群体的特异性抗体水平，评价动物群体保护情况，辅助评估疫病流行现状和发展趋势；评价免疫手段在预防和控制动物疫病策略和措施中的有效性；评估免疫质量、免疫程序和免疫效果，改进现行免疫接种方法和免疫程序；评价疫苗质量和主要缺陷，促进疫苗优化和新型疫苗研发。常用的指标包括疫苗接种率、免疫合格率、血清抗体 GMT、疫苗免疫保护率、效果指数、免疫副反应发生率等。

特别需要指出的是，以上几种监测方式因目的不同，监测抽样规模存在很大的差别。抽样规模太大，易造成资源浪费；抽样规模太小，则难以反映真实情况。合理的抽样规模，主要取决于四个因素：一是当地易感动物存栏量。二是当地该病流行率。三是预设的精确度。四是预设的置信水平。具体可参考《国际动物卫生法典》或黄保续主编的《兽医流行病学》。

无论是被动监测、主动监测，常规监测、哨点监测，还是传统监测和风险监测，其目的都是为了清晰掌握特定地方流行病、外来病和新发病的分布情况和发生风险，要在上述疫病监测活动中配合应用。

（四）动物疫病监测的内容与指标

疫病监测一般指广义的监测，相关内容一般包括：

（1）疫病发生信息。疫病发生信息是反映疫病发生情况的最直接信息。

（2）实验室检测信息。实验室检测信息是最贴近疫病发生情况的信息。

（3）动物免疫状况信息。动物免疫密度越高，疫病发生风险越低。但从另外一个角度讲，凡是使用特定疫病疫苗的地区，一般存在该种疫病的流行；疫苗免疫密度越高，疫病流行情况可能越为严重。

（4）动物饲养方式信息。动物饲养方式信息是用于了解动物防疫条件，防疫条件越好，疫病发生风险越低。

（5）动物及其产品价格信息。动物及其产品价格信息是用于了解不同区域间的动物流通情况。同一种动物或动物产品，区间价格差异越大，流通频率越高，疫病发生风险越高。动物及其产品总是从价格低的地区流向价格高的地区。

（6）动物及其产品进口信息。动物及其产品进口信息是用于了解外来病的发生风险。

（7）畜牧业生产信息。畜牧业生产信息是用于了解易感动物分布情况。密度大的地区，疫病发生风险相对较高。

（8）自然环境信息。自然环境信息是通过对野生动物分布、媒介分布、气象气候变化等方面的了解，判断相关疫病的发生风险变化情况。

上述信息在探索病因、评估疫病发生风险、制定防控措施等方面各有用途，应相互配合使用。从事疫病防控工作，必须注意监测信息的全面性、系统性和持续性。孤立的、片面的、静态的信息，一般难以对疫病防控提供可靠支持。

实现上述目标，动物疫病监测系统必须覆盖到养殖场、屠宰场、兽医诊所、动物交易场所、隔离场、进出境检疫机构，以及其他饲养、接触动物的单位和个人。动物疫病检测实验室体系、动物疫情报告系统、流行病学分析系统、决策机构（信息发布系统），以及法律法规支持体系都是监测体系的重要组成部分。

（五）动物疫病监测活动中的质量控制

动物疫病监测直接服务于防控决策，必须强化全过程质量控制。以下几个因素尤其需要重视：

（1）监测数据的完整性。设计监测方案时，必须围绕监测目的，合理设定监测指标，有用的项目一个不能少，无用的项目一个不能要。只有这样，才能保证监测数据的可用性，提高监测活动的资源利用率。

（2）采集样品的代表性。设计监测方案时，还应根据设定的监测目的，合理选择简单随机抽样、系统抽样、分层抽样等抽样方式，合理确定抽样单位数量和抽检样品数量。力争利用给定的经费，使抽样检测结果尽可能地贴近实际情况。

（3）检测方法的可靠性。检测活动中，检测方法的敏感性、特异性均应达到规定要求。

（4）病例定义的统一性。在大规模疫病监测活动中，必须确定一个统一可操作的诊断标准，一般情况下，应根据特定疫病流行特点、临床表现、病程经过、剖检病变、病原分离、血清学检测、分子生物学诊断等方面，对临床病例、疑似病例和确诊病例做出严格定义。不同监测单位的诊断标准不同，会对监测结果产生较大影响，甚至出现结果扭曲。监测活动中确定的病例称为监测病例，由特异性病因引起并表现出特征性症状和病变的病例称为实际病例。在疾病监测活动中，应逐步提高监测病例中实际病例的比例，而且应当能够估计这一比例的大小和变化。

（5）测量指标的合理性。正确使用发病率、流行率、感染率、死亡率等测量指标，清晰描述疫病的三间分布情况。

（6）分析方法的科学性。选择科学、可行的分析方法，对于减少分析结果的偏差、真实反映实际情况具有很现实的意义。

（7）信息交流的透明性。监测活动中，组织人员、调查人员、实验室人员应当注重与被调查人员以及该领域的专家的充分交流，及时发现存在的问题，使监测结果贴近实际情况。

比较而言，我国动物疫情测报体系正在不断完善，下一步会逐步重视质量控制工作。

二、动物疫病的预测

（一）动物疫病预测的概念与分类

社会经济现象，都存在着过去、现在和未来，其发生和发展变化是有规律的。动物疫病预测就是根据已知的疫病发生发展规律，基于当前相关风险因素的作用效果和变化情况，应用分析判断、数学模型等方法对未来疫病发生流行的可能性及其强度做出的估计。疫病预测通常有三种分类方式：

1. 按预测范围划分，可分为宏观预测和微观预测

宏观预测一般指在全国或国际范围进行的预测。例如，在当前形势下，基于我国高致病性禽流感病毒分布范围广、全国家禽养殖密度大、养殖模式落后 3 个因素，我们可以预测全国家禽高致病性禽流感仍会时有发生；基于我国高致病性禽流感实施全面免疫政策，且各地应急反应机制逐步完善，我们可以预测全国不会出现大面积的疫情暴发。

微观预测指在较小范围内进行的预测。例如，2005 年夏秋季节四川省局部地区暴发猪链球菌疫情时，至 8 月中下旬，当地已经对存栏生猪实施免疫接种和预防用药，对病死猪实施收购销毁制度，且湿热天气逐步减少，研究人员据此预测当地疫病不应再有大的疫情暴发，事实证明结果是可靠的。

2. 按预测时间长短分，可分为近期预测（1 年以内）、短期预测（1～2 年）、中期预测（2～5 年）及长期预测（5 年以上）

各种时期不等的预测，适用于不同的目的。近期预测一般用于制定即时性防控政策措施，长期预测一般用于编制防控计划。例如，我国研究制定《国家中长期动物疫病防治规划（2012—2020）》过程中，就对未来疫病发展趋势进行了大致的预测。一般来说，预测时间越长，预测对象发展规律发生变动的可能性就越大。

3. 按预测方法分，可分为定性预测和定量预测

定性预测是根据一定的理论和实践经验，对疫病发展的历史和现状做出解释分析和判断，从而综合地指出疫病未来发展趋势的一种或多种可能性。定性预测是一种直观性预测，一般采用调查研究方法进行。这种预测的目的，不在于准确地推算具体数字，而在于判断事物的未来发展方向。

定量预测则着重从事物的数量方面进行预测。一般是对疫病过去的相关数值进行分析，按照疫病发展规律，建立数学模型，推导出预测对象的未来值。例如，1865 年英国大规模爆发猪瘟疫情，每月均有大批猪死亡，引起英国议会恐慌。1866 年 2 月，Farr 计算了前几个月的发病数和死亡数，以及病死率的变化趋势，发现病例增加的速度呈逐月递减的趋势，并且病死率也在不断降低，因而推测下一个月的新发病数无明显增加，以后会逐渐减少，如图3-9所示。他大胆地给报社寄去一封信，称此次流行不久即将趋于下降，3月份死亡数可能降到2万头左右，再过不久即将停止，结果正如他的预测。

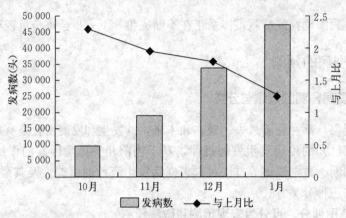

图3-9 1865—1866年英国猪瘟发病情况

值得注意的是，在实践活动中，一般将定性预测和定量预测相结合，以提高预测的质量水平。定性预测要有基本的数量分析；定量分析也要结合定性预测。

（二）动物疫病预测的基本原理与基础环节

现代兽医流行病学理论指出，任何疫病的发生必有病因，而且必要病因、易感动物和环境三要素同时具备且相互作用时疫病才能发生。任何动物疫病的发生和流行，必须具备易感动物、传染源和传播途径这3个基本环节。而自然因素（环境因素）、社会因素和时空因素则通过对传染源、传播途径和易感动物这3个环节产生促进或抑制等作用，进而影响动物疫病的发生和流行。

易感动物环节，养殖密度高、饲养条件差、免疫抗体水平低时，疫情易于发生流行；传染源环节，病原分布广、病死动物处置不合理、病原体发生变异时，疫情易于发生；传播途径环节，病原传播途径多、虫媒分布广、活动物流通快、家养动物与野生动物接触机会多时，疫情易于发生。如果上述因素同时存在，疫情必然发生，并必然会大面积暴发流行。如果上述因素均不存在，疫情必然不会发生。这就是进行动物疫病预测的基本原理。

系统掌握上述信息，必须具有可靠的动物疫病监测系统。也就是说，疫病监测是动物疫病预测的基础。

（三）动物疫病预测的常用方法

预测方法包括许多具体方法，实际运用中，要根据预测目的、占有资料的情况，人力物力的可能性以及预测人员的水平，从预测对象本身的发展规律出发，正确选择和运用预测方法。客观事物总是不断发展变化的，以不变的预测方法去研究多变的情况，往往产生较大误差。因此，在选择预测方法时，切忌生搬硬套，用某一公式或某一数学模型，简单地做出结论。

1. 定性预测

定性预测主要是运用经验的或事理的分析判断方法，按照疫病预测的基本原理，抓住传染源、易感畜禽群和传播途径 3 个基本环节的变化情况，依靠专家进行预测。其应用相对较广，预测精度在很大程度上取决于专家的技术与技巧。对于 2005 年发生的四川猪链球菌疫情和辽宁黑山禽流感疫情发展趋势，农业部专家组均进行了成功的预测。

2. 定量预测

定量预测也称为数理预测，是运用过去积累的疫情资料及流行因素的大量数据，借助数学手段进行统计分析，建立恰当的数学模型对未来的疫情趋势进行预测。此外，定量预测还可以根据概率论从数量的角度来研究大量偶然现象，寻找和研究与之有关的未知的规律性，进而预测某病的流行强度及其将在何时、何地、何种畜群中发生或流行。根据数学模型中自变量的不同，定量预测可分为时间序列分析和多因素逐步回归分析两种。

（1）时间序列预测。又称为时间数列，是指观察或记录到的一组按时间顺序排列的数据，展示了研究对象在一定时期内的发展变化过程。时间序列预测方法的基本思路是分析时间序列的变化特征，选择适当的模型，确定其相应的参数，利用模型进行趋势外推预测，最后对模型预测值进行评价和修正，得到预测结果。时间序列预测方法假设预测对象的变化仅与时间有关，根据它的变化特征，以惯性原理推测其未来状态。

时间序列预测法突出了时间因素在预测中的作用，暂不考虑外界具体因素的影响。但是，事实上，预测对象与外部因素有着密切而复杂的联系，时间序列中的每一个数据都反映了当时许多因素综合作用的结果。预测对象仅与时间有关的假设是对外部因素复杂作用的简化，从而使预测的研究更为直接和简便。例如，英国 1866 年猪瘟疫情的终止，事实上是与猪群抗体升高、流通速度降低、养殖密度下降等综合因素相关的。

需要指出的是，时间序列预测法因突出时间序列暂不考虑外界因素影响，因而存在着预测误差的缺陷，当遇到外界发生较大变化，往往会有较大偏差。现实情况下，该方法必须与定性预测法结合应用。

（2）多因素逐步回归分析。客观事物之间常存在某种因果关系，如禽流感疫情的发生与养殖密度、免疫状况、自然环境、气候变化、道路交通状况等因素可能存在相应的因果关系。这种因果关系往往无法用精确的数学表达式来描述，只有通过对大量观察数据的统计处理，才能找到它们之间的关系和规律。多因素逐步回归分析就是通过对观察数据的统计分析和处理，研究与确定事物间相关关系，建立回归方程模型，根据自变量的数值变化，去预测因变量数值变化的方法。其特点是将影响预测对象的因素分解，在考察各个因素的变动中，估计预测对象未来的数量状况。在实际预测中可以把预测对象当作因变量，把那些与预测对象有关的因素当作自变量，收集自变量的充分数据，应用相关性分析和回归分析求得回归方程，并利用回归方程进行预测。

例如，中国动物卫生与流行病学中心有关专家收集和整理了近年来我国所有 H5 N1 亚型高致病性禽流感疫情资料，全国各省市近几年家禽业养殖数据，以及全国道路、铁路与河流的分布情况等。通过相关性分析发现，禽流感疫情的发生与养殖量和养殖密度具有明显相关性，即养殖量越大、养殖密度越高，相关省份的发病县数越多；铁路的分布状况与是否爆发禽流感疫情具有显著的相关性（$P < 0.01$）；在局部地区，发病县的分布与水

系有密切的关系，全国83％的发病县集中分布在黄河、长江和珠江流域。这表明，养殖密度大、铁路分布密集、水网分布密集的地区，必然是禽流感发生的高风险区域。在此定量分析基础上，即可以构建多因素致灾模型，对我国各地禽流感发生风险进行预测。

综上所述，动物疫病的发生流行是有规律的，疫病预测是建立在疫病监测和疫情发生规律上的一门技术。在防控实践中，我们应当用科学的态度积极实践，既不应把其视为高不可攀的"象牙塔"，更不能把其视为一门"巫术"。

三、动物疫情的预警

（一）动物疫情预警的概念

到目前为止，学术界关于预警还没有一个严格的定义。一般来讲，预警可以理解为对可能出现的问题、障碍、错误、风险进行辨识、分析和预测，必要时在一定范围内发布警告并采取相应级别的行动，最大限度地防范负面事件的发生和发展，尽可能地将损失降到最低程度。

动物疫情的预警是一个新概念。我国《动物防疫法》第十六条规定："国务院兽医主管部门和省、自治区、直辖市人民政府兽医主管部门应当根据对动物疫病发生、流行趋势的预测，及时发出动物疫情预警。地方人民政府接到动物疫情预警后，应当采取相应的预防、控制措施。"根据这一规定，我们可以给出这样一个定义：动物疫情的预警是指基于对动物疫情发生地域、规模、危害程度及后果的预测，经风险评估和成本效益分析，由行政决策机构在一定范围内发布警告并采取相应级别的应急行动。其最重要的目的是前瞻性的发布疫病爆发和流行的可能性，以便尽早采取有效的防控措施，降低疫情发生风险或其导致的损失。

（二）动物疫病预测和疫情预警的关系

综上所述，我们可以认为，疫病预测和预警既有区别又有联系。预测和预警有着明显的不同：预测是一项技术性较强的研究探索工作，其方法和过程受研究人员的主观意志影响较大，而预测结果在很大程度上又是客观的；预警是一项行政色彩较浓的政府行为，是在接受预测结果并对其进行充分和必要的后果评估的前提下，按照固定的程序和方式，对疫情是否发生及发生的强度进行前瞻性的公布，发布相应级别的警报后，有关方面必须采取相应的应急处理措施。同时，预测和预警又有着密切的联系：预测是预警的前提和基础，预警是对预测结果的具体应用；预测的最终目的是为决策机构提供发布预警所必需的信息支持，没有预测，就没有科学的决策和预警，如图3-10所示。

（三）动物疫情预警的分级发布

2007年11月，《中华人民共和国突发事件应对法》（以下简称《突发事件应对法》）正式实施。该法第四十二条规定：国家建立健全突发事件预警制度。连同国务院2006年先后发布的《国家突发公共事件总体应急预案》《国家突发重大动物疫情应急预案》，三者共同对我国突发重大动物疫情预警制度进行了原则性规定。

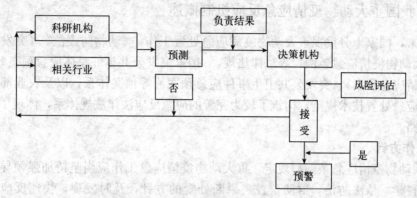

图 3-10　疫病预测和预警的关系
（资料来源：郑雪光等）

（1）预警的级别划分。动物疫情预警级别分为 4 级，特别严重的是 I 级，严重的是 II 级，较重的是 III 级，一般的是 IV 级，依次用红色、橙色、黄色和蓝色表示。

（2）关于预警级别的划分依据和标准。动物疫情预警级别划分的依据包括3个方面：重大动物疫情的发生、发展规律和特点，动物疫情的危害程度，可能的发展趋势。具体级别的划分标准由国务院或者国务院确定的部门制定。

（3）预警信息的内容。包括预警级别、起始时间、可能影响范围、警示事项、应采取的措施和发布机关等。

（4）预警信息的发布途径。预警信息的发布、调整和解除要通过广播、电视、报刊、通信、信息网络、警报器、宣传车或组织人员逐户通知等方式进行，对老、幼、病、残、孕等特殊人群以及学校等特殊场所和警报盲区应当采取有针对性的公告方式。

（5）警报的发布机关。按照《突发事件应对法》的规定，疫情灾害即将发生或者发生的可能性增大时，县级以上地方各级人民政府应当依据有关法律、行政法规和国务院规定的权限和程序，发布相应级别的警报，决定并宣布有关地区进入预警期，即县级以上地方各级人民政府是发布机关。按照《动物防疫法》的规定，国务院兽医主管部门和省、自治区、直辖市人民政府兽医主管部门应当根据对动物疫病发生、流行趋势的预测，及时发出动物疫情预警，即国家和省级兽医主管部门是发布机关。

概括而言，动物疫情预警是一项新生事物，各项机制尚有待进一步完善。

第四节　重大动物疫情的应急反应

控制外来病、突发病及重大新发病，关键在于快速反应、严格处置。反应不及时、措施不严密而导致疫情扩散，损失往往巨大。例如，英国 2001 年发生口蹄疫时，10 个月内直接损失为 27 亿英镑，影响到旅游业的 25 万个就业机会，旅游业损失 33 亿英镑，间接损失可达 200 亿英镑，相当于英国国内生产总值（GDP）的 2.5%，英国农业部一位首席科学家称，如果疫情继续蔓延下去，英国将失去 50% 的牲畜。在近年重大动物疫病防控实践中，我国正在不断完善重大动物疫情应急处置机制。

一、我国重大动物疫情应急反应机制概述

近年来，国家十分重视重大动物疫病应急处置工作，《动物防疫法》《突发事件应对法》《重大动物疫情应急条例》等法律法规，《国家突发公共事件总体应急预案》《突发重大动物疫情应急预案》《突发公共卫生事件应急预案》等预案体系，以及农业部分病种制定的疫病应急处置技术规范，构筑了较为完善的应急反应法律法规体系，体现了完整的应急反应思路。

1. 工作方针

《重大动物疫情应急条例》规定，重大动物疫情应急工作应当坚持加强领导、密切配合，依靠科学、依法防治，群防群控、果断处置的方针，及时发现，快速反应，严格处理，减少损失。

2. 管理原则

《重大动物疫情应急条例》规定，重大动物疫情应急工作按照属地管理的原则，实行政府统一领导、部门分工负责，逐级建立责任制。

3. 部门合作机制

《重大动物疫情应急条例》规定：

（1）县级以上人民政府兽医主管部门具体负责组织重大动物疫情的监测、调查、控制、扑灭等应急工作。

（2）县级以上人民政府林业主管部门、兽医主管部门按照职责分工，加强对陆生野生动物疫源疫病的监测。

（3）县级以上人民政府其他有关部门在各自的职责范围内，做好重大动物疫情的应急工作。

（4）出入境检验检疫机关应当及时收集境外重大动物疫情信息，加强进出境动物及其产品的检验检疫工作，防止动物疫病传入和传出。

4. 工作程序

《突发事件应对法》及国家有关预案体系规定了重大动物疫情的应急反应程序：预防与应急准备——→监测与预警——→应急处置——→灾后恢复与重建。

二、应急准备的关键环节

1. 建立应急反应机构

突发疫情应急反应能否快速有效实施，关键在于是否具有一个坚强有力的指挥机构。应急反应组织机构的职责在于实施应急预案、维护部门间协作机制，将各项应急措施落到实处。目前，FAO设有跨境动物疫病应急中心、美国农业部设有紧急动物疫病反应指挥部（EPS）。

我国十分重视这一机构的建立和维护，《重大动物疫情应急条例》规定：国务院和县级以上地方人民政府根据本级人民政府兽医行政管理部门的建议和实际需要，决定是否成立全国和地方应急指挥部。县级以上地方人民政府根据重大动物疫情应急需要，可以成立应急预备队，在重大动物疫情应急指挥部的指挥下，具体承担疫情的控制和扑灭任务。我

国各地应急指挥部和应急预备队大都包括公安机关和人民武装警察部队，有效提升了应急反应能力。

2. 制订应急预案

应急预案是动物疫情突发后的具体行动指南。良好的应急预案必须满足三项标准：一是必须针对不同疫病的流行病学特征规定不同的应急处置措施。二是必须详细清晰规定疫情调查、诊断以及各项应急处置程序，确保各项规定具有良好的操作性。三是必须明确不同参与方的工作职责及协作机制，确保工作有条不紊展开。例如，美国、澳大利亚均针对新城疫、高致病性禽流感、非洲猪瘟、猪瘟等10余种重大动物疫病，制定了专门的应急行动指南。由于事关危机处理，美国、澳大利亚的应急预案均为红皮书。

我国农业部已经按照不同动物疫病病种及其流行特点和危害程度，分别制定应急处置技术规范，例如，高致病性禽流感、2型猪链球菌、口蹄疫、小反刍兽疫应急处置规范等。实践证明，这些规范对有效处置疫情发挥了重要作用。

3. 做好物资技术储备

疫苗、诊断试剂、消毒药物、相关器械等应急物资储备，以及诊断技术、疫苗制备技术等相关技术储备，对于外来病、突发病的应急处置具有极其重要的作用。不具备这些技术和物资储备，诊断和应急反应会无所适从，由此造成疫情扩散的例子不胜枚举。我国台湾省1998年发生口蹄疫时，因诊断技术不过关（误诊为猪水泡病）而未能采取针对性措施，致使疫情在较短时间内迅速扩散至全岛。发达国家十分注重这一环节，例如，美国已扑灭口蹄疫、新城疫、高致病性禽流感等数十种重大疫病，但他们却从未中断过这些疫病的诊断和疫苗技术研究，并设有口蹄疫等疫病的疫苗储备库。2001年美国发生炭疽疫情后，他们及时确诊，迅速生产疫苗，快速控制了疫情，有效缓解了公众心理压力。

我国《重大动物疫情应急条例》第十一条规定了我国重大动物疫情应急物资储备制度，要求国务院有关部门和县级以上人民政府及其有关部门，应当根据重大动物疫情应急预案的要求，确保应急处理所需的疫苗、药品、设施设备和防护用品等物资的储备。从目前工作情况看，这项工作制度运转良好。

4. 开展应急演练

应急演练是应急准备的重要组成部分。虽然只是演练行为，但其复杂程度不亚于一次应急处置行动。为保障各项工作顺利开展，达到完善应急方案、提升应急能力的目的，应当做好以下几项工作：一是要明确演练目的，有针对性地做好各项安排。二是要根据演练目的，报请领导成立领导小组、策划小组、保障小组、评估小组等机构，确定参演队伍和人员。三是做好应急演练准备，制订演练计划，确定演练形式，分析演练需求，编制演练方案，设计评估标准。做好场地、物资、器材和安全保障，必要时还要做好演练动员和培训工作。四是按步骤实施应急演练，关键是要做好过程控制，同时做好演练解说、记录、宣传报道等工作。五是做好演练评估与总结，对于演练中暴露出来的问题，改进完善，指导下一步工作。当前，我国动物疫情应急演练方式主要是实地演练，桌面推演可以节省资源，有待尝试。

5. 提高疫情识别能力

早期发现疫病，方可达到及早扑灭疫情的目的。为此，提升相关各方的疫病识别能力，也是应急准备的重要环节。这项工作主要包括两个方面，一是对相关技术人员进行培训，例如，我国农业部已多次组织疯牛病防控知识培训工作。二是加强宣传教育，提高公众特别是目标人群（如养殖户）对相关疫病的识别能力。近年来，我国县级以上人民政府和兽医主管部门已经在这方面开展了许多工作，例如，农业部编印了四种语言的高致病性禽流感防控知识挂图，对提升民族地区禽流感识别能力具有重要作用。

三、疫情监测和预警的关键环节

接到疫情报告后，关键要抓好三个环节：一是要立即开展现场流行病学调查，并派遣相关专家进行诊断，怀疑为烈性传染病，应立即进行实验室检测并报告相关部门。二是要确保及时报告。三是要尽早启动临时隔离控制措施，防止传染源扩散。至于监测预警的方式方法，本章第三节已作专门介绍，此处不再赘述。

四、应急处置的关键环节

查清疫情来源及扩散趋向，及时严格实施各项应急措施，消灭传染源、切断传播途径、提高对易感动物的保护水平，是确保应急反应效果的重要保障。扑灭一次紧急疫情犹如开展一场局部战争，任何一项措施执行不力，均可能前功尽弃，出现所谓的"木桶效应"如图 3-11 所示。对于应急处置程序，《重大动物疫情应急条例》及有关应急处置规范已有专门规定。这里，仅就应急处置行动中遇到的一些薄弱环节作简单介绍。

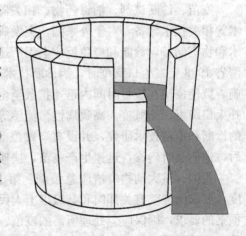

图 3-11　木桶效应

1. 流行病学调查

就紧急疫情而言，流行病学调查的目的有三方面：一是调查清楚疫情的发生情况，例如，疫点发病情况，疫区、受威胁区易感动物存栏数量等，以便确定应急行动的规模和组织模式，特别是要计算好扑杀量、消毒面积、紧急免疫数量等，进而做好应急物资准备。二是要调查清楚疫源的可能来源即追溯调查，做好疫源地的相应调查工作。三是要调查疫情的可能传播趋向即追踪调查，做好高风险地区的疫情监视和防范工作，防止疫情扩散蔓延。对疫点发生疫情前一个潜伏期内及疫情发生后进出的易感动物及其产品，以及人员、车辆等进行系统调查，是分析判断潜在的传染源、传播途径、传播方式和扩散风险的重要途径。

只有做好以上三方面的调查，方可制订切实可行的应急处置方案。从实践情况，许多调查工作往往不细，导致应急处置方案不够完善、应急物资调配不足等，影响了应急处置速度和效果。近年来，随着农业部每年印发高致病性禽流感等主要动物疫病流行病学调查方案，各地实施紧急流行病学调查工作的有效性正在不断提高。

2. 扑杀和清群

对感染和暴露的畜禽进行扑杀和清群，是消灭传染源的重要措施。对于重大疫情，多数国家采取扑杀和清群措施。通常有两种方式，一种是严格的扑杀政策，即宰杀感染动物及同群可疑感染动物，并在必要时宰杀直接接触或可能引起病原传播的间接接触动物。另一种是改良扑杀政策，只对感染发病动物实施扑杀，间接接触动物一般不予扑杀。考虑到减少直接经济损失，国际社会当前更倾向于使用改良扑杀政策。

目前，我国对高致病性禽流感实施的是严格的扑杀政策，对其他动物疫病一般采取改良扑杀政策。从各地实施情况看，这项政策普遍执行较好，但还存在着一些需要加强的地方：

（1）人员控制。疫情发生时，农户和农场人员，参与疫情诊断的兽医人员，参与疫情处理的工作人员，甚至参与采访的记者，均应视为暴露人员。此类人员，可能携带相应病原体，成为潜在的传染源，未经严格的清洗消毒，不得再接触未经暴露的易感动物。在一些疫区，暴露人员随处流动的情况时有出现，应当加强控制。

（2）清洗消毒。对疫点进行彻底清洗和消毒，对暴露农场及受威胁区进行彻底消毒，杀灭可能的病原体，是一项重要的辅助性措施。防控实践中，消毒程序不严密，甚至酸碱药物搭配使用（降低药效）的情况偶有出现。

（3）媒介控制。控制所有可能参与疾病传播的媒介，对于控制消灭虫媒传播病至关重要。防控实践中也需注意。

3. 无害化处理

选择焚烧、化制、高温、深埋或硫酸分解等方法，销毁畜禽死尸和污染的饲料、粪便及其他材料，是消灭传染源的必要手段。防控实践中，一些地方处置方式不够规范，给疫情防控效果带来了风险。

2017年7月，农业部印发了《病死及病害动物无害化处理技术规范》（农医发〔2017〕25号），进一步规范了病死及病害动物和相关动物产品无害化处理操作，涉及对病死及病害动物和相关动物产品进行无害化处理的，应当遵守该规范。

4. 人员防护

对于狂犬病、炭疽病、高致病性禽流感、尼帕病、2型猪链球菌等人兽共患病的处置，一线处置人员要注重安全防护。作业前，要进行必要的针对性预防用药或疫苗注射。作业时，要穿戴防护服、橡胶手套、面罩（口罩）、护目镜和胶靴。作业后，要注意清洗消毒。必要时，应接受健康监测，出现不良症状时应尽快赴卫生部门检查。另外，应防止动物咬伤、踢伤等。

五、灾后恢复生产的关键环节

1. 评估和补偿

对需要扑杀和销毁的畜禽进行评估和补偿，及时报告疫情、顺利启动应急反应，这些对做好灾后恢复生产具有重要意义。各国补偿制度不尽相同，一般分为等价补偿（补偿价与市场价持平）和低价补偿（补偿价低于市场价）两类，也有的国家不予补偿。在欧美国家，赔偿数量的多少往往由独立的评估师进行专门评估，一般是按兽医部门确定对该饲养场实施清群计划之日饲养场存活的动物数量计算，之前死亡的动物不包括在内，当时发病的动物按半价补偿、未发病而予以扑杀的动物按全价补偿。

我国建立的补偿制度对于防控重大动物疫病发挥了重要作用。目前，一些地方正在尝试建立基于评估的扑杀动物补偿制度，对完善我国补偿制度具有积极意义。

2. 解除隔离封锁

一般情况下，疫点、疫区的隔离封锁期为该种疫病的一个潜伏期，例如，口蹄疫为14天、高致病性禽流感为21天。在最后一头（羽）发病畜、禽扑杀并实施严格的清洗消毒措施后，疫点、疫区经一个潜伏期再无新的疫情时，封锁应予解除，并准许当地重新恢复饲养。

3. 恢复消费信心

某些人兽共患病或特殊事件发生后，如果处理不当，居民在相当长的时期内会出现消费信心不足，造成相关动物产品价格大幅下跌，进而严重影响产业发展。为此，多数国家制定了明确的宣传方针，一方面要及时通报疫情，告知民众提高警惕；另一方面要把握好宣传导向，防止民众消费信心下降，出现"恐肉风波"。我国对此具有清晰的思路，例如，2004年禽流感阻击战期间，通过加强正面宣传、政府要员表态等多种方式，逐步恢复了居民消费信心，如图3-12所示。

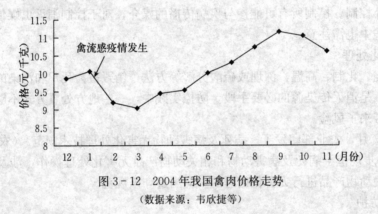

图3-12 2004年我国禽肉价格走势

（数据来源：韦欣捷等）

4. 后续发展扶持措施

如果疫情涉及范围较广，对行业影响过大，政府应考虑使用贴息贷款、出口退税等措施扶持行业发展。同时，还应考虑小农户扶贫、行业工人就业等问题。例如，针对2005年入秋后我国局部地区发生的高致病性禽流感疫情，国务院办公厅印发了《关于扶持家禽业发展的若干意见》，采取的措施：对家禽免疫和疫区家禽扑杀给予财政补贴，免征所得税，增值税即征即退、兑现出口退税，适当减免部分地方税，减免部分政府性基金和行政性收费，加强流动资金贷款和财政贴息支持，增强疫苗供应保障能力，保护种禽生产能力和家禽品种资源，维护正常的市场流通秩序，确保养殖农户得到政策实惠，企业职工生活得到保障，稳步推进家禽业转变饲养方式。这些措施对于减缓疫情冲击、加强疫情防控、维护家禽业稳定发展产生了重要作用。

第五节 重大动物疫病的控制与消灭

重大动物疫病长期流行，对畜牧业发展和公共卫生安全危害巨大。有计划地控制和消灭重大动物疫病，是农场、地区、国家乃至国际社会的共同责任。当前，我国兽医事业正在进入全新的发展阶段,《动物防疫法》第六条规定县级以上人民政府应当制定并组织实施动物疫病防治规划,确立了我国有计划地控制消灭动物疫病的工作思路;2008 年中央 1 号文件明确规定,要把动物疫病防控作为今后一段时间关系全局的重大战略问题来研究谋划,科学制定规划,明确工作目标,确定时间步骤,建立保障机制,确保如期完成。2009 年 6 月,农业部着手研究起草《国家中长期动物疫病防治规划》,2012 年 5 月国务院发布了《国家中长期动物疫病防治规划(2012—2020 年)》。为便于对实施该规划的理解,本节拟结合国内外有关案例,对重大动物疫病控制消灭过程中的有关问题进行介绍,供大家在实践中参考。

一、概述

消灭一种病原体相当于改变一种自然平衡,没有一个相对漫长的过程是很难实现的。例如,美国 1960 年提出结核病和布鲁氏菌病消灭计划,至今尚未完全达到目标;1989 年实施伪狂犬病自愿消灭计划,1999 年发布伪狂犬病加速消灭计划,2000 年追加投资 8 000 万美元,直到 2005 年才达到预期效果。

世界各国疫病种类繁多,控制和消灭任何一种动物疫病都需要大量的人力、物力、财力和技术支持。必须制订计划,合理确定疫病控制名录、消灭名录、净化名录,方可集中各方力量,稳步实现预期目标。

我国消灭牛瘟、牛肺疫,以及发达国家控制消灭重大动物疫病的经验表明:控制消灭重大动物疫病,应稳步提出疫病控制消灭计划,集中有限的社会资源,综合运用法律行政和技术措施,推行区域区划管理政策,分阶段达到全国无疫病状态。

二、动物疫病控制消灭计划的提出

同一时期内,一个国家或地区可能存在多种动物疫病。例如,1989 年农业部动物疫病普查显示,国内发生的畜禽疫病已达 225 种。这些疾病均已造成危害,应及时控制或消灭。但在现有资源条件下,哪些能够控制、哪些需要优先控制,哪些能够消灭、那些需要优先消灭,使用何种手段能够实现预期目标,以及哪些措施能够产生最佳成本效益等,是决策部门必须考虑的问题。解决这些问题,需要制订规划,有计划有步骤地推进。

(一)动物疫病控制消灭计划涉及的病种

有些动物疫病是可以控制但却难以消灭的,制订疫病防控计划时必须对此有清醒的认识。例如,20 世纪 30 年代初,洛克菲勒财团黄热病委员会启动了黄热病消灭计划,但直到 30 年代中期牺牲了 1 名研究人员后,才发现消灭黄热病在当时是无法实现的,取代这个计划的是由泛美卫生组织提出的拉丁美洲黄热病媒介蚊消灭计划,其结果仍然是中途夭折;1955 年,WHO 启动了疟疾消灭计划,计划开展 20 年后,因多方面原因,WHO 不得不将其改为控制计划,宣布了消灭计划的失败。这些事例告诉我们,在特定的历史条件下,不是每一种疫病都是可以消灭的,提出和制定疫病控制消灭计划,必须基于政府支持度、产业界参与度和疫病本身特性进行综合判断、谨慎决策。

从实践情况看，大多数发达国家相继制定了重大动物疫病控制消灭计划，少数发展中国家如泰国、巴西、肯尼亚等也提出了相应计划。美国、澳大利亚制定的疫病控制消灭计划最多，几乎可以涵盖世界各国已经和准备消灭的所有疫病。据统计，发达国家目前已经列入疫病控制消灭计划的疫病主要包括：口蹄疫、牛瘟、牛肺疫、蓝舌病、牛海绵状脑病、痒病、结核病、布氏杆菌病、副结核病，猪瘟、猪水泡病、伪狂犬病，新城疫、高致病性禽流感、沙门氏菌感染，马传贫、马鼻疽、马脑炎等。发展中国家主要局限在口蹄疫、牛瘟、牛肺疫3种动物疫病。

（二）动物疫病控制消灭计划制定实施的优先顺序

政府制定疫病控制消灭计划的优先顺序具有一定的规律性，主要取决于疫病的危害程度。从各国提出疫病控制消灭计划的优先顺序看，大致可以将动物疫病按优先消灭级别分为4类：

第一类：公共卫生危害和经济危害程度均十分严重。例如，高致病性禽流感、疯牛病，疫情一旦发生，各国政府将尽可能立即实施疫病消灭计划。目前，几乎所有发生高致病性禽流感和疯牛病的国家都对这两类动物疫病实施了严厉的控制措施，国际组织也给予了高度关注。

第二类：经济危害程度极为严重。例如，牛瘟、牛肺疫、口蹄疫、猪瘟、新城疫等，这类疫情流行时可以造成极为严重的经济损失，无论发达国家还是发展中国家在财政许可时将首先考虑制订这些疫病的消灭计划。目前，全世界已有近70个国家消灭了口蹄疫，近150个国家消灭了牛瘟，多个国家消灭了牛肺疫，几乎所有发达国家消灭了猪瘟和新城疫。

第三类：公共卫生危害和经济危害均较为严重。例如，结核病、布氏杆菌病、痒病、马鼻疽、鸡沙门氏菌、副结核病等。在第一、二类疫病得到有效控制，且财政、人力资源较为充足的情况下，有关国家将优先考虑这类动物疫病的消灭工作。目前，欧盟成员国、美国、澳大利亚等发达国家都在实施这类动物疫病的消灭计划，有些已经消灭。

第四类：经济危害较为严重。例如，蓝舌病、猪水泡病、马传贫、伪狂犬病、鹿慢性消耗病等。目前，澳大利亚、美国、欧盟成员国等已经根据各自实际情况，提出了相关疫病控制消灭计划。

（三）动物疫病控制消灭计划的提出方式

从政府制定疫病控制消灭计划的主动性来看，20世纪早期和中期时启动的动物疫病消灭计划大都由政府直接提出并推动，企业被动接受，例如，美国消灭猪瘟、牛结核杆病，我国消灭牛瘟、牛肺疫也属于这种情况。20世纪后半叶，畜牧业集约化程度升高，发达国家畜牧业协会的力量增强，为增强国际竞争力，此时往往是企业通过协会推动政府提出并实施疫病控制消灭计划，开始时政府往往具有相对的被动性。

由于疫病种类繁多，政府不可能组织实施所有疫病的控制消灭计划。一般情况下，政府推动实施的防控计划可分为三类：第一类是强制性消灭计划，由国家出资，强力推动业界共同实施，例如，牛瘟、牛肺疫、口蹄疫等，都属于这种情况。第二类是自愿性净化计划，国家制定监督机制和市场准入机制，企业自愿参与，只有达到规定防控目标的企业和地区，其产品方可获得市场准入机会，美国生猪伪狂犬自愿消灭计划、家禽改良计划等属于这种情况。第三类是国家推动实施的监测防范计划，例如，澳大利亚启动的副结核病、疯牛病监测计划。对于其他大多数病种，则由企业自主实施防控措施。

（四）量力而行提出动物疫病控制消灭计划

由于动物疫病控制消灭计划耗时长、耗费大、技术和管理资源占用多，各国政府制订计划时首先需要评估自身资源，量力而行。从美国的情况看，基本上每隔 10～20 年提出一种疫病控制消灭计划，例如，1917 年提出了结核病消灭计划，50 年代提出了猪瘟和口蹄疫消灭计划，70 年代提出了布鲁氏菌病和新城疫消灭计划，80 年代提出了猪伪狂犬病和禽流感消灭计划，此后又提出了痒病和鹿慢性消耗性疾病控制计划，随着各项疫病控制资源的不断丰富，疫病控制消灭计划有加快的趋势。目前，美国、澳大利亚正在（同期）承担的动物疫病控制消灭计划均为 5 个；发展中国家一般不超过2 个。

三、实施动物疫病控制消灭计划的基本原则

在与疫病长期斗争的过程中，兽医专家和官员们普遍认识到，消灭一种病原体相当于改变一种自然平衡，没有艰辛的努力和相对漫长的过程很难实现。除各种动物疫病发病特性存在很大差异外，物力、财力、人力和科学技术水平等多方面因素也会对疫病既定防控目标产生很大影响。因此，在制订疫病控制消灭计划时，必须根据疫病流行特征，按照强化组织领导、设定阶段目标、实施分区管理、实施综合措施等原则，科学制定重大动物疫病消灭计划。

（一）政府主导原则

从理论上讲，消灭动物疫病将给养殖户/企业以及社会带来长久的利益，但对个体养殖户/企业而言，一旦实施疫病控制消灭计划，他们将承担起许多责任，如报告疫情、强制免疫等。如果这些养殖企业发生疫情，还会承担一些经济损失，这是他们所不愿接受的，故疫病控制消灭计划必须具有一定的强制性，需要政府强有力的支持。

（1）实施政府主导原则。需要法律支持。在发达国家，几乎所有国家动物疫病消灭计划都须以法律或法令的形式公布，其中典型的是美国和英国，它们在消灭猪瘟、猪伪狂犬病、口蹄疫之初，都将消灭计划提交议会，经讨论通过后，由总统或首相以总统令或法律文本的形式公布，例如，美国消灭猪瘟计划就是时任总统肯尼迪签发的第 87 - 209 号总统令，美国消灭猪伪狂犬病是由时任总统克林顿签署的命令。在市场经济条件下，没有法律或法令的强制力，疫病控制消灭计划是很难收到预期效果的。

（2）实施政府主导原则。需要多部门合作。动物疫病消灭计划的实施是一种国家行为，政府相关部门均应依法承担相应责任，财政部门的资金保障至关重要。另外，在疫病控制计划末期，野生动物带毒成为疫病控制最大的难点，此时还需要环保部门以及林业部门的支持。

（二）业界充分参与原则

重大动物疫病通常具有传播途径多样、传播速度快等特性，例如，口蹄疫病毒可通过风媒传播至上百千米以外，这表明，单一或几个农场控制动物疫病对全国消灭疫情几乎没有任何意义。因此，动物疫病的消灭必须取得整个产业界的支持，所有养殖业主/企业采取统一措施才能成功。1949—1955年，我国中央政府在当时计划经济条件下，发动全社会力量，集中对全国的牛群实施牛瘟疫苗注射，仅仅6年时间就成功消灭了牛瘟（比预定时间提前1年），成为兽医界的历史性创举，发动群众是我国消灭牛瘟的一条重要经验。发动群众，关键是要做好宣传工作，牛瘟消灭运动启动初期，国家组织的牛瘟防疫队进入屯镇时，有些群众曾发出"拥护人民政府消灭牛瘟""人民政府爱人民、处处为人民除灾灭瘟"的拥护声。社会支持度高，是我国消灭牛瘟的重要保障。

在市场经济条件下，采取我国的全社会动员方式往往非常艰难，但美国、澳大利亚等国家在长期的实践中也摸索出一种行之有效的办法，即市场准入制度：只有监测合格，达到无特定动物疫病感染的农场才可将其动物及产品投放市场消费，以此促进全社会统一采取行动，达到全国消灭疫病的目标。

（三）分阶段实施原则

动物疫病病原是经过长期进化形成的，是自然生态的一个重要组成部分。消灭一种病原体，相当于改变这种自然平衡，必将要花费大量的人力、物力和财力，并经过一个相对漫长的过程才可能实现。例如，美国消灭猪瘟花费1.4亿美元，用时16年，而消灭牛结核杆菌病已历经近90多年。我国消灭牛瘟也耗时7年才宣告完成。动物疫病消灭工作的长期性，决定了重大动物疫病消灭计划需分阶段进行。

OIE在总结各国疫病消灭计划阶段划分的基础上，通过《国际动物卫生法典》，建议各国将疫病消灭计划定为计划消灭（准备）阶段、暂时无疫病阶段、无临床病例阶段和无感染阶段，如图3-13所示。

（1）计划消灭（准备）阶段。该阶段需要2~3年，要做好疫病普查摸底，以及各项技术、行政和物资资源（如疫苗、诊断试剂和扑杀补偿费等）的储备工作，采取综合措施降低发病率。

（2）暂时无疫病阶段。该阶段至少需要2年，在采取免疫、检疫监督等综合控制措施的基础上，实现2年以上无临床病例发生，才可达到暂时无疫病状态。期间发生的疫情必须采取严格的扑杀清群措施。

（3）无临床病例阶段。该阶段至少需要3年，在停止免疫接种、严格疫情监测制度的基础上，保证3年以上不出现临床病例。

（4）无感染阶段。在停止免疫接种、严格疫情监测制度的基础上，2年以上监测不到易感动物带毒现象。

OIE给出的阶段划分法，并非要求各成员国一定如此执行。通常情况下，各国实施自己的消灭计划时，都有自己的阶段划分法，例如，美国伪狂犬病消灭计划实施阶段，如图3-14所示。

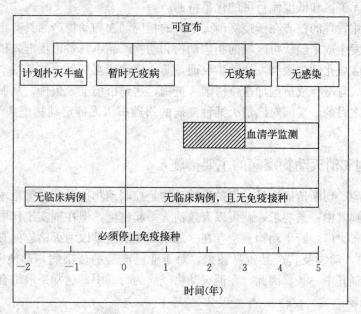

图 3-13 OIE 无牛瘟认证的阶段划分

美国伪狂犬病自愿扑灭计划摘要

美国将伪狂犬病扑灭计划分为五个阶段：

第一阶段为准备阶段，该阶段成立由联邦—州—养殖场和屠宰场等企业代表组成的专门监控小组，制定疫病监控和扑灭计划，持续期约 2 年。

第二阶段为疫病控制阶段，该阶段将在疫病普查的基础上，由企业自愿展开感染群的清群措施，持续期约 1 年以上。

第三阶段为强制性清群阶段，该阶段广泛开展流行病学调查和疫病检测，停止疫苗接种，控制感染群流动，并销毁感染群，实施严格的清群措施，直到无感染群为止，持续期一年以上。

第四阶段为后续监测阶段，该阶段将开展与第三阶段相同的流行病学调查与检测，并禁止使用疫苗，但无病群可以在州内自由流动，持续期约 1 年以上。

第五阶段为宣布无病阶段，该阶段种猪群将继续实施检测计划，但抽检量适当减少，动物流通条件适当放宽，但也只能在州内流动，持续 1 年以上再不发病者，相关州可以获得 APHIS 颁发的无伪狂犬病认证书。上述每一个阶段都需要经过专门工作组的认可，才可进入下一个阶段，直到获得无病资格证书。

图 3-14 美国伪狂犬病消灭计划阶段划分

(四) 区域化管理原则

每个国家的养殖模式、自然条件、经济社会发展状况不尽一致，不可能按照同一模式实施疫病防控，更不可能同步实现疫病消灭目标。国内外重大动物疫病消灭计划的实施，均是分阶段、分区域逐步实现的。我国消灭牛瘟、牛肺疫如此，美国、澳大利亚和欧盟也是如此。基于这种思路，OIE《国际动物卫生法典》提出了无疫区的概念，WTO-SPS

协议承认给予无疫区和低度流行区的优惠待遇。

实施区域化管理的核心在于疫病消灭地区的相应动物和动物产品具有市场准入的优惠待遇，而疫情发生或未经认可区域的相应动物和动物产品不具备市场准入机会。其目的有二，一是通过区域化管理限制发病动物流通，防止疫情相互扩散，这是根本。二是通过市场准入促进发病省/州/成员国加速疫情消灭进程，达到市场准入条件，从而在全国范围内达到消灭疫病之目的。美国对已消灭某种疫病的州颁布"无特定动物疫病州证书"，值得借鉴。

四、控制和消灭动物疫病的主要措施

消灭传染源、切断传播途径、保护易感动物是控制动物疫病的三种根本途径，从理论上讲，只要达到其中一条要求，就可以有效消灭一起疫情。但在现实工作中，由于病原体在自然界中分布太广，野生动物普遍存在（如欧洲现阶段难以消灭猪瘟的直接原因就是野猪的广泛分布），动物及其产品贸易频繁，对于业已流行的传染病，即使采取多种措施，也往往难以做到其中一条。因此，在消灭动物疫病的行动中，通常采取综合性技术措施。

1. 扑杀清群

扑杀清群是消灭传染源的基本措施，指对发病动物、同群动物及其他接触暴露动物全部予以扑杀，是最彻底、最直接、最快捷和最有效的措施。这一措施，在突发病的应急处置过程中经常使用。在疫病消灭计划实施过程中，由于发病和感染动物较多，实施该项措施费用太高，消灭计划实施初期往往只对临床发病动物进行扑杀，也就是改良扑杀政策。在消灭计划的中后期，发病和感染动物较少时，转而采用严格的扑杀清群，美国消灭猪瘟、我国消灭牛瘟等都是如此。需要指出的是，扑杀清群措施要和清洗消毒、无害化处理措施联合应用。

2. 检疫监管

检疫监管是切断病原传播途径的主要手段。出于贸易和消费的需要，完全限制易感动物移动是不现实的，所以，各国普遍对动物及其产品实施检疫监督制度，只有达到特定卫生条件的动物及其产品才可进入市场流通。对于活动物，产地检疫，也就是动物出场启运前的检疫至关重要。对于动物产品，宰前、宰后检疫均十分重要。

3. 市场准入

只有建立市场准入机制，才能调动业界参与动物疫病控制消灭计划的积极性。从发达国家实施情况看，市场准入机制通常分为三个层次：一是建立无疫群，经过政府部门监测认可无疫的动物群体，可获得优先市场准入机会，这种情况主要适用于结核病、布鲁氏菌病、沙门氏菌病等慢性人畜共患病的控制消灭。二是建立生物安全隔离区，经过政府部门监测认可无疫的大型企业，可获得优先市场准入机会，这种情况主要适用于禽流感、猪瘟等烈性传染病。三是建立无疫区，经过国家评估认可的地区，可获得优先市场准入机会，这种情况几乎适用于所用疫病。

4. 免疫接种

免疫接种是提高易感动物抵抗力的关键措施。在20世纪各国消灭牛瘟、牛肺疫、口蹄疫、猪瘟四大疫病的大规模战役中，所有国家都采取了这一政策。例如，我国50年代

通过 8 年的免疫接种彻底消灭了牛瘟；欧洲 60 年代通过 10 余年的免疫接种成功消灭了口蹄疫；美国 50 年代经过近 10 年的免疫接种，成功消灭了猪瘟等，都是很好的例证。实施疫苗免疫接种，需要综合考虑以下因素：

（1）制定适合当地情况的免疫接种程序，并保证 80% 以上的有效（程序化）免疫密度，从理论上讲，只要免疫密度超过 80%，疫病发生风险就会大幅度降低，即使发生小规模疫情，完全可以通过应急扑杀清群措施消灭疫情。

（2）选择合适的疫苗，密切关注免疫干扰（一次接种两种以上疫苗时的相互干扰现象）、应激反应、偶合反应发生情况，并及时开展疫苗流行病学效果评价。为了合理评价疫苗免疫效果，对于同一种疫病，在同一时间、同一区域内，最好选用同一种疫苗免疫。

（3）适时分区域推行疫苗免疫退出计划。在疫病临床病例不再出现时，应选择适当时机逐步停止免疫接种，此后再发生疫情时，必须采取严格的扑杀政策。

5. 推进规模化养殖

小型动物养殖场，防疫条件较差，疫情传入风险高，发生疫情后扩散风险大，提高畜禽规模化养殖程度，提高动物养殖场生物安全水平，是发达国家实现疫病防控目标的有效途径之一。以美国和丹麦为例，尽管两国近年来养猪场不断减少，但生猪饲养量不断增加，表明两国养猪规模化程度越来越高，如图 3 - 15、图 3 - 16 所示。对于我国而言，做好这项工作，健全动物防疫条件审核制度是一重要方面。

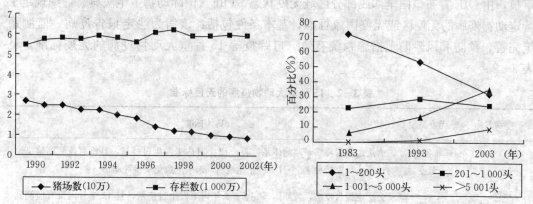

图 3 - 15　美国猪场数和猪存栏总量变化情况　　图 3 - 16　丹麦不同规模场存栏猪所占比例变化情况

6. 疫情监测

疫情监测是实施疫病控制消灭计划的先导，也是评估防控效果和判断无疫状态的基础。具体方法，本章第三节已作详细阐述，这里不再赘述。

需要指出的是，由于各国经济状况、科技发展水平、畜牧业发展模式以及各种动物疫病生物学特征不尽相同，疫病控制消灭计划实施过程中的防控措施可以有所区别。发达国家经费充足，兽医体系完善，畜牧业集约化程度高，消灭疫病时多以消灭传染源、切断传播途径为主；发展中国家没有充足的经费扑杀发病动物，只得以实施免疫接种、提高易感动物保护水平为主。另外，在疫病消灭计划的不同阶段，各项措施的运用情况也有所侧重。

7. 疫情报告

动物疫情报告制度是动物疫情防控的首要环节，而责任报告人又是动物疫情报告的关键环节。只有首先明确责任报告人，才能尽快发现疫情，从而及时采取科学、有力的控制措施，将疫情带来的危害降到最低。《动物防疫法》将直接与动物接触的以及最易发现动物疫病的单位和个人，规定为动物疫情责任报告人。从责任报告人的身份看，这些人员既包括从事动物饲养、屠宰、经营、隔离、运输、诊疗的行政相对人，又包括从事动物疫病研究的科研院校，还包括从事动物疫情监测、检验检疫的动物疫病预防控制机构、动物卫生监督机构、进出境检疫机构和林业部门野生动物资源观察机构及其工作人员。从疫情报告时机来看，只要发现"动物染疫或疑似染疫"，责任报告人就应当立即向兽医主管部门、动物卫生监督机构或动物疫病预防控制机构报告。兽医主管部门、动物卫生监督机构或者动物疫病预防控制机构，接到动物疫情报告后，还要按照国家规定的内容和程序上报动物疫情。

五、无疫状态的评估判定

按照 OIE 的规定，经过长期的控制，某些地区在特定时期内再无动物疫情发生或经过监测无感染迹象时，所在国家或政府可以认证和宣布特定区域的无疫状态，我国无疫区建设就是在这种情况下启动的。同样，有关国家可以向 OIE 申请无疫状态，经特定程序审核，由 OIE 宣布该国全部或部分区域无疫状态。OIE《国际动物卫生法典》详细规定了特定动物疫病的无疫区或无疫国家标准，基本条件包括：该病为法定报告疫病，监测系统完善，预防和风险防范措施系统有效。口蹄疫等 15 种重大动物疫病的无疫标准，见表 3-2。

表 3-2　15 种重大动物疫病的无疫标准

疫病名称	无疫类型	具体标准
口蹄疫	非免疫无疫	为法定报告疫病，监测体系完善；12 个月内未发生过疫情，且没有监测到感染动物；停止免疫接种 12 个月；停止免疫后，未引进过免疫接种动物
	免疫无疫	为法定报告疫病，监测体系完善；2 年内未发生过疫情，且 12 个月内没有监测到感染动物；免疫接种程序化，所用疫苗符合规定标准；停止免疫 12 个月后，可以转变为非免疫无疫状态
水泡性口炎		为法定报告疫病；2 年内未发现临床、流行病学和其他迹象
猪水泡病		过去 2 年内没有疫情；或采取扑杀政策时，9 个月内未发现疫情
牛瘟	无牛瘟感染	实施扑杀政策、禁止免疫接种、进行血清学监测，最后一例病例消灭后 6 个月；或实施扑杀政策和紧急免疫接种（免疫动物标识完整），进行血清学监测，最后一个免疫动物宰杀后 6 个月；或不实施扑杀政策而采取免疫接种（免疫动物标识完整）及血清学监测，最后一个病例出现或最后免疫接种动物宰杀后（后发生者为准）12 个月
小反刍兽疫		过去 3 年内没有疫情；或采取扑杀政策时，6 个月内未发现疫情
牛肺疫		连续 10 年未接种过疫苗；期间未发现临床或病理学病例；覆盖全部易感动物的监督和报告系统；鉴别诊断程序完善

（续）

疫病名称	无疫类型	具体标准
结节性皮肤病		为法定报告疫病；过去 3 年内未发生疫情
裂谷热		为法定报告疫病；过去 3 年内未发现临床或血清学病例；期间未从感染国家进口过易感动物
蓝舌病		监测系统完善；12 个月内未接种疫苗，且 2 年内无感染证据
羊痘		过去 3 年内没有疫情；或采取扑杀政策时，6 个月内未发现疫情
非洲马瘟		为法定报告疫病；过去 2 年内未发现临床或血清学病例，或无流行病学迹象；过去 12 个月内没有对马科动物进行免疫接种
非洲猪瘟		过去 3 年内没有疫情；或采取扑杀政策时，12 个月内未发现疫情；监测证实没有家猪和野猪感染
猪瘟		为法定报告疫病，监测体系完善；养猪场进行注册编号，追溯系统完善；严禁饲喂未灭毒的泔水；对易感动物及其产品实施有效检疫；实施扑杀政策、不进行免疫接种时，连续 6 个月无疫；扑杀与免疫相结合，或不实施扑杀政策、免疫接种时，12月无疫，且 6 个月内未监测到感染
高致病性禽流感、新城疫		过去 3 年内无疫情；或采取扑杀政策，最后一例感染动物扑杀后 6 个月

六、国家中长期动物疫病防治规划

动物疫病防治工作关系国家食物安全和公共卫生安全，关系社会和谐稳定，是政府社会管理和公共服务的重要职责，是农业农村工作的重要内容。为加强动物疫病防治工作，依据《动物防疫法》等相关法律法规，由农业部牵头，会同发展改革委、财政部、卫生部共同编制了我国中长期动物疫病防治规划，2012 年 5 月，经国务院同意并发布《国家中长期动物疫病防治规划（2012—2020 年）》（国办发〔2012〕31 号）。这是中华人民共和国成立以来，国务院发布的第一个指导全国动物疫病防治工作的综合性规划，具有重要的标志性意义。具体内容如下：

一、面临的形势

经过多年努力，我国动物疫病防治工作取得了显著成效，有效防控了口蹄疫、高致病性禽流感等重大动物疫病，有力保障了北京奥运会、上海世博会等重大活动的动物产品安全，成功应对了汶川特大地震等重大自然灾害的灾后防疫，为促进农业农村经济平稳较快发展、提高人民群众生活水平、保障社会和谐稳定作出了重要贡献。但是，未来一段时期我国动物疫病防治任务仍然十分艰巨。

（一）动物疫病防治基础更加坚实。近年来，在中央一系列政策措施支持下，动物疫病防治工作基础不断强化。法律体系基本形成，国家修订了动物防疫法，制定了兽药管理条例和重大动物疫情应急条例，出台了应急预案、防治规范和标准。相关制度不断完善，落实了地方政府责任制，建立了强制免疫、监测预警、应急处置、区域化管理等制度。工作体系逐步健全，初步构建了行政管理、监督执法和技术支撑体系，动物疫病监测、检疫监督、兽药质量监察和残留监控、野生动物疫源疫病监测等方面的基础设施得到改善。科技支撑能力不断加强，一批病原学和流行病学研究、新型疫苗和诊断试剂研制、综合防治技术集成示范等科研成果转化为实用技术和产品。我国兽医工作的国际地位明显提升，恢复了在世界动物卫生组织的合法权利，实施跨境动物疫病联防联控，有序开展国际交流与合作。

（二）动物疫病流行状况更加复杂。我国动物疫病病种多、病原复杂、流行范围广。口蹄疫、高致病性禽流感等重大动物疫病仍在部分区域呈流行态势，存在免疫带毒和免疫临床发病现象。布鲁氏菌病、狂犬病、包虫病等人畜共患病呈上升趋势，局部地区甚至出现暴发流行。牛海绵状脑病（疯牛病）、非洲猪瘟等外来动物疫病传入风险持续存在，全球动物疫情日趋复杂。随着畜牧业生产规模不断扩大，养殖密度不断增加，畜禽感染病原机会增多，病原变异几率加大，新发疫病发生风险增加。研究表明，70％的动物疫病可以传染给人类，75％的人类新发传染病来源于动物或动物源性食品，动物疫病如不加强防治，将会严重危害公共卫生安全。

（三）动物疫病防治面临挑战。人口增长、人民生活质量提高和经济发展方式转变，对养殖业生产安全、动物产品质量安全和公共卫生安全的要求不断提高，我国动物疫病防治正在从有效控制向逐步净化消灭过渡。全球兽医工作定位和任务发生深刻变化，正在向以动物、人类和自然和谐发展为主的现代兽医阶段过渡，需要我国不断提升与国际兽医规则相协调的动物卫生保护能力和水平。随着全球化进程加快，动物疫病对动物产品国际贸易的制约更加突出。目前，我国兽医管理体制改革进展不平衡，基层基础设施和队伍力量薄弱，活畜禽跨区调运和市场准入机制不健全，野生动物疫源疫病监测工作起步晚，动物疫病防治仍面临不少困难和问题。

二、指导思想、基本原则和防治目标

（一）指导思想。以邓小平理论和"三个代表"重要思想为指导，深入贯彻落实科学发展观，坚持"预防为主"和"加强领导、密切配合，依靠科学、依法防治，群防群控、果断处置"的方针，把动物疫病防治作为重要民生工程，以促进动物疫病科学防治为主题，以转变兽医事业发展方式为主线，以维护养殖业生产安全、动物产品质量安全、公共卫生安全为出发点和落脚点，实施分病种、分区域、分阶段的动物疫病防治策略，全面提升兽医公共服务和社会化服务水平，有计划地控制、净化和消灭严重危害畜牧业生产和人民群众健康安全的动物疫病，为全面建设小康社会、构建社会主义和谐社会提供有力支持和保障。

（二）基本原则。

——政府主导，社会参与。地方各级人民政府负总责，相关部门各负其责，充分调动社会力量广泛参与，形成政府、企业、行业协会和从业人员分工明确、各司其职的防治机制。

——立足国情，适度超前。立足我国国情，准确把握动物防疫工作发展趋势，科学判断动物疫病流行状况，合理设定防治目标，开展科学防治。

——因地制宜，分类指导。根据我国不同区域特点，按照动物种类、养殖模式、饲养用途和疫病种类，分病种、分区域、分畜禽实行分类指导、差别化管理。

——突出重点，统筹推进。整合利用动物疫病防治资源，确定国家优先防治病种，明确中央事权和地方事权，突出重点区域、重点环节、重点措施，加强示范推广，统筹推进动物防疫各项工作。

（三）防治目标。到 2020 年，形成与全面建设小康社会相适应，有效保障养殖业生产安全、动物产品质量安全和公共卫生安全的动物疫病综合防治能力。口蹄疫、高致病性禽流感等 16 种优先防治的国内动物疫病达到规划设定的考核标准，生猪、家禽、牛、羊发病率分别下降到 5％、6％、4％、3％以下，动物发病率、死亡率和公共卫生风险显著降低。牛海绵状脑病、非洲猪瘟等 13 种重点防范的外来动物疫病传入和扩散风险有效降低，外来动物疫病防范和处置能力明显提高。基础设施和机构队伍更加健全，法律法规和科技保障体系更加完善，财政投入机制更加稳定，社会化服务水平全面提高。

专栏 1　优先防治和重点防范的动物疫病

优先防治的国内动物疫病（16 种）	一类动物疫病（5 种）：口蹄疫（A 型、亚洲 I 型、O 型）、高致病性禽流感、高致病性猪蓝耳病、猪瘟、新城疫 二类动物疫病（11 种）：布鲁氏菌病、奶牛结核病、狂犬病、血吸虫病、包虫病、马鼻疽、马传染性贫血、沙门氏菌病、禽白血病、猪伪狂犬病、猪繁殖与呼吸综合征（经典猪蓝耳病）
重点防范的外来动物疫病（13 种）	一类动物疫病（9 种）：牛海绵状脑病、非洲猪瘟、绵羊痒病、小反刍兽疫、牛传染性胸膜肺炎、口蹄疫（C 型、SAT1 型、SAT2 型、SAT3 型）、猪水泡病、非洲马瘟、H7 亚型禽流感 未纳入病种分类名录、但传入风险增加的动物疫病（4 种）：水泡性口炎、尼帕病、西尼罗河热、裂谷热

三、总体策略

统筹安排动物疫病防治、现代畜牧业和公共卫生事业发展，积极探索有中国特色的动物疫病防治模式，着力破解制约动物疫病防治的关键性问题，建立健全长效机制，强化条件保障，实施计划防治、健康促进和风险防范策略，努力实现重点疫病从有效控制到净化消灭。

（一）重大动物疫病和重点人畜共患病计划防治策略。有计划地控制、净化、消灭对畜牧业和公共卫生安全危害大的重点病种，推进重点病种从免疫临床发病向免疫临床无病例过渡，逐步清除动物机体和环境中存在的病原，为实现免疫无疫和非免疫无疫奠定基础。基于疫病流行的动态变化，科学选择防治技术路线。调整强制免疫和强制扑杀病种要按相关法律法规规定执行。

（二）畜禽健康促进策略。健全种用动物健康标准，实施种畜禽场疫病净化计划，对重点疫病设定净化时限。完善养殖场所动物防疫条件审查等监管制度，提高生物安全水平。定期实施动物健康检测，推行无特定病原场（群）和生物安全隔离区评估认证。扶持规模化、标准化、集约化养殖，逐步降低畜禽散养比例，有序减少活畜禽跨区流通。引导养殖者封闭饲养，统一防疫，定期监测，严格消毒，降低动物疫病发生风险。

（三）外来动物疫病风险防范策略。强化国家边境动物防疫安全理念，加强对境外流行、尚未传入的重点动物疫病风险管理，建立国家边境动物防疫安全屏障。健全边境疫情监测制度和突发疫情应急处置机制，加强联防联控，强化技术和物资储备。完善入境动物和动物产品风险评估、检疫准入、境外预检、境外企业注册登记、可追溯管理等制度，全面加强外来动物疫病监视监测能力建设。

四、优先防治病种和区域布局

（一）优先防治病种。根据经济社会发展水平和动物卫生状况，综合评估经济影响、公共卫生影响、疫病传播能力，以及防疫技术、经济和社会可行性等各方面因素，确定优先防治病种并适时调整。除已纳入本规划的病种外，对陆生野生动物疫源疫病、水生动物疫病和其他畜禽流行病，根据疫病流行状况和所造成的危害，适时列入国家优先防治范围。各地要结合当地实际确定辖区内优先防治的动物疫病，除本规划涉及的疫病外，还应将对当地经济社会危害或潜在危害严重的陆生野生动物疫源疫病、水生动物疫病、其他畜禽流行病、特种经济动物疫病、宠物疫病、蜂病、蚕病等纳入防治范围。

（二）区域布局。国家对动物疫病实行区域化管理。

——国家优势畜牧业产业带。对东北、中部、西南、沿海地区生猪优势区，加强口蹄疫、高致病性猪蓝耳病、猪瘟等生猪疫病防治，优先实施种猪场疫病净化。对中原、东北、西北、西南等肉牛肉羊优势区，加强口蹄疫、布鲁氏菌病等牛羊疫病防治。对中原和东北蛋鸡主产区、南方水网地区水禽主产区，加强高致病性禽流感、新城疫等禽类疫病防治，优先实施种禽场疫病净化。对东北、华北、西北及大城市郊区等奶牛优势区，加强口蹄疫、布鲁氏菌病和奶牛结核病等奶牛疫病防治。

——人畜共患病重点流行区。对北京、天津、河北、山西、内蒙古、辽宁、吉林、黑龙江、山东、河南、陕西、甘肃、青海、宁夏、新疆15个省（区、市）和新疆生产建设兵团，重点加强布鲁氏菌病防治。对河北、山西、江西、山东、湖北、湖南、广东、广西、重庆、四川、贵州、云南12个省（区、市），重点加强狂犬病防治。对江苏、安徽、江西、湖北、湖南、四川、云南7个省，重点加强血吸虫病防治。对内蒙古、四川、西藏、甘肃、青海、宁夏、新疆7个省（区）和新疆生产建设兵团，重点加强包虫病防治。

——外来动物疫病传入高风险区。对边境地区、野生动物迁徙区以及海港空港所在地，加强外来动物疫病防范。对内蒙古、吉林、黑龙江等东北部边境地区，重点防范非洲猪瘟、口蹄疫和H7亚型禽流感。对新疆边境地区，重点防范非洲猪瘟和口蹄疫。对西藏边境地区，重点防范小反刍兽疫和H7亚型禽流感。对广西、云南边境地区，重点防范口蹄疫等疫病。

——动物疫病防治优势区。在海南岛、辽东半岛、胶东半岛等自然屏障好、畜牧业比较发达、防疫基础条件好的区域或相邻区域，建设无疫区。在大城市周边地区、标准化养殖大县（市）等规模化、标准化、集约化水平程度较高地区，推进生物安全隔离区建设。

五、重点任务

根据国家财力、国内国际关注和防治重点，在全面掌握疫病流行态势、分布规律的基础上，强化综合防治措施，有效控制重大动物疫病和主要人畜共患病，净化种畜禽重点疫病，有效防范重点外来动物疫病。农业部要会同有关部门制定口蹄疫（A型、亚洲I型、O型）、高致病性禽流感、布鲁氏菌病、狂犬病、血吸虫病、包虫病的防治计划，出台高致病性猪蓝耳病、猪瘟、新城疫、奶牛结核病、种禽场疫病净化、种猪场疫病净化的指导意见。

（一）控制重大动物疫病。开展严密的病原学监测与跟踪调查，为疫情预警、防疫决策及疫苗研制与应用提供科学依据。改进畜禽养殖方式，净化养殖环境，提高动物饲养、屠宰等场所防疫能力。完善检疫监管措施，提高活畜禽市场准入健康标准，提升检疫监管质量水平，降低动物及其产品长距离调运传播疫情的风险。严格执行疫情报告制度，完善应急处置机制和强制扑杀政策，建立扑杀动物补贴评估制度。完善强制免疫政策和疫苗招标采购制度，明确免疫责任主体，逐步建立强制免疫退出机制。完善区域化管理制度，积极推动无疫区和生物安全隔离区建设。

专栏2　重大动物疫病防治考核标准

疫病		到2015年	到2020年
口蹄疫	A型	A型全国达到净化标准	全国达到免疫无疫标准
	亚洲I型	全国达到免疫无疫标准	全国达到非免疫无疫标准
	O型	海南岛达到非免疫无疫标准；辽东半岛、胶东半岛达到免疫无疫标准；其他区域达到控制标准	海南岛、辽东半岛、胶东半岛达到非免疫无疫标准；北京、天津、辽宁（不含辽东半岛）、吉林、黑龙江、上海达到免疫无疫标准；其他区域维持控制标准
高致病性禽流感		生物安全隔离区达到免疫无疫或非免疫无疫标准；海南岛、辽东半岛、胶东半岛达到免疫无疫标准；其他区域达到控制标准	生物安全隔离区和海南岛、辽东半岛、胶东半岛达到非免疫无疫标准；北京、天津、辽宁（不含辽东半岛）、吉林、黑龙江、上海、山东（不含胶东半岛）、河南达到免疫无疫标准；其他区域维持控制标准
高致病性猪蓝耳病		部分区域达到控制标准	全国达到控制标准
猪瘟		部分区域达到净化标准	进一步扩大净化区域
新城疫		部分区域达到控制标准	全国达到控制标准

（二）控制主要人畜共患病。注重源头管理和综合防治，强化易感人群宣传教育等干预措施，加强畜牧兽医从业人员职业保护，提高人畜共患病防治水平，降低疫情发生风险。对布鲁氏菌病，建立牲畜定期检测、分区免疫、强制扑杀政策，强化动物卫生监督和无害化处理措施。对奶牛结核病，采取检疫扑杀、风险评估、移动控制相结合的综合防治措施，强化奶牛健康管理。对狂犬病，完善犬只登记管理，实施全面免疫，扑杀病犬。对血吸虫病，重点控制牛羊等牲畜传染源，实施农业综合治理。对包虫病，落实驱虫、免疫等预防措施，改进动物饲养条件，加强屠宰管理和检疫。

专栏3　主要人畜共患病防治考核标准

疫病	到 2015 年	到 2020 年
布鲁氏菌病	北京、天津、河北、山西、内蒙古、辽宁、吉林、黑龙江、山东、河南、陕西、甘肃、青海、宁夏、新疆 15 个省（区、市）和新疆生产建设兵团达到控制标准；其他区域达到净化标准	河北、山西、内蒙古、辽宁、吉林、黑龙江、陕西、甘肃、青海、宁夏、新疆 11 个省（区）和新疆生产建设兵团维持控制标准；海南岛达到消灭标准；其他区域达到净化标准
奶牛结核病	北京、天津、上海、江苏 4 个省（市）达到净化标准；其他区域达到控制标准	北京、天津、上海、江苏 4 个省（市）维持净化标准；浙江、山东、广东 3 个省达到净化标准；其余区域达到控制标准
狂犬病	河北、山西、江西、山东、湖北、湖南、广东、广西、重庆、四川、贵州、云南 12 个省（区、市）狂犬病病例数下降 50%；其他区域达到控制标准	全国达到控制标准
血吸虫病	全国达到传播控制标准	全国达到传播阻断标准
包虫病	除内蒙古、四川、西藏、甘肃、青海、宁夏、新疆 7 个省（区）和新疆生产建设兵团外的其他区域达到控制标准	全国达到控制标准

（三）消灭马鼻疽和马传染性贫血。当前，马鼻疽已经连续三年以上未发现病原学阳性，马传染性贫血已连续三年以上未发现临床病例，均已经具备消灭基础。加快推进马鼻疽和马传染性贫血消灭行动，开展持续监测，对竞技娱乐用马以及高风险区域的马属动物开展重点监测。严格实施阳性动物扑杀措施，完善补贴政策。严格检疫监管，建立申报检疫制度。到 2015 年，全国消灭马鼻疽；到 2020 年，全国消灭马传染性贫血。

（四）净化种畜禽重点疫病。引导和支持种畜禽企业开展疫病净化。建立无疫企业认证制度，制定健康标准，强化定期监测和评估。建立市场准入和信息发布制度，分区域制定市场准入条件，定期发布无疫企业信息。引导种畜禽企业增加疫病防治经费投入。

专栏4 种畜禽重点疫病净化考核标准

疫病	到 2015 年	到 2020 年
高致病性禽流感、新城疫、沙门氏菌病、禽白血病	全国祖代以上种鸡场达到净化标准	全国所有种鸡场达到净化标准
高致病性猪蓝耳病、猪瘟、猪伪狂犬病、猪繁殖与呼吸综合征	原种猪场达到净化标准	全国所有种猪场达到净化标准

（五）防范外来动物疫病传入。强化跨部门协作机制，健全外来动物疫病监视制度、进境动物和动物产品风险分析制度，强化入境检疫和边境监管措施，提高外来动物疫病风险防范能力。加强野生动物传播外来动物疫病的风险监测。完善边境等高风险区域动物疫情监测制度，实施外来动物疫病防范宣传培训计划，提高外来动物疫病发现、识别和报告能力。分病种制定外来动物疫病应急预案和技术规范，在高风险区域实施应急演练，提高应急处置能力。加强国际交流合作与联防联控，健全技术和物资储备，提高技术支持能力。

六、能力建设

（一）提升动物疫情监测预警能力。建立以国家级实验室、区域实验室、省市县三级动物疫病预防控制中心为主体，分工明确、布局合理的动物疫情监测和流行病学调查实验室网络。构建重大动物疫病、重点人畜共患病和动物源性致病微生物病原数据库。加强国家疫情测报站管理，完善以动态管理为核心的运行机制。加强外来动物疫病监视监测网络运行管理，强化边境疫情监测和边境巡检。加强宠物疫病监测和防治。加强野生动物疫源疫病监测能力建设。加强疫病检测诊断能力建设和诊断试剂管理。充实各级兽医实验室专业技术力量。实施国家和区域动物疫病监测计划，增加疫情监测和流行病学调查经费投入。

（二）提升突发疫情应急管理能力。加强各级突发动物疫情应急指挥机构和队伍建设，完善应急指挥系统运行机制。健全动物疫情应急物资储备制度，县级以上人民政府应当储备应急处理工作所需的防疫物资，配备应急交通通讯和疫情处置设施设备，增配人员物资快速运送和大型消毒设备。完善突发动物疫情应急预案，加强应急演练。进一步完善疫病处置扑杀补贴机制，对在动物疫病预防、控制、扑灭过程中强制扑杀、销毁的动物产品和相关物品给予补贴。将重点动物疫病纳入畜牧业保险保障范围。

（三）提升动物疫病强制免疫能力。依托县级动物疫病预防控制中心、乡镇兽医站和村级兽医室，构建基层动物疫病强制免疫工作网络，强化疫苗物流冷链和使用管理。组织开展乡村兽医登记，优先从符合条件的乡村兽医中选用村级防疫员，实行全员培训上岗。完善村级防疫员防疫工作补贴政策，按照国家规定采取有效的卫生防护和医疗保健措施。加强企业从业兽医管理，落实防疫责任。逐步推行在乡镇政府领导、县级畜牧兽医主管部门指导和监督下，以养殖企业和个人为责任主体，以村级防疫员、执业兽医、企业从业兽医为技术依托的强制免疫模式。建立强制免疫应激反应死亡动物补贴政策。加强兽用生物制品保障能力建设。完善人畜共患病菌毒种库、疫苗和诊断制品标准物质库，开展兽用生物制品使用效果评价。加强兽用生物制品质量监管能力建设，建立区域性兽用生物制品质量检测中心。支持兽用生物制品企业技术改造、生产工艺及质量控制关键技术研究。加强对兽用生物制品产业的宏观调控。

（四）提升动物卫生监督执法能力。加强基层动物卫生监督执法机构能力建设，严格动物卫生监督执法，保障日常工作经费。强化动物卫生监督检查站管理，推行动物和动物产品指定通道出入制度，落实检疫申报、动物隔离、无害化处理等措施。完善养殖环节病死动物及其无害化处理财政补贴政策。实施官方兽医制度，全面提升执法人员素质。完善规范和标准，推广快速检测技术，强化检疫手段，实施全程动态监管，提高检疫监管水平。

（五）提升动物疫病防治信息化能力。加大投入力度，整合资源，充分运用现代信息技术，加强国家动物疫病防治信息化建设，提高疫情监测预警、疫情应急指挥管理、兽医公共卫生管理、动物卫生监督执法、动物标识及疫病可追溯、兽用生物制品监管以及执业兽医考试和兽医队伍管理等信息采集、传输、汇总、分析和评估能力。加强信息系统运行维护和安全管理。

（六）提升动物疫病防治社会化服务能力。充分调动各方力量，构建动物疫病防治社会化服务体系。积极引导、鼓励和支持动物诊疗机构多元化发展，不断完善动物诊疗机构管理模式，开展动物诊疗机构标准化建设。加强动物养殖、运输等环节管理，依法强化从业人员的动物防疫责任主体地位。建立健全地方兽医协会，不断完善政府部门与私营部门、行业协会合作机制。引导社会力量投入，积极运用财政、金融、保险、税收等政策手段，支持动物疫病防治社会化服务体系有效运行。加强兽医机构和兽医人员提供社会化服务的收费管理，制定经营服务性收费标准。

七、保障措施

（一）法制保障。根据世界贸易组织有关规则，参照国际动物卫生法典和国际通行做法，健全动物卫生法律法规体系。认真贯彻实施动物防疫法，加快制订和实施配套法规与规章，尤其是强化动物疫病区域化管理、活畜禽跨区域调运、动物流通检疫监管、强制隔离与扑杀等方面的规定。完善兽医管理的相关制度。及时制定动物疫病控制、净化和消灭标准以及相关技术规范。各地要根据当地实际，制定相应规章制度。

（二）体制保障。按照"精简、统一、效能"的原则，健全机构、明确职能、理顺关系，逐步建立起科学、统一、透明、高效的兽医管理体制和运行机制。健全兽医行政管理、监督执法和技术支撑体系，稳定和强化基层动物防疫体系，切实加强机构队伍建设。明确动物疫病预防控制机构的公益性质。进一步深化兽医管理体制改革，建设以官方兽医和执业兽医为主体的新型兽医制度，建立有中国特色的兽医机构和兽医队伍评价机制。建立起内检与外检、陆生动物与水生动物、养殖动物与野生动物协调统一的管理体制。健全各类兽医培训机构，建立官方兽医和执业兽医培训机制，加强技术培训。充分发挥军队兽医卫生机构在国家动物防疫工作中的作用。

（三）科技保障。国家支持开展动物疫病科学研究，推广先进实用的科学研究成果，提高动物疫病防治的科学化水平。加强兽医研究机构、高等院校和企业资源集成融合，充分利用全国动物防疫专家委员会、国家参考实验室、重点实验室、专业实验室、大专院校兽医实验室以及大中型企业实验室的科技资源。强化兽医基础性、前沿性、公益性技术研究平台建设，增强兽医科技原始创新、集成创新和引进消化吸收再创新能力。依托科技支撑计划、"863"计划、"973"计划等国家科技计划，攻克一批制约动物疫病防治的关键技术。在基础研究方面，完善动物疫病和人畜共患病研究平台，深入开展病原学、流行病学、生态学研究。在诊断技术研究方面，重点引导和支持科技创新，构建诊断试剂研发和推广应用平台，开发动物疫病快速诊断和高通量检测试剂。在兽用疫苗和兽医药品研究方面，坚持自主创新，鼓励发明创造，增强关键技术突破能力，支持新疫苗和兽医药品研发平台建设，鼓励细胞悬浮培养、分离纯化、免疫佐剂及保护剂等新技术研发。在综合技术示范推广方面，引导和促进科技成果向现实生产力转化，抓好技术集成示范工作。同时，加强国际兽医标准和规则研究。培养兽医行业科技领军人才、管理人才、高技能人才，以及兽医实用技术推广骨干人才。

（四）条件保障。县级以上人民政府要将动物疫病防治纳入本级经济和社会发展规划及年度计划，将动物疫病监测、预防、控制、扑灭、动物产品有毒有害物质残留检测管理等工作所需经费纳入本级财政预算，实行统一管理。加强经费使用管理，保障公益性事业经费支出。对兽医行政执法机构实行全额预算管理，保证其人员经费和日常运转费用。中央财政对重大动物疫病的强制免疫、监测、扑杀、无害化处理等工作经费给予适当补助，并通过国家科技计划（专项）等对相关领域的研究进行支持。地方财政主要负担地方强制免疫疫病的免疫和扑杀经费、开展动物防疫所需的工作经费和人员经费，以及地方专项动物疫病防治经费。生产企业负担本企业动物防疫工作的经费支出。加强动物防疫基础设施建设，编制和实施动物防疫体系建设规划，进一步健全完善动物疫病预防控制、动物卫生监督执法、兽药监察和残留监控、动物疫病防治技术支撑等基础设施。

八、组织实施

（一）落实动物防疫责任制。地方各级人民政府要切实加强组织领导，做好规划的组织实施和监督检查。省级人民政府要根据当地动物卫生状况和经济社会发展水平，制定和实施本行政区域动物疫病防治规划。对制定单项防治计划的病种，要设定明确的约束性指标，纳入政府考核评价指标体系，适时开展实施效果评估。对在动物防疫工作、动物防疫科学研究中作出成绩和贡献的单位和个人，各级人民政府及有关部门给予奖励。

（二）明确各部门职责。畜牧兽医部门要会同有关部门提出实施本规划所需的具体措施、经费计划、防疫物资供应计划和考核评估标准，监督实施免疫接种、疫病监测、检疫检验，指导隔离、封锁、扑杀、消毒、无害化处理等各项措施的实施，开展动物卫生监督检查，打击各种违法行为。发展改革部门要根据本规划，在充分整合利用现有资源的基础上，加强动物防疫基础设施建设。财政部门要根据本规划和相关规定加强财政投入和经费管理。出入境检验检疫机构要加强入境动物及其产品的检疫。卫生部门要加强人畜共患病人间疫情防治工作，及时通报疫情和防治工作进展。林业部门要按照职责分工做好陆生野生动物疫源疫病的监测工作。公安部门要加强疫区治安管理，协助做好突发疫情应急处理、强制扑杀和疫区封锁工作。交通运输部门要优先安排紧急调用防疫物资的运输。商务部门要加强屠宰行业管理，会同有关部门支持冷鲜肉加工运输和屠宰冷藏加工企业技术改造，建设鲜肉储存运输和销售环节的冷链设施。军队和武警部队要做好自用动物防疫工作，同时加强军地之间协调配合与相互支持。

第六节　动物防疫条件审查

一、动物防疫条件审查概述

动物防疫条件是指动物饲养场（养殖小区）和隔离场所、动物屠宰加工场所，以及动物和动物产品无害化处理场所和集贸市场应具备的法律规定的最低动物防疫要求。《动物防疫法》规定，国家实行动物防疫条件审查制度。兴办动物饲养场（养殖小区）和隔离场所，动物屠宰加工场所，以及动物和动物产品无害化处理场所，应当符合一定的动物防疫条件，并取得《动物防疫条件合格证》。经营动物、动物产品的集贸市场应当具备国务院兽医主管部门规定的动物防疫条件，并接受动物卫生监督机构的监督检查。

动物防疫条件审查制度是一项行政许可制度。《动物防疫法》规定，兴办动物饲养场（养殖小区）和隔离场所，动物屠宰加工场所，以及动物和动物产品无害化处理场所应当符合下列条件：

（1）场所的位置与居民生活区、生活饮用水源地、学校、医院等公共场所的距离符合国务院兽医主管部门规定的标准。

（2）生产区封闭隔离，工程设计和工艺流程符合动物防疫要求。

（3）有相应的污水、污物、病死动物、染疫动物产品的无害化处理设施设备和清洗消毒设施设备。

（4）有为其服务的动物防疫技术人员。

（5）有完善的动物防疫制度。

（6）具备国务院兽医主管部门规定的其他动物防疫条件。

为了贯彻落实《动物防疫法》，规范动物防疫条件审查，2010年1月21日，农业部发布了《动物防疫条件审查办法》（农业部令2010年第7号），细化了动物饲养场（养殖小区）和隔离场所，动物屠宰加工场所，动物和动物产品无害化处理场所，以及经营动物、动物产品集贸市场的动物防疫条件。该办法的发布对提高养殖、屠宰加工、隔离和无害化处理等场所动物防疫条件水平，防控重大动物疫病，确保动物卫生和动物产品安全，保障人体健康，维护公共卫生安全具有重要意义。

二、动物防疫条件审查范围

为了有效预防控制动物疫病，维护公共卫生安全，兽医主管部门对动物饲养场、养殖小区、动物隔离场所、动物屠宰加工场所、动物和动物产品无害化处理场所以及经营动物和动物产品的集贸市场的动物防疫条件进行审查，要求上述场所必须符合《动物防疫条件审查办法》规定的动物防疫条件。其中动物饲养场、养殖小区、动物隔离场所、动物屠宰加工场所、动物和动物产品无害化处理场所必须取得《动物防疫条件合格证》，才能从事相应的活动。

三、动物防疫条件审查程序

1. 申请

兴办动物饲养场、养殖小区、动物屠宰加工场所、动物隔离场所、动物和动物产品无害化处理场所，必须要按照《动物防疫条件审查办法》的规定进行选址、工程设计和施工，建设竣工后，向所在地县级地方人民政府兽医主管部门提出申请，并提交《动物防疫条件审查申请表》；场所地理位置图、各功能区布局平面图；设施设备清单；管理制度文本和人员情况。

2. 审查

（1）对动物饲养场、养殖小区和动物屠宰加工场所的审查。兴办动物饲养场、养殖小区和动物屠宰加工场所的，县级地方人民政府兽医主管部门应当自收到申请之日起 20 个工作日内完成材料和现场审查，审查合格的，颁发《动物防疫条件合格证》；审查不合格的，应当书面通知申请人，并说明理由。

（2）对动物隔离场所、动物和动物产品无害化处理场所的审查。兴办动物隔离场所、动物和动物产品无害化处理场所的，县级地方人民政府兽医主管部门应当自收到申请之日起 5 个工作日内完成材料初审，并将初审意见和有关材料报省、自治区、直辖市人民政府兽医主管部门。省、自治区、直辖市人民政府兽医主管部门自收到初审意见和有关材料之日起 15 个工作日内完成材料和现场审查，审查合格的，颁发《动物防疫条件合格证》；审查不合格的，应当书面通知申请人，并说明理由。

四、动物防疫条件

1. 动物饲养场、养殖小区动物防疫条件

（1）选址条件。

① 距离生活饮用水源地、动物屠宰加工场所、动物和动物产品集贸市场 500 米以上；距离种畜禽场 1 000 米以上；距离动物诊疗场所 200 米以上；动物饲养场（养殖小区）之间距离不少于 500 米。

② 距离动物隔离场所、无害化处理场所 3 000 米以上。距离城镇居民区、文化教育科研等人口集中区域及公路、铁路等主要交通干线 500 米以上。

（2）布局条件。

① 场区周围建有围墙。

② 场区出入口处设置与门同宽，长 4 米、深 0.3 米以上的消毒池。

③ 生产区与生活办公区分开，并有隔离设施。

④ 生产区入口处设置更衣消毒室，各养殖栋舍出入口设置消毒池或者消毒垫。

⑤ 生产区内清洁道、污染道分设。

⑥ 生产区内各养殖栋舍之间距离在 5 米以上或者有隔离设施。禽类饲养场、养殖小区内的孵化间与养殖区之间应当设置隔离设施，并配备种蛋熏蒸消毒设施，孵化间的流程应当单向，不得交叉或者回流。

（3）应有的设施设备。

① 场区入口处配置消毒设备。

② 生产区有良好的采光、通风设施设备。

③ 圈舍地面和墙壁选用适宜材料，以便清洗消毒。

④ 配备疫苗冷冻（冷藏）设备、消毒和诊疗等防疫设备的兽医室，或者有兽医机构为其提供相应服务。

⑤ 有与生产规模相适应的无害化处理、污水污物处理设施设备。

⑥ 有相对独立的引入动物隔离舍和患病动物隔离舍。

（4）人员配备和管理制度。动物饲养场、养殖小区必须配备与其养殖规模相适应的执业兽医或者乡村兽医，但患有相关人畜共患传染病的人员不得从事动物饲养工作。动物饲养场、养殖小区应当按规定建立免疫、用药、检疫申报、疫情报告、消毒、无害化处理、畜禽标识等制度及养殖档案。

（5）种畜禽场防疫条件。种畜禽场除符合上列饲养场、养殖小区的布局、设施设备以及人员条件和管理制度的规定外，还应当符合以下条件：

① 距离生活饮用水源地、动物饲养场、养殖小区和城镇居民区、文化教育科研等人口集中区域及公路、铁路等主要交通干线 1 000 米以上。

② 距离动物隔离场所、无害化处理场所、动物屠宰加工场所、动物和动物产品集贸市场、动物诊疗场所 3 000 米以上。

③ 有必要的防鼠、防鸟、防虫设施或者措施。

④ 有国家规定的动物疫病的净化制度。

⑤ 根据需要，种畜场还应当设置单独的动物精液、卵、胚胎采集等区域。

2. 动物屠宰加工场所动物防疫条件

（1）选址条件。

① 距离生活饮用水源地、动物饲养场、养殖小区、动物集贸市场 500 米以上；距离种畜禽场 3 000 米以上；距离动物诊疗场所 200 米以上。

② 距离动物隔离场所、无害化处理场所 3 000 米以上。

（2）布局条件。

① 场区周围建有围墙。

② 运输动物车辆出入口设置与门同宽，长 4 米、深 0.3 米以上的消毒池。

③ 生产区与生活办公区分开，并有隔离设施。

④ 入场动物卸载区域有固定的车辆消毒场地，并配有车辆清洗、消毒设备。

⑤ 动物入场口和动物产品出场口应当分别设置。

⑥ 屠宰加工间入口设置人员更衣消毒室。

⑦ 有与屠宰规模相适应的独立检疫室、办公室和休息室。

⑧ 有待宰圈、患病动物隔离观察圈、急宰间；加工原毛、生皮、绒、骨、角的，还应当设置封闭式熏蒸消毒间。

（3）应有的设施设备。

① 动物装卸台配备照度不小于 300 勒克斯（lx）的照明设备。

② 生产区有良好的采光设备，地面、操作台、墙壁、天棚应当耐腐蚀、不吸潮、易清洗。

③ 屠宰间配备检疫操作台和照度不小于 500 勒克斯的照明设备。

④ 有与生产规模相适应的无害化处理、污水污物处理设施设备。

（4）管理制度。动物屠宰加工场所应当建立动物入场和动物产品出场登记、检疫申报、疫情报告、消毒、无害化处理等完善的管理制度。

3. 动物隔离场所动物防疫条件

（1）选址条件。

① 距离动物饲养场、养殖小区、种畜禽场、动物屠宰加工场所、无害化处理场所、动物诊疗场所、动物和动物产品集贸市场以及其他动物隔离场 3 000 米以上。

② 距离城镇居民区、文化教育科研等人口集中区域及公路、铁路等主要交通干线、生活饮用水源地 500 米以上。

（2）布局条件。

① 场区周围有围墙。

② 场区出入口处设置与门同宽，长 4 米、深 0.3 米以上的消毒池。

③ 饲养区与生活办公区分开，并有隔离设施。

④ 有配备消毒、诊疗和检测等防疫设备的兽医室。

⑤ 饲养区内清洁道、污染道分设。

⑥ 饲养区入口设置人员更衣消毒室。

（3）应有的设施设备。

① 场区出入口处配置消毒设备。

② 有无害化处理、污水污物处理设施设备。

（4）人员配备和管理制度。动物隔离场所应当配备与其规模相适应的执业兽医，但患有相关人畜共患传染病的人员不得从事动物饲养工作。动物隔离场所应当建立动物和动物产品进出登记、免疫、用药、消毒、疫情报告、无害化处理等制度。

4. 动物和动物产品无害化处理场所动物防疫条件

（1）选址条件。

① 距离动物养殖场、养殖小区、种畜禽场、动物屠宰加工场所、动物隔离场所、动物诊疗场所、动物和动物产品集贸市场、生活饮用水源地 3 000 米以上。

② 距离城镇居民区、文化教育科研等人口集中区域及公路、铁路等主要交通干线 500 米以上。

（2）布局条件。

① 场区周围建有围墙。

② 场区出入口处设置与门同宽，长 4 米、深 0.3 米以上的消毒池，并设有单独的人员消毒通道。

③ 无害化处理区与生活办公区分开，并有隔离设施。

④ 无害化处理区内设置染疫动物扑杀间、无害化处理间、冷库等。

⑤ 动物扑杀间、无害化处理间入口处设置人员更衣室，出口处设置消毒室。

（3）应有的设施设备。

① 配置机动消毒设备。

② 动物扑杀间、无害化处理间等配备相应规模的无害化处理、污水污物处理设施设备。

③ 有运输动物和动物产品的专用密闭车辆。

（4）管理制度。动物和动物产品无害化处理场所应当建立病害动物和动物产品入场登记、消毒、无害化处理后的物品流向登记、人员防护等制度。

5. 集贸市场动物防疫条件

（1）专门经营动物的集贸市场的动物防疫条件。

① 距离文化教育科研等人口集中区域、生活饮用水源地、动物饲养场和养殖小区、动物屠宰加工场所 500 米以上，距离种畜禽场、动物隔离场所、无害化处理场所 3 000 米以上，距离动物诊疗场所 200 米以上。

② 市场周围有围墙，场区出入口处设置与门同宽，长 4 米、深 0.3 米以上的消毒池。

③ 场内设管理区、交易区、废弃物处理区，各区相对独立。

④ 交易区内不同种类动物交易场所相对独立。

⑤ 有清洗、消毒和污水污物处理设施设备。

⑥ 有定期休市和消毒制度。

⑦ 有专门的兽医工作室。

（2）兼营动物和动物产品的集贸市场的动物防疫条件。

① 距离动物饲养场和养殖小区 500 米以上，距离种畜禽场、动物隔离场所、无害化处理场所 3 000 米以上，距离动物诊疗场所 200 米以上。

② 动物和动物产品交易区与市场其他区域相对隔离。

③ 动物交易区与动物产品交易区相对隔离。

④ 不同种类动物交易区相对隔离。

⑤ 交易区地面、墙面（裙）和台面防水、易清洗。

⑥ 有消毒制度。

（3）活禽交易市场的动物防疫条件。活禽交易市场除符合兼营动物和动物产品集贸市场的动物防疫条件外，市场内的水禽与其他家禽应当分开，宰杀间与活禽存放间应当隔离，宰杀间与出售场地应当分开，并有定期休市制度。

经营动物、动物产品的集贸市场不需要申领《动物防疫条件合格证》，但要符合相应的动物防疫条件。对经营动物、动物产品的集贸市场的管理属于事后监管，不属于事前审批。

五、监督管理

1. 管理主体

农业部主管全国动物防疫条件审查和监督管理工作。县级以上地方人民政府兽医主管部门主管本行政区域内的动物防疫条件审查和监督管理工作。县级以上地方人民政府设立的动物卫生监督机构负责本行政区域内的动物防疫条件监督执法工作。

动物卫生监督机构负责对动物饲养场、养殖小区、动物隔离场所、动物屠宰加工场所、动物和动物产品无害化处理场所、动物和动物产品集贸市场的动物防疫条件实施监督检查，有关单位和个人应当予以配合，不得拒绝和阻碍。

2. 行政相对人的义务

动物饲养场、养殖小区、动物隔离场所、动物屠宰加工场所、动物和动物产品无害化处理场所取得《动物防疫条件合格证》后，变更场址或者经营范围的，必须重新申请办理《动物防疫条件合格证》；变更布局、设施设备和制度，可能引起动物防疫条件发生变化的，应当提前30日向原发证机关报告；变更单位名称或者其负责人的，应当在变更后15日内持有效证明申请变更《动物防疫条件合格证》；停业的，应当于停业后30日内将《动物防疫条件合格证》交回原发证机关注销。禁止任何单位和个人转让、伪造或者变造《动物防疫条件合格证》。

动物饲养场、养殖小区、动物隔离场所、动物屠宰加工场所、动物和动物产品无害化处理场所、动物和动物产品集贸市场，应当在每年1月底前向发证机关报告上一年的动物防疫条件情况和防疫制度执行情况。

行政相对人不履行义务，由动物卫生监督机构按照《动物防疫法》和《动物防疫条件审查办法》的规定给予相应的行政处罚。

第四章　动物检疫

第一节　动物检疫概述

一、动物检疫的概念

1. 动物检疫的渊源

检疫（Quarantine）一词，原意为 40 天，是指为了防止人类疾病的流行与传播所采取的隔离检查防范措施，起源于 14 世纪的欧洲。当时意大利为阻止欧洲流行的黑死病、霍乱和疟疾等传染病，规定对怀疑感染有危险传染病的外来抵港船只，一律将船员留船隔离检查，经过 40 天的观察期，如未发现疫病才允许离船登陆。可见检疫最初只是为防止疫病传播，在国际港口执行卫生检查的一种强制性措施。据文献记载，动物检疫和食品检疫也是从意大利开始的。1877 年意大利从美国输入肉类时，检查发现肉类中带有旋毛虫，意政府即下令禁止从美国进口肉类。1881 年，奥地利、德国、法国相继仿效，宣布禁止从美国进口肉类。1921 年 5 月 27 日，阿根廷、巴西、法国、西班牙等 28 个国家正式签署协议，决定建立国际动物流行病机构，即世界动物卫生组织（OIE）的前身，开展兽医学术交流，通报疫情，促进国际间的合作交流。1924 年 1 月 25 日，国际公约第五条规定了动物检疫对象名单。1965 年 5 月 13 日，第 36 届世界动物卫生组织审议通过了"国际动物卫生法"，现已成为各国执行动物检疫共同遵守的原则。由此可见，检疫由开始的卫生检查发展到动物检疫和动物产品的检疫，动物检疫实质就是对动物、动物产品进行疫病检查，目的是防止动物疫病的传播。

我国的动物检疫工作分进出境动物检疫和国内动物检疫两部分，进出境动物检疫工作始于 1913 年。在满清末年到民国初期，随着进出口贸易的发展，动物检疫开始萌芽。1913 年，英国农业部为了防止牛、羊疫病的传染而禁止病畜皮毛进口。上海商人为此聘请了英国兽医来华办理出口肉类检验和签发证书。鉴于炭疽病是人畜共患病，1920 年国际劳动团体总会决定：对病畜的毛和皮张都必须进行严格消毒，毛皮出口国家要建立管理出口检查的兽医机关，对毛皮实施检查，并签发动物检疫证书。1922 年，英国又以中国无国家管理出口的兽医检察机关为由，禁止中国肉类制品出口。同时，上海、江苏和湖北等地从美国引进陆地棉种试种成功，还从国外引进蜂、蚕、畜、禽良种，以发展养殖业，这些引起了国人的注意。从事畜牧兽医、昆虫和农作物病害工作的先驱，例如，蔡邦华、张延年等人积极倡议仿效欧美诸国，设置口岸检查所，执行农畜产品、病虫害检查，防止在引进良种的同时，带入危害畜禽和农作物的病虫害。由于诸多原因，直到 1927 年民国政府农工部根据京、津肠衣商的联合请求，才筹备"毛革肉类出口检查所"，同年 10 月制订公布了《农工部毛革肉类出口检查所章程》，11 月 5 日公布《毛革肉类出口检查条例》，随后又颁布了相应的施行细则。我国第一个农工部毛革肉类检查所于 11 月在天津成立，并相继在南京、上海设立分所。根据出口需要，在东北的绥芬河、满洲里也设立了工作点执行检查。在天津设立毛革肉类检查所的同时，南京政府农矿部在上海、广州、天津先后成立了"农产物检查所"，并颁布施行《农产物检查条例》及其施行细则和处罚规则。由此可见，动物检疫最初就是由农业行政部门主管的。

我国的国内动物检疫工作起步较晚，最初始于铁路运输检疫。为了防止动物疫病借铁路运输传播，借鉴原苏联经验，国家于 1951 年在东北哈尔滨、齐齐哈尔、吉林、沈阳、锦州 5 个铁路管理局设立了铁路兽医检疫机构，隶属于铁道部，具体负责辖区内经铁路运输的畜禽及其产品的检疫工作。河北省的承德铁路兽医驻在办公室和山海关铁路兽医驻在办公室（后改为承德唐山铁路兽医检疫站）建于 1954 年，隶属于锦州铁路兽医卫生段领导。1956 年，铁道部将有关铁路兽医检疫机构移交于农业部，农业部又于 1961 年移交东北三省、内蒙古和河北省。1985 年 2 月，国务院发布了《家畜家禽防疫条例》，同年 8 月，农牧渔业部又发布了《家畜家禽防疫条例实施细则》，使动物检疫工作走上法律轨道，并逐步成为政府行为。1997 年 7 月 3 日第八届全国人民代表大会常务委员会第二十六次会议审议通过了《中华人民共和国动物防疫法》，于 1998 年 1 月 1 日施行，它标志着我国动物防疫立法日趋完善，动物检疫作为行政执法行为的法律地位更加明确。2007 年 8 月 30 日第十届全国人民代表大会常务委员会第二十九次会议审议通过了修订的《中华人民共和国动物防疫法》。2013 年 6 月 29 日、2015 年 4 月 24 日第十二届全国人民代表大会常务委员会第三次和第十四次会议分别对《中华人民共和国动物防疫法》进行修正。动物检疫作为行政许可行为，促进养殖业发展，保护人体健康，维护公共卫生安全的法律地位进一步明确。

2. 动物检疫的定义及特点

动物检疫是指动物卫生监督机构根据行政相对人的申请，依照《动物防疫法》及农业部的规定，对动物、动物产品是否符合规定的条件进行审查，并根据审查结果作出决定的行政许可行为。

动物检疫不同于动物疫病诊断和检查，具有以下特点：

（1）动物检疫是行政许可行为。动物检疫首先是一种行政许可行为，也即事前审批，《动物防疫法》第四十二条规定："屠宰、出售或者运输动物以及出售或者运输动物产品前，货主应当按照国务院兽医主管部门的规定向当地动物卫生监督机构申报检疫"。第四十三条规定："屠宰、经营、运输以及参加展览、演出和比赛的动物，应当附有检疫证明；经营和运输的动物产品，应当附有检疫证明、检疫标志"。没有检疫证明的动物不得屠宰、经营、运输以及参加展览、演出和比赛；没有检疫证明、检疫标志的动物产品不得经营和运输。因此动物检疫属于行政许可的范畴。既然动物检疫属于行政许可行为，那么动物检疫的程序就要按照《行政许可法》的规定执行。即，首先要有当事人的申请，然后由动物卫生监督机构依法实施检疫许可，并签发许可证书（检疫证明），对不准予许可的，动物卫生监督机构应当书面通知申请人，并说明理由。对此《动物防疫法》也进行了明确的规定，例如，第四十二条规定："屠宰、出售或者运输动物以及出售或者运输动物产品前，货主应当按照国务院兽医主管部门的规定向当地动物卫生监督机构申报检疫。动物卫生监督机构接到检疫申报后，应当及时指派官方兽医对动物、动物产品实施现场检疫；检疫合格的，出具检疫证明、加施检疫标志。实施现场检疫的官方兽医应当在检疫证明、检疫标志上签字或者盖章，并对检疫结论负责。"

（2）检疫实施主体是法定的。实施动物检疫的主体是法定的，即实施主体是动物卫生监督机构，具体实施动物、动物产品检疫工作的是动物卫生监督机构的官方兽医。除动物卫生监督机构外，包括兽医主管部门在内的其他任何单位均不得实施动物、动物产品检疫。

（3）检疫范围和对象是法定的。虽然《动物防疫法》对动物和动物产品的界定范围较大，但并非对所有的动物、动物产品都要实施检疫，而是将检疫范围和检疫对象授权农业部来规定。农业部根据动物疫病的流行状况和发展趋势，适时制定、调整并公布检疫范围和对象。

二、动物检疫的目的和作用

1. 促进养殖业发展

动物疫病是制约养殖业发展的重要因素，如果动物疫病得不到有效控制和消灭，那么养殖业就不可能得到发展。动物检疫对促进养殖业发展的目的和意义主要表现在：

（1）通过动物检疫可以及时发现动物疫病，及时采取措施，迅速扑灭疫源，防止疫病传播蔓延。

（2）通过检疫，对病畜进行扑杀、对染疫动物产品无害化处理，可达到净化，乃至消灭动物疫病的目的。

（3）通过对检疫所发现的动物疫病的记录、整理和分析，及时、准确地反映动物疫病的流行分布状态，为制订动物疫病防治规划提供可靠的科学依据。

2. 保护人体健康

大约 75% 的动物疫病可传染给人，通过检疫可及早发现动物疫病并采取无害化处理措施，防止患病动物和染疫动物产品进入流通领域造成动物疫病传播，保证上市动物产品无疫，防止人畜共患病的发生，保护消费者的生命和健康安全。

3. 维护公共卫生安全

动物检疫工作是公共卫生安全的重要组成部分，是保持社会经济全面、协调、可持续发展的一项基础性工作。一方面，从国际上来看，动物疫病不仅影响人体健康，造成重大经济损失，同时，还会产生强烈的影响，甚至影响到社会稳定。例如，英国发生的口蹄疫、疯牛病，我国台湾地区发生的口蹄疫以及多个国家和地区发生的高致病性禽流感，墨西哥等多国发生的猪流感（甲型 H1N1 流感）等。另一方面，随着我国社会、经济的发展和对外开放进程的加快，特别是我国在世界动物卫生组织恢复主权国家成员地位后，动物检疫的社会公共卫生属性更加显著，其职能也更多地体现在公共卫生方面，例如，动物卫生和兽医公共卫生的全过程管理，动物疫病和人畜共患病的防控，动物源性食品安全，以及动物源性污染的环境保护等都离不开动物检疫工作。

4. 促进动物、动物产品的对外贸易

通过对进口动物、动物产品的检疫，可以防止动物疫病传入我国，如果发现有患病动物或染疫动物产品，还可依照国际规则、国际惯例或者双边协议进行索赔，使国家进口贸

易免受损失；通过产地检疫和屠宰检疫，可保证出口动物、动物产品的质量，维护国家贸易信誉，从而可拓宽国际市场，扩大动物、动物产品出口创汇。

第二节　动物检疫制度

一、动物检疫的基本原则

优质的动物产品是生产出来的，而不是监测和检疫出来的，因而加强动物源头监管、把好动物生产第一关至关重要，必须要明确养殖者是保证动物卫生及动物产品质量安全的第一责任人。《动物检疫管理办法》确立了动物检疫的基本原则，即动物检疫遵循过程监管、风险控制、区域化和可追溯管理相结合的原则。《动物防疫法》修订之前，动物检疫是对动物疫病状况进行检查定性和处理的行政行为，强调的是六法定（法定机构、法定检疫人员、法定标准、法定程序、法定处理、法定证书）；现行的《动物防疫法》以及《动物检疫管理办法》规定的动物检疫是按照行政许可行为设置的，强调的是对符合条件的解除禁止，要遵循过程监管、风险控制、区域化和可追溯管理相结合的原则，因此动物卫生监督机构要按照风险管理的原则，做好不同区域、不同品种动物的风险分级，建立健全档案管理，加强日常监管，强化全程监管的基本理念。

二、动物检疫制度的基本内容

（一）检疫主体

《动物防疫法》第四十一条规定：动物卫生监督机构依照本法和国务院兽医主管部门的规定对动物、动物产品实施检疫，具体的检疫工作由官方兽医实施。这就从法律上明确了动物卫生监督机构是实施动物、动物产品检疫的主体，即检疫许可的实施主体，这项规定具有排他性，即动物卫生监督机构是唯一的检疫执法主体。检疫是行政行为，动物卫生监督机构对动物、动物产品依法实施检疫，是代表国家的行政执法行为。具体的检疫工作由动物卫生监督机构的官方兽医实施，官方兽医是指具备规定的资格条件并经兽医主管部门任命的，负责出具检疫等证明的国家兽医工作人员。除此之外，任何公民、法人和其他社会组织都没有资格对动物和动物产品实施检疫。

由于动物卫生监督机构受现有编制、资金、设施设备等原因限制，现有人员难以承担目前检疫工作强度和检疫工作量，为确保动物检疫工作落实到位，《动物检疫管理办法》规定，动物卫生监督机构根据检疫工作需要，可以指定兽医专业人员协助官方兽医实施动物检疫，从而弥补从事监督执法兽医人员不足的问题。指定兽医专业人员须取得执业兽医师资格证书、执业助理兽医师资格证书或登记为乡村兽医，并经动物卫生监督机构培训考核合格。动物卫生监督机构应加强对指定兽医专业人员的管理，建立专门档案，明确其权利义务，定期培训考核，并建立奖惩和进出机制。需要说明的是，协助官方兽医实施动物检疫的兽医专业人员，不得在检疫证明上署名，也不得以任何形式出具检疫证明。

（二）检疫范围

检疫范围仅限于《动物防疫法》规定的动物和动物产品。《动物防疫法》第四十一条规定："动物卫生监督机构依照本法和国务院兽医主管部门的规定对动物、动物产品实施检疫"。

《动物防疫法》对动物的范围作了概括性的规定，即"家畜家禽和人工饲养、合法捕获的其他动物。"家畜包括猪、牛、羊、马、驴、骡、骆驼、鹿、兔、犬等；家禽包括鸡、鸭、鹅、鸽等；人工饲养、合法捕获的其他动物包括各种实验动物、特种经济动物、观赏动物、演艺动物、宠物、水生动物以及人工驯养繁殖的野生动物。上述动物是动物病原体侵袭的主要对象，也是动物疫病的宿主，哪些动物需要检疫，要从保障动物及动物产品安全、保护人体健康、维护公共卫生安全的需要，由农业部确定，并根据需要进行调整。

《动物防疫法》对动物产品的范围作了列举性的规定，即"肉、生皮、原毛、绒、脏器、脂、血液、精液、卵、胚胎、骨、蹄、头、角、筋以及可能传播动物疫病的奶、蛋等。"这些动物产品即可供人食用，也可用于饲料、药、农用或工业等用途。这些动物产品在生产、加工、贮藏、运输和经营等过程中均有传播动物疫病的风险，从而会给养殖业发展、人体健康和公共卫生安全带来威胁。因此，依法加强对动物源性产品及其生产、经营活动的监督管理，也是预防、控制动物疫病的重要手段。需要说明的是，《动物防疫法》虽然将蛋和奶列入调整范围，但仅以"可能传播动物疫病"为限，即只对可能传播动物疫病的蛋和奶施行监督管理，对经过高温或其他加工方法，确实杀灭致病微生物的奶和蛋，则不在《动物防疫法》调整范围。除生皮、原毛、绒、骨、角等工业用动物源性产品外，动物的脏器、脂、血液、骨、蹄、头、角等动物产品还是饲料、药用的原料。这些动物产品在生产、加工等过程中也有传播动物疫病的风险。例如，生皮、原毛、绒等产品在运输加工前，尚须采取严格的消毒等措施，以杀灭致病微生物。精液、卵、胚胎等繁殖材料，在动物繁殖中可能会引起动物疫病垂直传播的风险。这里的卵是指除种蛋以外的其他动物的卵子。繁殖材料必须来源于健康的种用动物，即供体必须符合国家规定的种用动物健康标准。

目前农业部检疫规程规定的检疫范围包括两部分：一是产地检疫的生猪、反刍动物（牛、羊、鹿、骆驼）、家禽、马属动物、蜜蜂、犬、猫、兔、蜜蜂、水产苗种，以及跨省调运的乳用动物、种禽和其他种用动物等。二是屠宰检疫的生猪、家禽、牛、羊、兔等。

（三）检疫对象

检疫对象即《动物防疫法》第三条第三款所称动物疫病，包括传染病和寄生虫病。动物传染病是指由病原体引起，能够使动物产生具有一定潜伏期和临床症状并具有传染性的动物疫病。例如，口蹄疫、高致病性禽流感、炭疽、布氏杆菌病、狂犬病、猪链球菌病、高致病性蓝耳病等。寄生虫病是指由动物性寄生物（统称寄生虫）引起的动物疾病。例如，猪囊虫病、旋毛虫病、钩端螺旋体病、血吸虫和疥螨等。《动物防疫法》第四条将规定管理的动物疫病分为三类，2008 年 12 月 11 日农业部第 1125 号公告公布了一、二、三类动物疫病病种名录，共涉及 157 种，其中一类动物疫病 17 种、二类动物疫病 77 种、三类动物疫病 63 种。检疫工作的直接目的是通过对动物、动物产品实施检疫，发现并处理带有检疫对象的动物及动物产品。实际工作中，不可能对数百种动物疫病进行检疫，因此，《动物防疫法》授权农业部确定并公布检疫对象，由农业部在综合考虑动物疫病的危害程度、流行情况、分布区域以及被检动物、动物产品的用途等因素的情况下进行确定，农业部确定并公布的检疫对象为法定的检疫对象。目前农业部规定的检疫对象主要包括以下内容：

1. 生猪的检疫对象

生猪（含人工饲养的野猪）产地检疫的检疫对象是：口蹄疫、猪瘟、非洲猪瘟、高致病性猪蓝耳病、炭疽、猪丹毒、猪肺疫。屠宰检疫的检疫对象是：口蹄疫、猪瘟、非洲猪瘟、高致病性猪蓝耳病、炭疽、猪丹毒、猪肺疫、猪副伤寒、猪Ⅱ型链球菌病、猪支原体肺炎、副猪嗜血杆菌病、丝虫病、猪囊尾蚴病、旋毛虫病。

2. 牛的检疫对象

牛（含人工饲养的野牛）产地检疫的检疫对象是：口蹄疫、布鲁氏菌病、牛结核病、炭疽、牛传染性胸膜肺炎。屠宰检疫的检疫对象是：口蹄疫、牛传染性胸膜肺炎、牛海绵状脑病、布鲁氏菌病、牛结核病、炭疽、牛传染性鼻气管炎、日本血吸虫病。

3. 羊的检疫对象

羊（含人工饲养的野羊）产地检疫的检疫对象是：口蹄疫、布鲁氏菌病、绵羊痘和山羊痘、小反刍兽疫、炭疽。屠宰检疫的检疫对象是：口蹄疫、痒病、小反刍兽疫、绵羊痘和山羊痘、炭疽、布鲁氏菌病、肝片吸虫病、棘球蚴病。

4. 鹿的检疫对象

鹿（含人工饲养的野鹿）产地检疫的检疫对象是：口蹄疫、布鲁氏菌病、结核病。

5. 骆驼的检疫对象

骆驼（含人工饲养的野骆驼）产地检疫的检疫对象是：口蹄疫、布鲁氏菌病、结核病。

6. 家禽的检疫对象

家禽（含人工饲养的同种野禽）产地检疫的检疫对象是：高致病性禽流感、新城疫、鸡传染性喉气管炎、鸡传染性支气管炎、鸡传染性法氏囊病、马立克氏病、禽痘、鸭瘟、小鹅瘟、鸡白痢、鸡球虫病。屠宰检疫的检疫对象是：高致病性禽流感、新城疫、禽白血病、鸭瘟、禽痘、小鹅瘟、马立克氏病、鸡球虫病、禽结核病。

7. 马属动物的检疫对象

马属动物（含人工饲养的同种野生马属动物）产地检疫的检疫对象是：马传染性贫血病、马流行性感冒、马鼻疽、马鼻腔肺炎。

8. 犬的检疫对象

犬（含人工饲养、合法捕获的野生犬科动物）产地检疫的检疫对象是：狂犬病、布氏杆菌病、钩端螺旋体病、犬瘟热、犬细小病毒病、犬传染性肝炎、利什曼病。

9. 猫的检疫对象

猫（含人工饲养、合法捕获的野生猫科动物）产地检疫的检疫对象是：狂犬病、猫泛白细胞减少症（猫瘟）。

10. 兔的检疫对象

兔产地检疫的检疫对象是：兔病毒性出血病（兔瘟）、兔黏液瘤病、野兔热、兔球虫病。屠宰检疫的检疫对象是：兔病毒性出血病、兔黏液瘤病、野兔热、兔球虫病。

11. 蜜蜂的检疫对象

蜜蜂检疫的检疫对象是：美洲幼虫腐臭病、欧洲幼虫腐臭病、蜜蜂孢子虫病、白垩病、蜂螨病。

12. 鱼类的检疫对象

淡水鱼和海水鱼因检疫范围不同，检疫对象也不相同。其中，淡水鱼产地检疫的检疫对象为：鲤鱼、锦鲤、金鱼等鲤科鱼类检疫鲤春病毒血症，青鱼、草鱼检疫草鱼出血病，鲤、锦鲤检疫锦鲤疱疹病毒病，斑点叉尾鮰检疫斑点叉尾鮰病毒病，虹鳟等冷水性鲑科鱼类检疫传染性造血器官坏死病，其他淡水鱼类检疫小瓜虫病；海水鱼类产地检疫的检疫对象是刺激隐核虫病。

13. 甲壳类的检疫对象

甲壳类的检疫范围为对虾、罗氏沼虾和河蟹。其中，对虾产地检疫的检疫对象是白斑综合征、桃拉综合征、传染性肌肉坏死病；罗氏沼虾产地检疫的检疫对象是罗氏沼虾白尾病；河蟹产地检疫的检疫对象是河蟹颤抖病。

14. 贝类的检疫对象

贝类的检疫范围为鲍和牡蛎。其中，鲍的产地检疫的检疫对象是鲍脓疱病、鲍立克次体病、鲍病毒性死亡病；牡蛎的产地检疫的检疫对象是包纳米虫病、折光马尔太虫病。

（四）检疫规程

动物检疫作为一项行政许可行为，被许可的对象要符合法定的条件。《动物防疫法》施行后，农业部及时制定并发布了《动物检疫管理办法》，并组织专家起草了检疫规程，至2018年11月，共发布了生猪等屠宰检疫，蜜蜂检疫，跨省调运种禽、乳用种用动物产地检疫，生猪、家禽以及鱼类等产地检疫18个检疫规程，这些规程明确了检疫范围和检疫对象，同时规定了检疫合格标准和检疫程序等内容，基本满足了当前动物检疫工作的需要。

（五）检疫程序

1. 检疫申报

检疫是行政许可行为，必须以行政相对人的申请而发生。《动物防疫法》规定，屠宰、出售或者运输动物以及出售或者运输动物产品前，货主应当按照国务院兽医主管部门的规定向当地动物卫生监督机构申报检疫。《动物检疫管理办法》规定，国家实行动物检疫申报制度，并要求行政相对人按照规定的时限申报检疫。

（1）动物、动物产品在离开产地前的检疫申报。以下动物、动物产品在离开产地前，货主应当按规定时限向所在地动物卫生监督机构申报检疫：第一，出售、运输动物产品和供屠宰、继续饲养的动物，应当提前3天申报检疫。第二，出售、运输乳用动物、种用动物及其精液、卵、胚胎、种蛋，以及参加展览、演出和比赛的动物，应当提前15天申报检疫。第三，向无规定动物疫病区输入相关易感动物、易感动物产品的，货主除按规定向输出地动物卫生监督机构申报检疫外，还应当在起运 3 天前向输入地省级动物卫生监督机构申报检疫。

（2）屠宰动物的检疫申报。屠宰动物的，应当提前 6 小时向所在地动物卫生监督机构申报检疫；急宰动物的，可以随时申报。

（3）合法捕获的野生动物的检疫申报。合法捕获野生动物的，应当在捕获后 3 天内向捕获地县级动物卫生监督机构申报检疫。

申报检疫的行政相对人，应当提交检疫申报单；跨省、自治区、直辖市调运乳用动物、种用动物及其精液、胚胎、种蛋的，还应当同时提交输入地省、自治区、直辖市动物卫生监督机构批准的《跨省引进乳用种用动物检疫审批表》。申报检疫采取申报点填报、传真、电话等方式申报。采用电话申报的，检疫时需在现场补填检疫申报单。县级以上人民政府兽医主管部门应当加强动物检疫申报点的建设和管理。动物卫生监督机构应当根据检疫工作需要，合理设置动物检疫申报点，并向社会公布动物检疫申报点、检疫范围和检疫对象，便于申请人申请检疫许可并监督实施检疫许可行为。

2. 受理

经动物卫生监督机构审核，申请事项依法属于动物卫生监督机构检疫职权范围，且申请材料齐全，符合法定形式的，动物卫生监督机构应当受理，并填写检疫申报记录，做好检疫准备。不予受理的，说明理由。

3. 现场检疫

《动物防疫法》规定，动物卫生监督机构接到检疫申报后，应当及时指派官方兽医对动物、动物产品实施现场检疫；检疫合格的，出具检疫证明、加施检疫标志。实施现场检疫的官方兽医应当在检疫证明、检疫标志上签字或者盖章，并对检疫结论负责。这里的"现场"包括动物养殖地、集中地、申报点、屠宰地、动物产品生产地，以及其他指定地点等。

根据《行政许可法》的规定，对于行政许可事项，有申请即有受理。作出受理或者不予受理行政许可申请的决定的，应当出具加盖本行政机关专用印章和注明日期的《检疫申报受理单》。动物卫生监督机构在接到检疫申报后，对符合受理条件的应当依法及时指派官方兽医实施现场检疫，即到场、到户或到指定地点实施现场检疫。如果动物卫生监督机构在接到检疫申报后不及时指派官方兽医受理检疫申请，或者官方兽医对动物、动物产品不实施现场检疫，或者对检疫不合格的动物、动物产品出具检疫证明、加施检疫标志，或者对检疫合格的动物、动物产品，拒不出具检疫证明、加施检疫标志，则均属行政违法行为，要承担相应的法律责任。根据《动物防疫法》第七十条的规定，由本级人民政府或者兽医主管部门责令改正，通报批评；对直接负责的主管人员和其他直接责任人员依法给予处分。根据《动物防疫法》第八十四条：违反本法规定，构成犯罪的，依法追究刑事责任；导致动物疫病传播、流行等，给他人人身、财产造成损害的，依法承担民事责任。

4. 检疫的处理

（1）经检疫合格的出具动物检疫证明。官方兽医对经检疫合格的动物、动物产品应当按规定出具检疫证明并加施检疫标志。《动物防疫法》规定，实施检疫的官方兽医应当在出具的检疫证明，检疫标志上签字或者盖章，并对检疫结论负责。检疫行为是要式行政行为，官方兽医必须在检疫证明、检疫标志上签字或者盖章。这是法律对官方兽医设定的职责。

（2）经检疫不合格的动物、动物产品，由官方兽医出具《检疫处理通知单》，并监督货主或屠宰场（厂、点）按照农业部规定的技术规范处理，处理费用由货主承担。

（3）在检疫过程中发现动物染病或疑似染疫时应按规定报告。

（4）直接分销的换证。经检疫合格的动物产品到达目的地后，需要直接在当地分销的，货主可以向输入地动物卫生监督机构申请换证，换证不得收费。换证应当符合下列两项条件：一是提供原始有效《动物检疫合格证明》，检疫标志完整，且证物相符。二是在有关国家标准规定的保质期内，且无腐败变质。动物卫生监督机构对符合换证要求的，要及时派出官方兽医按规定换证，回收原《动物检疫合格证明》，做好相关记录，确保前后两份《动物检疫合格证明》相关信息的有效衔接。

（5）贮藏后再销售的重新检疫。经检疫合格的动物产品到达目的地，贮藏后需继续调运或者分销的，货主可以向输入地动物卫生监督机构重新申报检疫。输入地县级以上动物卫生监督机构对符合下列四项条件的动物产品，出具《动物检疫合格证明》：一是提供原始有效《动物检疫合格证明》，检疫标志完整，且证物相符。二是在有关国家标准规定的保质期内，无腐败变质。三是有健全的出入库登记记录。四是农业部规定进行必要的实验室疫病检测的，检测结果符合要求。

（六）检疫证明、检疫标志

动物、动物产品检疫出具的检疫证明、加施的检疫标志均具有法律效力。货主只要持有上述检疫证明依法屠宰、经营、运输动物以及动物参加展览、演出和比赛，或者持有上述检疫证明、检疫标志经营和运输动物产品，均应受到法律保护，否则属于违法行为，应受到法律制裁。2010年11月，农业部发布了动物检疫合格证明、动物检疫标志等样式。检疫合格证明分为动物和动物产品两类，其中适用于动物的检疫合格证明又分为《动物检疫合格证明（动物A）》（用于跨省境出售或者运输动物）和《动物检疫合格证明（动物B）》（用于省内出售或者运输动物）两种；适用于动物产品的检疫合格证明分为《动物检疫合格证明（产品A）》（用于跨省境出售或运输动物产品）和《动物检疫合格证明（产品B）》（用于省内出售或运输动物产品）两种。检疫标志分为检疫滚筒印章和检疫粘贴标志类两种，检疫滚筒印章用在带皮肉上的标志，检疫粘贴标志分为大小两个，大标签用于动物产品包装箱，小标签用于动物产品包装袋。动物检疫合格证明是行政许可的法律文件，因此，国家对其格式、印发、使用、管理等均进行了统一规定，即由农业部统一格式，定点印刷，逐级发放，专人管理。动物卫生监督机构依法实施检疫许可时，必须按规定填写、使用。任何单位和个人不得转让、伪造、变造检疫证明及检疫标志。

三、无规定动物疫病区检疫制度

为了控制、净化和消灭动物疫病，我国借鉴国外预防、控制和扑灭动物疫病的成功经验，对动物疫病实行区域化管理制度，从1999年开始实施了动物保护工程，其中最为重要的是2001年11月开始在鲁、辽、川、渝、吉、琼六省市建设无规定动物疫病示范区，开展了区域化管理试点。《动物防疫法》规定了国家对动物疫病实行区域化管理，逐步建立无规定动物疫病区，并规定，无规定动物疫病区应当符合国务院兽医主管部门规定的标准，经国务院兽医主管部门验收合格予以公布。2007年1月，农业部发布了《无规定动物疫病区评估管理办法》（2017年修订后重新进行了公布），该办法确立了无规定动物疫病区评估应当遵循有关国际组织确定的区域控制与风险评估的基本原则。

无规定动物疫病区，是指具有天然屏障或者采取人工措施，在一定期限内没有发生规定的一种或者几种动物疫病，并经验收合格的区域。根据达到这种标准是否采用了免疫接种措施，可分为"非免疫无规定动物疫病区"和"免疫无规定动物疫病区"。我国的无规定动物疫病区，除没有特定的动物疫病发生外，还具有以下特点：一是地区界限应由有效的天然屏障或法律边界清楚划定。二是区域内要具有完善的动物疫病控制体系、动物卫生监督体系、动物疫情监测报告体系、动物防疫屏障体系以及保证这些体系正常运转的制度、技术和资金支持。三是无疫病必须要有令人信服、严密有效的疫病监测证据支持，并通过国务院兽医主管部门组织的评估，由国务院兽医主管部门公布。四是除非实施严格的检疫，无规定动物疫病区不能从非无规定动物疫病区引入动物、动物产品。

根据无规定动物疫病区的定义及其特定条件要求，国家对输入到无规定动物疫病区的动物、动物产品，采取更为严格的检疫措施：货主除按规定对输入的动物、动物产品向输出地动物卫生监督机构申报检疫并取得检疫证明外，在到达输入地缓冲区，进入无规定动物疫病区前，还应当按照农业部的规定向输入地省级动物卫生监督机构申报检疫，经检疫合格的方可进入。为避免将该项检疫所需的检疫费用转嫁给货主，《动物防疫法》还明确规定该项费用纳入无规定动物疫病区所在地地方人民政府财政预算，由地方政府财政予以保障。

四、跨省引进乳用动物、种用动物及其遗传材料的检疫制度

乳用动物和种用动物在动物疫病防治中占有重要地位。加强乳用动物和种用动物、动物产品的检疫管理是保护人体健康和动物疫病防治中不可或缺的环节。这是由乳用动物和种用动物的特点决定的。一是这两类动物的饲养周期长。二是乳用动物产生的乳产品已成为人们不可或缺的食品，乳用动物的健康状况直接影响着人体的健康。三是种用动物繁殖后代，在传播疫病特别是种源性疫病方面影响面很大。一旦种用动物患病或者保菌带毒，会成为长期的传染源，同时会通过精液、胚胎、种蛋垂直传播给后代，造成疫病扩大传播。加强对跨省、自治区、直辖市引进乳用动物、种用动物及其精液、胚胎、种蛋的检疫管理，是为避免疫病传播风险，贯彻预防为主的方针，控制动物疫病传播的重要措施，也是贯彻以人为本，保护人体健康和维护公共卫生安全的重要措施。因此，国家对跨省、自治区、直辖市引进乳用动物、种用动物及其精液、胚胎、种蛋采取较为严格的检疫措施，规定由引进地省、自治区、直辖市动物卫生监督机构审批。引进前，先由引进地省级动物卫生监督机构对输入地省的产地动物防疫条件、卫生状况及疫情形势进行全面综合的风险分析与风险评估，经确认认为符合引进条件的方可批准引进。当事人取得引进地省级动物卫生监督机构审批后，还应当经输出地动物卫生监督机构检疫合格。跨省、自治区、直辖市引进的乳用动物、种用动物到达输入地后，畜主应在动物卫生监督机构监督下，按照国务院兽医主管部门的规定，对引进的乳用、种用动物进行一定时期的隔离观察，经动物卫生监督机构确认合格后，方可混群饲养。

第三节　动物检疫的实施

一、产地检疫

《动物检疫管理办法》规定，出售或者运输的动物、动物产品经所在地县级动物卫生监督机构的官方兽医检疫合格，并取得《动物检疫合格证明》后，方可离开产地。

1. 出证条件

（1）出售或者运输动物的检疫。出售或者运输的动物，经检疫符合下列条件，由官方兽医出具《动物检疫合格证明》，乳用、种用动物和宠物，还应当符合农业部规定的健康标准：

① 来自非封锁区或者未发生相关动物疫情的饲养场（户）。

② 按照国家规定进行了强制免疫，并在有效保护期内。

③ 临床检查健康。

④ 农业部规定需要进行实验室疫病检测的，检测结果符合要求。

⑤ 养殖档案相关记录和畜禽标识符合农业部规定。

（2）合法捕获的野生动物的检疫。合法捕获的野生动物，经检疫符合下列条件，由官方兽医出具《动物检疫合格证明》后，方可饲养、经营和运输：

① 来自非封锁区。

② 临床检查健康。

③ 农业部规定需要进行实验室疫病检测的，检测结果符合要求。

（3）出售、运输的种用动物精液、卵、胚胎、种蛋的检疫。出售、运输的种用动物精液、卵、胚胎、种蛋，经检疫符合下列条件，由官方兽医出具《动物检疫合格证明》：

① 来自非封锁区，或者未发生相关动物疫情的种用动物饲养场。

② 供体动物按照国家规定进行了强制免疫，并在有效保护期内。

③ 供体动物符合动物健康标准。

④ 农业部规定需要进行实验室疫病检测的，检测结果符合要求。

⑤ 供体动物的养殖档案相关记录和畜禽标识符合农业部规定。

（4）出售、运输的骨、角、生皮、原毛、绒等产品的检疫。出售、运输的骨、角、生皮、原毛、绒等产品，经检疫符合下列条件，由官方兽医出具《动物检疫合格证明》：

① 来自非封锁区，或者未发生相关动物疫情的饲养场（户）。

② 按有关规定消毒合格。

③ 农业部规定需要进行实验室疫病检测的，检测结果符合要求。

2. 落地报告制度

为降低动物疫病跨省传播风险，《动物检疫管理办法》规定了跨省引进非乳用、非种用动物落地报告制度，即跨省、自治区、直辖市引进用于饲养的非乳用、非种用动物到达目的地后，货主或者承运人应当在 24 小时内向所在地县级动物卫生监督机构报告，并接受监督检查。同时该办法还设定了相应的惩罚规则，保障了落地报告制度的有效实施。动物卫生监督机构必须全面掌握辖区内动物品种、数量、分布以及规模化养殖程度，通过实施落地报告制度，达到对动物实施有效监管的目标。

二、屠宰检疫

《动物检疫管理办法》规定，县级动物卫生监督机构依法向屠宰场（厂、点）派驻（出）官方兽医实施检疫。屠宰场（厂、点）应当提供与屠宰规模相适应的官方兽医驻场检疫室和检疫操作台等设施。出场（厂、点）的动物产品应当经官方兽医检疫合格，加施检疫标志，并附有《动物检疫合格证明》。

1. 宰前查验

进入屠宰场（厂、点）的动物应当附有《动物检疫合格证明》，并佩戴有农业部规定的畜禽标识。官方兽医应当查验进场动物附具的《动物检疫合格证明》和佩戴的畜禽标识，并回收进入屠宰场（厂、点）动物附具的《动物检疫合格证明》，填写屠宰检疫记录，回收的《动物检疫合格证明》应当保存12个月以上。同时检查待宰动物健康状况，对疑似染疫的动物进行隔离观察。

2. 同步检疫

官方兽医应当按照农业部规定的屠宰检疫规程，在屠宰过程中实施全流程同步检疫和必要的实验室疫病检测。经检疫符合以下出证条件的，由官方兽医出具《动物检疫合格证明》，对胴体及分割、包装的动物产品加盖检疫验讫印章或者加施其他检疫标志：一是无规定的传染病和寄生虫病。二是符合农业部规定的相关屠宰检疫规程要求。三是需要进行实验室疫病检测的，检测结果符合要求。骨、角、生皮、原毛、绒的检疫除符合以上三项条件外，还要按规定消毒合格。

三、水产苗种产地检疫

目前，我国对于水生动物的疫病，主要从源头预防和控制，因此，对水产苗种的产地检疫是防止水生动物疫病通过水产苗种流行扩散的重要措施。水生动物的检疫范围仅限于水产苗种，即种用水生动物及其遗传材料，不包括食用、观赏用等水生动物。

水产苗种的产地检疫，由地方动物卫生监督机构委托同级渔业主管部门实施。动物卫生监督机构应按照行政许可委托的有关规定，将水产苗种产地检疫及其监督工作委托同级渔业主管部门实施；渔业主管部门应接受委托机构的监督和指导，并主动通报水产苗种产地检疫及其监督工作。水产苗种产地检疫所需动物检疫合格证明由省级动物卫生监督机构商省级渔业主管部门按有关规定统一管理。

1. 检疫申报

（1）出售或者运输水生动物的亲本、稚体、幼体、受精卵、发眼卵及其他遗传育种材料等水产苗种的，货主应当提前20天向所在地县级动物卫生监督机构申报检疫。

（2）养殖、出售或者运输合法捕获的野生水产苗种的，货主应当在捕获野生水产苗种后2天内向所在地县级动物卫生监督机构申报检疫。

2. 出证条件

水产苗种经检疫应符合以下条件的，由官方兽医出具《动物检疫合格证明》：一是该苗种生产场近期未发生相关水生动物疫情。二是临床健康检查合格。三是农业部规定需要经水生动物疫病诊断实验室检验的，检验结果符合要求。

3. 野生水产苗种检疫前的隔离

合法捕获的野生水产苗种实施检疫前，货主应当将其隔离在符合以下条件的临时检疫场地：一是与其他养殖场所有物理隔离设施。二是具有独立的进排水和废水无害化处理设施以及专用渔具。三是农业部规定的其他防疫条件。

4. 检疫处理

水产苗种经检疫符合出证条件的，由官方兽医出具《动物检疫合格证明》；检疫不合格的，动物卫生监督机构应当监督货主按照农业部规定的技术规范处理。

出售或者运输水生动物的亲本、稚体、幼体、受精卵、发眼卵及其他遗传育种材料等水产苗种的，经检疫合格，并取得《动物检疫合格证明》后，方可离开产地。养殖、出售或者运输合法捕获的野生水产苗种的，经检疫合格，并取得《动物检疫合格证明》后，方可投放养殖场所、出售或者运输。

5. 落地报告制度

跨省、自治区、直辖市引进水产苗种到达目的地后，货主或承运人应当在 24 小时内按照有关规定报告，并接受当地动物卫生监督机构的监督检查。

四、向无规定动物疫病区输入相关易感动物、动物产品的检疫

为了保证无规定动物疫病区的无疫病状态，严格控制无规定动物疫病区外的动物和动物产品的输入是十分必要的。为此，《动物防疫法》从法律角度，设计了比正常动物、动物产品流通检疫更为严格的检疫制度，即两次检疫制度：一次是输出地的检疫，一次是无规定动物疫病区所在地省动物卫生监督机构实施的隔离检疫，经检疫合格的方可进入。为避免将该项检疫所需的检疫费用转嫁给货主，《动物防疫法》第四十五条规定，该项费用纳入无规定动物疫病区所在地地方人民政府财政预算，由地方政府财政予以保障第二次的检疫费用。

输入到无规定疫病区动物、动物产品检疫的两次检疫为：

1. 输出地检疫

向无规定动物疫病区输入动物、动物产品的，货主应当向输出地动物卫生监督机构申报检疫，并取得输出地动物卫生监督机构出具的《动物检疫合格证明》。

2. 输入地检疫

向无规定动物疫病区输入动物、动物产品的，货主应当按照农业部的规定向输入地动物卫生监督机构申报检疫，经检疫合格的方可进入。

（1）动物检疫。输入到无规定动物疫病区的相关易感动物，应当在输入地省、自治区、直辖市动物卫生监督机构指定的隔离场所，按照农业部规定的无规定动物疫病区有关检疫要求隔离检疫。大中型动物隔离检疫期为 45 天，小型动物隔离检疫期为 30 天。隔离检疫合格的，由输入地省、自治区、直辖市动物卫生监督机构的官方兽医出具《动物检疫合格证明》；不合格的，不准进入，并依法处理。

（2）动物产品检疫。输入到无规定动物疫病区的相关易感动物产品，应当在输入地

省、自治区、直辖市动物卫生监督机构指定的地点，按照农业部规定的无规定动物疫病区有关检疫要求进行检疫。检疫合格的，由输入地省、自治区、直辖市动物卫生监督机构的官方兽医出具《动物检疫合格证明》；不合格的，不准进入，并依法处理。

五、跨省引进乳用动物、种用动物及其遗传材料的检疫

由于乳用、种用动物及其遗传材料传播动物疫病的风险大于普通动物，为了控制动物疫病的传播，《动物防疫法》对跨省引进乳用动物、种用动物及其遗传材料确立了严格的检疫制度，即先经输入地省级动物卫生监督机构审批，再经输出地检疫。对跨省、自治区、直辖市引进乳用动物、种用动物及其精液、胚胎、种蛋的，行政相对人必须先向输入地省、自治区、直辖市动物卫生监督机构申请审批。输入地省级动物卫生监督机构对行政相对人的动物防疫条件、卫生状况及疫情形势进行全面综合的风险分析与评估后，认为符合引进条件的方可批准引进。行政相对人取得输入地省级动物卫生监督机构审批后，经输出地动物卫生监督机构检疫合格，方可引进。跨省、自治区、直辖市引进的乳用动物、种用动物到达输入地后，畜主应在动物卫生监督机构监督下，按照农业部的规定，对引进的乳用、种用动物进行一定时期的隔离观察，经动物卫生监督机构确认合格后，方可混群饲养。具体的检疫程序为：

1. 申请

跨省、自治区、直辖市引进乳用动物、种用动物及其精液、卵、胚胎、种蛋的货主应当向输入地省级动物卫生监督机构提出申请，并填写《跨省引进乳用种用动物检疫审批表（申报书）》。

2. 审批

输入地省、自治区、直辖市动物卫生监督机构应当自受理申请之日起 10 个工作日内，做出是否同意引进的决定。符合下列条件的，签发《跨省引进乳用种用动物检疫审批表》；不符合下列条件的，书面告知申请人，并说明理由：

（1）输出和输入饲养场、养殖小区取得《动物防疫条件合格证》。

（2）输入饲养场、养殖小区存栏的动物符合动物健康标准。

（3）输出的乳用、种用动物养殖档案相关记录符合农业部规定。

（4）输出的精液、胚胎、种蛋的供体符合动物健康标准。

跨省引进乳用、种用动物应当在《跨省引进乳用种用动物检疫审批表》有效期内运输。逾期引进的，货主应当重新办理审批手续。官方兽医在签发有效期时，应当按照《动物检疫管理办法》第八条第二项规定，预留申请人申报检疫的时间，从申报拟调运时间开始计算，有效期最长不得超过 21 天，最短为 7 天。

3. 检疫

货主凭输入地省、自治区、直辖市动物卫生监督机构签发的《跨省引进种用乳用动物检疫审批表》，向输出地县级动物卫生监督机构申报检疫。输出地县级动物卫生监督机构按照《跨省调运种禽产地检疫规程》及《跨省调运乳用种用动物产地检疫规程》（农医发〔2010〕33 号）规定实施检疫。

跨省、自治区、直辖市引进的乳用、种用动物到达输入地后，在所在地动物卫生监

督机构的监督下，应当在隔离场或饲养场（养殖小区）内的隔离舍进行隔离观察，大中型动物隔离期为 45 天，小型动物隔离期为 30 天。经隔离观察合格的方可混群饲养；不合格的，按照有关规定进行处理。隔离观察合格后需继续在省内运输的，货主应当申请更换《动物检疫合格证明》。动物卫生监督机构更换《动物检疫合格证明》不得收费。

第五章 动物诊疗管理

第一节 动物诊疗机构管理

一、动物诊疗的含义

根据《动物诊疗机构管理办法》的规定，动物诊疗是指动物疾病的预防、诊断、治疗和动物绝育手术等经营性活动。

二、动物诊疗机构的诊疗活动范围

动物诊疗机构的诊疗活动范围，是指动物诊疗机构经许可的业务活动范围。根据《动物诊疗机构管理办法》的规定，动物诊疗机构的诊疗活动范围分两类：一类是从事一般动物诊疗活动；另一类是有能力从事动物颅腔、胸腔和腹腔手术的动物诊疗活动，这两类动物诊疗机构的法定设立条件不同。因此，具备从事动物颅腔、胸腔和腹腔手术条件的动物诊疗机构，其诊疗活动范围为：动物疾病预防、诊疗、治疗和绝育手术；不具备规定手术条件诊疗机构的诊疗活动范围为：动物疾病预防、诊疗、治疗和绝育手术（不含颅腔、胸腔和腹腔手术）。

三、动物诊疗机构的管理主体

1. 兽医主管部门的职权

农业部负责全国动物诊疗机构的监督管理。县级以上地方人民政府兽医主管部门负责本行政区域内动物诊疗机构的管理。兽医主管部门应当设立动物诊疗违法行为举报电话，并向社会公示。

2. 动物卫生监督机构的职权

县级以上地方人民政府设立的动物卫生监督机构负责本行政区域内动物诊疗机构的监督执法工作。动物卫生监督机构对辖区内动物诊疗机构和人员执行法律、法规、规章的情况进行监督检查。

四、动物诊疗许可制度

《动物诊疗机构管理办法》规定，国家实行动物诊疗许可制度。从事动物诊疗活动的机构，必须取得《动物诊疗许可证》，并在规定的诊疗活动范围内开展动物诊疗活动，未取得《动物诊疗许可证》的任何单位和个人，均不得从事动物诊疗活动。

（一）设立动物诊疗机构的条件

1. 一般条件

申请设立动物诊疗机构应当具备下列条件：

（1）有固定的动物诊疗场所，且动物诊疗场所使用面积符合省、自治区、直辖市人民政府兽医主管部门的规定。

（2）动物诊疗场所选址距离畜禽养殖场、屠宰加工场、动物交易场所不少于200米。

（3）动物诊疗场所设有独立的出入口，出入口不得设在居民住宅楼内或者院内，不得与同一建筑物的其他用户共用通道。

（4）具有布局合理的诊疗室、手术室、药房等设施。

（5）具有诊断、手术、消毒、冷藏、常规化验、污水处理等器械设备。

（6）具有1名以上取得执业兽医师资格证书的人员。

（7）具有完善的诊疗服务、疫情报告、卫生消毒、兽药处方、药物和无害化处理等管理制度。

2. 从事动物颅腔、胸腔和腹腔手术动物诊疗机构的条件

动物诊疗机构从事动物颅腔、胸腔和腹腔手术的，除具备一般条件外，还应当具备以下条件：

（1）具有手术台、X光机或者B超等器械设备。

（2）具有3名以上取得执业兽医师资格证书的人员。

（二）设立动物诊疗机构的程序

1. 申请

设立动物诊疗机构，应当向动物诊疗场所所在地的发证机关提出申请。发证机关是指县（市辖区）级人民政府兽医主管部门，市辖区未设立兽医主管部门的，发证机关为上一级兽医主管部门。动物诊疗机构应当使用规范的名称。不具备从事动物颅腔、胸腔和腹腔手术能力的，不得使用"动物医院"的名称。

2. 申请材料

申请设立动物诊疗机构时，应当提交下列材料，申请材料不齐全或者不符合规定条件的，发证机关应当自收到申请材料之日起5个工作日内一次告知申请人需补正的内容：

（1）动物诊疗许可证申请表。

（2）动物诊疗场所地理方位图、室内平面图和各功能区布局图。

（3）动物诊疗场所使用权证明。

（4）法定代表人（负责人）身份证明。

（5）执业兽医师资格证书原件及复印件。

（6）设施设备清单。

（7）管理制度文本。

（8）执业兽医和服务人员的健康证明材料。

3. 审核

发证机关受理设立动物诊疗机构的申请后，应当在20个工作日内完成对申请材料的审核和对动物诊疗场所的实地考查。符合规定条件的，发证机关应当向申请人颁发《动物诊疗许可证》；不符合条件的，书面通知申请人，并说明理由。专门从事水生动物疫病诊疗的，发证机关在核发《动物诊疗许可证》时，应当征求同级渔业行政主管部门的意见。

发证机关办理《动物诊疗许可证》，不得向申请人收取费用。动物诊疗机构应当符合动物防疫条件，但不必办理《动物防疫条件合格证》。发证机关受理设立动物诊疗机构申请后，应当进行书面审查和实地考查。

（1）书面审查。书面审查的内容主要包括：第一，审查申请材料是否齐全。第二，审查动物诊疗场所地理方位图，初步判定选址是否合理。第三，审查室内平面图和各功能区布局图，判定是否具有诊疗室、手术室、药房及布局是否合理。第四，审查房屋所有权证书或房屋租赁合同，以确定其是否具有固定场所以及场所面积是否符合省级人民政府兽医主管部门的规定。第五，审查从业人员是否取得《执业兽医师资格证书》，判定其从业人员是否符合规定。第六，审查设施设备清单，判定是否具有诊断、手术、消毒、冷藏、常规化验、污水处理等器械设备。第七，审查管理制度是否齐全，内容是否符合要求。第八，审查执业兽医和其他从业人员的健康证明，判定从业人员是否患有人畜共患病。第九，审查动物诊疗机构名称，判定名称是否符合要求，不具备从事动物颅腔、胸腔和腹腔手术能力的，不得使用"动物医院"的名称。

申请材料经书面审查，发现不符合规定条件的，依法作出不予许可的决定。申请材料经书面审查符合规定条件的，进行实地考查。

（2）实地考查。实地考查的内容主要包括：第一，查验动物诊疗场所的使用面积是否符合省、自治区、直辖市人民政府兽医主管部门的规定。第二，查验选址是否距离畜禽养殖场、屠宰加工厂、动物交易场所不少于200米。第三，查验动物诊疗场所是否设有独立的出入口，出入口是否设在居民住宅楼内或者院内，是否与同一建筑物的其他用户共用通道。第四，查验是否具有布局合理的诊疗室、手术室、药房等设施。第五，逐一核对是否具有诊断、手术、消毒、冷藏、常规化验、污水处理等器械设备。

（三）《动物诊疗许可证》的管理

《动物诊疗许可证》应当载明诊疗机构名称、诊疗活动范围、从业地点和法定代表人（负责人）等事项。《动物诊疗许可证》格式由农业部统一规定，由省、自治区、直辖市人民政府兽医主管部门统一印制，证件第二页右下角处应注明印制单位，例如，河北省畜牧兽医局印制。

《动物诊疗许可证》不得伪造、变造、转让、出租、出借。《动物诊疗许可证》遗失的，应当及时向原发证机关申请补发。

（四）动物诊疗的分支机构

我国允许动物诊疗机构设立分支机构，但每个分支机构都应当符合相应的法定条件，并另行办理《动物诊疗许可证》。诊疗机构设立分支机构的，该诊疗机构的法定代表人或负责人可以与分支机构的负责人为同一人，但该法定代表人或负责人是执业兽医的，只能选择在一个动物诊疗机构执业。

（五）动物诊疗机构的变更

动物诊疗机构变更名称或者法定代表人（负责人）的，应当在办理工商变更登记手续后 15 个工作日内，向原发证机关申请办理变更手续。动物诊疗机构变更从业地点、诊疗活动范围的，应当重新办理动物诊疗许可手续，申请换发动物诊疗许可证。

五、动物诊疗机构的执业活动规范

根据《动物防疫法》《动物诊疗机构管理办法》的规定，动物诊疗机构应当遵守以下执业规范：

（1）动物诊疗机构应当依法从事动物诊疗活动，建立健全内部管理制度，在诊疗场所的显著位置悬挂动物诊疗许可证和公示从业人员基本情况。

（2）动物诊疗机构应当按照国家兽药管理的规定使用兽药，不得使用假劣兽药和农业部规定禁止使用的药品及其他化合物。

（3）动物诊疗机构兼营宠物用品、宠物食品、宠物美容等项目的，兼营区域与动物诊疗区域应当分别独立设置。

（4）动物诊疗机构应当使用规范的病历、处方笺，病历、处方笺应当印有动物诊疗机构名称。病历档案应当保存 3 年以上。

（5）动物诊疗机构安装、使用具有放射性的诊疗设备的，应当依法经环境保护部门批准。

（6）动物诊疗机构发现动物染疫或者疑似染疫的，应当按照国家规定立即向当地兽医主管部门、动物卫生监督机构或者动物疫病预防控制机构报告，并采取隔离等控制措施，防止动物疫情扩散。动物诊疗机构发现动物患有或者疑似患有国家规定应当扑杀的疫病时，不得擅自进行治疗。

（7）动物诊疗机构不得随意抛弃病死动物、动物病理组织和医疗废弃物，不得排放未经无害化处理或者处理不达标的诊疗废水。动物诊疗机构应当按照农业部规定处理病死动物和动物病理组织，参照《医疗废弃物管理条例》的有关规定处理医疗废弃物。

（8）动物诊疗机构的执业兽医应当按照当地人民政府或者兽医主管部门的要求，参加预防、控制和扑灭动物疫病活动。动物诊疗机构应当配合兽医主管部门、动物卫生监督机构、动物疫病预防控制机构进行有关法律法规宣传、流行病学调查和监测工作。

（9）动物诊疗机构应当定期对本单位工作人员进行专业知识和相关政策、法规培训。

（10）动物诊疗机构应当于每年 3 月底前将上年度动物诊疗活动情况向发证机关报告。

第二节　执业兽医管理

一、执业兽医的含义

执业兽医是指从事动物诊疗和动物保健等经营活动的兽医，包括执业兽医师和执业助理兽医师。执业兽医在国家动物卫生工作中起着重要的作用，首先是通过预防、诊疗、咨询，降低动物疾病的发生风险，减少因疫病引起的畜牧业损失和公共卫生问题。其次，执业兽医在疫病防控中起着及时发现和报告疫情的前哨作用，也是疫情控制的重要力量。执业兽医通过参与动物疫病监测、控制、扑灭和动物产品检疫工作，促进动物卫生和兽医公共卫生水平的提高，保障食品安全，推动养殖业的健康发展。

二、执业兽医的分类

我国将执业兽医分为执业兽医师和执业助理兽医师，并且确定两类执业兽医的执业权限，与人事劳动部门评定的助理兽医师、兽医师、高级兽医师等技术职称不同，技术职称是对兽医技术能力的确认，与执业权限无关。根据《执业兽医管理办法》的规定，执业兽医师的执业范围是：从事动物疾病的预防、诊断、治疗和开具处方、填写诊断书、出具有关证明文件等活动；执业助理兽医师的执业范围是：在执业兽医师指导下协助开展兽医执业活动，但不得填写诊断书、出具有关证明文件，可以在一定期限内开具处方；专门从事水生动物疫病诊疗的执业兽医师和执业助理兽医师，不得从事其他动物疫病诊疗。

三、执业兽医的管理主体

（1）兽医主管部门的职权。农业部主管全国执业兽医管理工作。县级以上地方人民政府兽医主管部门主管本行政区域内的执业兽医管理工作，对在预防、控制和扑灭动物疫病工作中做出突出贡献的执业兽医，按照国家有关规定给予表彰和奖励。

（2）动物卫生监督机构的职权。县级以上地方人民政府设立的动物卫生监督机构负责执业兽医的监督执法工作。

四、执业兽医资格考试制度

在发达国家，执业兽医资格考试制度已十分普及且非常规范。如在法国，要想成为一名执业兽医，除了具备大学专业训练的基础，在从业前，必须参加和通过由兽医协会等国家授权单位组织的资质考试。在澳大利亚，一名兽医要想在诊疗机构执业或有机会参加国家组织的兽医服务，就必须通过一个名为澳大利亚兽医认证程序（APAV）的资格考试。这个认证程序包括两个部分，即一部分是认证申请人的个人资质，如公民、学历等；另一部分就是作为执业兽医的知识和技能认证。在美国，学生毕业后，并不具备兽医的执业资格，要想成为一名职业兽医，必须参加国家兽医资质考核（NBE），这个考试由国家兽医资质考试委员会（NBEC）主持，试题包括400道多选题。并且，即使已经通过考试、获得执业资格的兽医，国家仍然要求他们在一定的时间内必须到具备资质的培训机构接受职业培训，获得培训合格证书后方可通过审核继续从事兽医职业，否则就会被吊销执业资格。可见，发达国家对兽医资质和行业准入的管理是十分严格的。我国实行执业兽医资格考试制度，农业部根据《动物防疫法》的规定，制定了一系列有关执业兽医资格考试的规定，并于2009年在10月17日在重庆市、河南省、吉林省、广西壮族自治区和宁夏回族自治区举行了执业兽医资格考试试点，从2010年起我国在全国范围内实行执业兽医资格考试制度。

1. 组织考试

《动物防疫法》规定，国家实行执业兽医资格考试制度。执业兽医资格考试由农业部组织，全国统一大纲、统一命题、统一考试。

2. 报考条件

具有兽医、畜牧兽医、中兽医（民族兽医）或者水产养殖专业大学专科以上学历的人员，可以参加执业兽医资格考试。《执业兽医管理办法》施行前，不具有大学专科以上学历，但已取得兽医师以上专业技术职称，经县级以上地方人民政府兽医主管部门考核合格的，可以参加执业兽医资格考试。

3. 考试内容

执业兽医资格考试内容包括兽医综合知识和临床技能两部分。兽医综合知识包括基础、预防和法规三部分内容。基础部分包含：动物解剖学、组织学及胚胎学，动物生理学、生物化学、病理学以及兽医药理学等；预防部分包含：兽医微生物学与免疫学，兽医传染病学、寄生虫学和公共卫生学等；法规包含现行的与动物防疫有关的法律规范。临床技能包括兽医临床诊断学、内科学，兽医外科与外科手术学，兽医产科学与中兽医学等内容。

4. 考试管理

（1）全国执业兽医资格考试委员会。农业部组织成立了全国执业兽医资格考试委员会。考试委员会负责审定考试科目、考试大纲、考试试题，对考试工作进行监督、指导和确定合格标准。

（2）农业部执业兽医管理办公室。农业部执业兽医管理办公室承担考试委员会的日常工作，负责拟订考试科目、编写考试大纲、建立考试题库、组织考试命题，并提出考试合格标准建议等。

5. 资格证书的取得

执业兽医资格证书分为两种，即执业兽医师资格证书和执业助理兽医师资格证书。取得的形式分为考试取得和审核取得。

（1）考试取得。执业兽医资格考试成绩符合执业兽医师标准的，取得执业兽医师资格证书；符合执业助理兽医师资格标准的，取得执业助理兽医师资格证书。考试取得的执业兽医师资格证书和执业助理兽医师资格证书由省、自治区、直辖市人民政府兽医主管部门颁发。

（2）审核取得。《执业兽医管理办法》施行前，具有兽医、水产养殖本科以上学历，从事兽医临床教学或者动物诊疗活动，并取得高级兽医师、水产养殖高级工程师以上专业技术职称或者具有同等专业技术职称，经省、自治区、直辖市人民政府兽医主管部门考核合格，报农业部审核批准后颁发执业兽医师资格证书。

五、执业注册和备案制度

（一）执业注册和备案的程序

我国对从事动物诊疗活动的执业兽医师和从事动物诊疗辅助活动的执业助理兽医师，分别采取注册和备案管理制度。执业注册是行政许可的一种方式，执业兽医只有经过注册，才有权利从事动物诊疗活动，未经注册而从业的，要受到法律制裁。备案是行政管理活动的一种方式，是指行政相对人按照法律规范的规定，将自己的有关情况向相关行政主体报告。实行备案的目的是使行政主体知晓本行政区域的备案事项，以便于管理。

1. 申请和备案

取得执业兽医师资格证书，从事动物诊疗活动的，应当向注册机关申请兽医执业注册；取得执业助理兽医师资格证书，从事动物诊疗辅助活动的，应当向注册机关备案。注册机关，是指县（市辖区）级人民政府兽医主管部门；市辖区未设立兽医主管部门的，注册机关为上一级兽医主管部门。

2. 申请和备案材料

申请兽医执业注册或者备案的，应当向注册机关提交下列材料：

① 注册申请表或者备案表。

② 执业兽医资格证书及其复印件。

③ 医疗机构出具的 6 个月内的健康体检证明。

④ 身份证明原件及其复印件。

⑤ 动物诊疗机构聘用证明及其复印件；申请人是动物诊疗机构法定代表人（负责人）的，提供动物诊疗许可证复印件。

3. 审核

注册机关收到执业兽医师注册申请后，应当在 20 个工作日内完成对申请材料的审核。经审核合格的，发给兽医师执业证书；不合格的，书面通知申请人，并说明理由。注册机关收到执业助理兽医师备案材料后，应当及时对备案材料进行审查，材料齐全、真实的，应当发给助理兽医师执业证书。

县级以上地方人民政府兽医主管部门应当将注册和备案的执业兽医名单逐级汇总报农业部。

（二）执业证书

兽医师执业证书和助理兽医师执业证书应当载明姓名、执业范围、受聘动物诊疗机构名称等事项。兽医师执业证书和助理兽医师执业证书的格式由农业部规定，由省、自治区、直辖市人民政府兽医主管部门统一印制。《执业兽医管理办法》规定，经注册和备案专门从事水生动物疫病诊疗的执业兽医师和助理执业兽医师，不得从事其他动物疫病诊疗。因此，按申请人取得的执业兽医资格证书类别将执业兽医的执业范围分为"动物诊疗"和"水生动物诊疗"两类。

（三）不予发放执业证书的规定

有下列情形之一的，不予发放兽医师执业证书或者助理兽医师执业证书：

① 不具有完全民事行为能力的。

② 被吊销兽医师执业证书或者助理兽医师执业证书不满两年的。

③ 患有国家规定不得从事动物诊疗活动的人畜共患传染病的。

（四）重新注册或备案的规定

执业兽医变更受聘的动物诊疗机构的，应当按照《执业兽医管理办法》的规定重新办理注册或者备案手续。

（五）执业兽医申请注册和备案与诊疗机构申请《动物诊疗许可证》的衔接

设立动物诊疗机构的，应当先确定拟聘用的执业兽医师，持该兽医的执业兽医师资格证书等手续，申请办理《动物诊疗许可证》，发证机关将该执业兽医师记录备查。申请人取得《动物诊疗许可证》后，与该执业兽医师和拟聘的执业助理兽医师签订聘用合同；执业兽医师或执业助理兽医师凭该聘用合同申请办理注册或者备案。即执业兽医必须经动物诊疗机构聘用后，才能获得注册审批或者备案。

六、执业兽医的基本执业规范

执业兽医应当具备良好的职业道德，按照有关动物防疫、动物诊疗和兽药管理等法律、行政法规和技术规范的要求，依法执业。执业兽医应当定期参加兽医专业知识和相关政策法规教育培训，不断提高业务素质，并于每年3月底前将上年度兽医执业活动情况向注册机关报告。

（一）执业场所

执业兽医不得同时在两个或者两个以上动物诊疗机构执业，但动物诊疗机构间的会诊、支援、应邀出诊、急救除外。动物饲养场（养殖小区）、实验动物饲育单位、兽药生产企业、动物园等单位聘用的取得执业兽医师资格证书和执业助理兽医师资格证书的兽医人员，可以凭聘用合同申请兽医执业注册或者备案，但不得对外开展兽医执业活动。

（二）执业权限

1. 执业兽医师的执业权限

执业兽医师可以从事动物疾病的预防、诊断、治疗和开具处方、填写诊断书、出具有关证明文件等活动。

2. 执业助理兽医师的执业权限

执业助理兽医师在执业兽医师指导下协助开展兽医执业活动，不得开具处方、填写诊断书、出具有关证明文件。《兽用处方药和非处方药管理办法》于2014年3月1日施行，由于现阶段执业兽医师数量偏少，难以满足养殖户开具处方的需求，因此，农业部授权省级人民政府兽医主管部门根据本地区实际，可以决定取得执业助理兽医师资格证书的兽医人员依法注册后，在一定期限内可以开具兽医处方笺。具体期限由省级人民政府兽医主管部门确定，但不得超过2017年12月31日。允许执业助理兽医师经注册后在一定期限内开具处方，是一项过渡性措施，主要解决现阶段执业兽医师不足的问题，以确保兽用处方药制度顺利实施。

经注册的执业助理兽医师，注册机关应当在其执业证书上载明"依法注册"字样和期限，并按执业兽医师进行执业活动管理。

（三）关于实习的规定

兽医、畜牧兽医、中兽医（民族兽医）、水产养殖专业的学生可以在执业兽医师指导下进行专业实习。

（四）执业兽医的执业义务

执业兽医在执业活动中应当履行下列义务：

① 遵守法律、法规、规章和有关管理规定。

② 按照技术操作规范从事动物诊疗和动物诊疗辅助活动。

③ 遵守职业道德，履行兽医职责。

④ 爱护动物，宣传动物保健知识和动物福利。

（五）处方、病历管理制度

执业兽医师应当使用规范的处方笺、病历册，并在处方笺、病历册上签名。未经亲自诊断、治疗，不得开具处方药、填写诊断书、出具有关证明文件，不得伪造诊断结果，出具虚假证明文件。

（六）疫情报告义务

执业兽医在动物诊疗活动中发现动物染疫或者疑似染疫的，应当按照国家规定立即向当地兽医主管部门、动物卫生监督机构或者动物疫病预防控制机构报告，并采取隔离等控制措施，防止动物疫情扩散；在动物诊疗活动中发现动物患有或者疑似患有国家规定应当扑杀的疫病时，不得擅自进行治疗。

（七）兽药使用的制度

执业兽医应当按照国家有关规定合理用药，不得使用假劣兽药和农业部规定禁止使用的药品及其他化合物。执业兽医师发现可能与兽药使用有关的严重不良反应的，应当立即向所在地人民政府兽医主管部门报告。

（八）履行动物疫病的防控义务

执业兽医应当按照当地人民政府或者兽医主管部门的要求，参加预防、控制和扑灭动物疫病活动，其所在单位不得阻碍、拒绝。

第三节 乡村兽医管理

一、乡村兽医的含义

我国的防疫任务重点在基层，加强基层队伍的建设，一直以来是兽医体制改革的重点。但由于受基层条件的限制，尤其是在乡村提供动物诊疗服务活动的人员，文化程度普遍偏低，如果执行执业兽医资格准入制度，可能会面临乡村无兽医的局面，不利于乡村动物疫病的防控。因此，《动物防疫法》针对我国兽医队伍建设实际情况，区分执业兽医和乡村兽医服务人员，采取不同的管理措施，对在乡村从事动物诊疗服务活动的兽医服务人员，不实行执业兽医资格考试和注册制度，目的在于培育乡村兽医队伍发展。根据《乡村兽医管理办法》的规定，乡村兽医是指尚未取得执业兽医资格，经登记在乡村从事动物诊疗服务活动的人员。

乡村兽医具有如下特征：第一，未取得执业兽医资格。已经取得执业兽医资格的，其执业活动按《执业兽医管理办法》的规定进行管理。国家鼓励符合条件的乡村兽医参加执业兽医资格考试，同时鼓励取得执业兽医资格的人员到乡村从事动物诊疗服务活动。第二，必须经过登记。具备乡村兽医条件的人员，必须经县级人民政府兽医主管部门登记后，方可从事动物诊疗服务活动，虽然具备乡村兽医条件，但未申请登记的，不得执业。第三，必须在指定区域执业。乡村兽医只能在指定的乡镇从事动物诊疗服务活动，不得跨乡镇或在城区执业。

乡村兽医队伍及其执业的特点，决定了国家对其采取与执业兽医不同的管理措施。主要体现在以下四点：一是未将通过国家执业兽医资格考试作为其执业的法定前提条件，而是鼓励符合条件的乡村兽医参加执业兽医资格考试。二是对其执业活动采取登记的方式进行管理，对未经登记而从业的乡村兽医不实施行政处罚。三是县级人民政府兽医主管部门和乡（镇）人民政府应当按照《动物防疫法》的规定，优先确定乡村兽医作为村级动物防疫员。四是省、自治区、直辖市人民政府兽医主管部门应当制定乡村兽医培训规划，保证乡村兽医至少每两年接受一次培训。县级人民政府兽医主管部门应当根据培训规划制订本地区乡村兽医培训计划。

二、乡村兽医的管理主体

（1）兽医主管部门的职权。农业部主管全国乡村兽医管理工作。县级以上地方人民政府兽医主管部门主管本行政区域内乡村兽医管理工作。

（2）动物卫生监督机构的职权。县级以上地方人民政府设立的动物卫生监督机构负责本行政区域内乡村兽医监督执法工作。

三、乡村兽医的登记管理制度

《乡村兽医管理办法》规定，国家实行乡村兽医登记制度。符合条件的人员，可以向县级人民政府兽医主管部门申请乡村兽医登记。

1. 申请条件

符合下列条件之一的，可以申请乡村兽医登记：

① 取得中等以上兽医、畜牧（畜牧兽医）、中兽医（民族兽医）或水产养殖专业学历的。

② 取得中级以上动物疫病防治员、水生动物病害防治员职业技能鉴定证书的。

③ 在乡村从事动物诊疗服务连续 5 年以上的。

④ 经县级人民政府兽医主管部门培训合格的。

2. 申请材料

申请乡村兽医登记的，应当提交下列材料：

① 乡村兽医登记申请表。

② 学历证明、职业技能鉴定证书、培训合格证书或者乡镇畜牧兽医站出具的从业年限证明。

③ 申请人身份证明和复印件。

3. 审核

县级人民政府兽医主管部门应当在收到申请材料之日起 20 个工作日内完成审核。审核合格的，予以登记，并颁发乡村兽医登记证；不合格的，书面通知申请人，并说明理由。县级人民政府兽医主管部门应当将登记的乡村兽医名单逐级汇总报省、自治区、直辖市人民政府兽医主管部门备案。

4. 从事水生动物疫病防治的乡村兽医管理

从事水生动物疫病防治的乡村兽医由县级人民政府渔业行政主管部门依照《乡村兽医管理办法》的规定进行登记和监管。县级人民政府渔业行政主管部门应当将登记的从事水生动物疫病防治的乡村兽医信息汇总通报同级兽医主管部门。

5. 乡村兽医登记证书管理

乡村兽医登记证应当载明乡村兽医姓名、从业区域、有效期等事项。乡村兽医登记证有效期5年，有效期届满需要继续从事动物诊疗服务活动的，应当在有效期届满3个月前申请续展。乡村兽医登记证格式由农业部规定，各省、自治区、直辖市人民政府兽医主管部门统一印制。县级人民政府兽医主管部门办理乡村兽医登记，不得收取任何费用。

6. 注销登记

乡村兽医有下列情形之一的，原登记机关应当收回、注销乡村兽医登记证：

① 死亡或者被宣告失踪的。

② 中止兽医服务活动满2年的。

四、乡村兽医的基本执业规范

乡村兽医在执业活动中应当遵循以下规范：第一，乡村兽医只能在登记的本乡镇范围内从事动物诊疗服务活动，不得在城区执业。第二，乡村兽医在乡村从事动物诊疗服务活动的，应当有固定的从业场所和必要的兽医器械。第三，乡村兽医在动物诊疗服务活动中，应当按照规定处理使用过的兽医器械和医疗废弃物。第四，乡村兽医在动物诊疗服务活动中发现动物染疫或者疑似染疫的，应当按照国家规定立即报告，并采取隔离等控制措施，防止动物疫情扩散。第五，乡村兽医在动物诊疗服务活动中发现动物患有或者疑似患有国家规定应当扑杀的疫病时，不得擅自进行治疗。第六，发生突发动物疫情时，乡村兽医应当参加当地人民政府或者有关部门组织的预防、控制和扑灭工作，不得拒绝和阻碍。

五、乡村兽医的用药规范

乡村兽医在执业活动中，应当按照《兽药管理条例》和农业部的规定使用兽药，并如实记录用药情况。2014年2月28日，农业部以第2069号公告，发布了《乡村兽医基本用药目录》，乡村兽医除可以使用所有兽用非处方药外，从第一批兽用处方药品种目录中遴选出9类156个品种的兽用处方药，允许乡村兽医使用。从事动物诊疗服务活动的乡村兽医，凭乡村兽医登记证购买《乡村兽医基本用药目录》所列的兽用处方药。兽药经营者向乡村兽医销售《乡村兽医基本用药目录》所列的兽用处方药，应当单独建立销售记录，并载明兽药通用名称、规格、数量、乡村兽医的姓名及登记证号，以资核查。

第四节　兽医处方格式及应用规范

为加强兽医处方管理，规范兽医执业行为，根据《动物防疫法》《执业兽医管理办法》《动物诊疗机构管理办法》《兽用处方药和非处方药管理办法》，农业部制定了《兽医处方格式及应用规范》（农业部公告第2450号），自2016年10月8日起执行，凡与《兽医处方格式及应用规范》不符的处方笺自 2017 年 1 月 1 日起不得使用。

一、基本要求

兽医处方是指执业兽医师在动物诊疗活动中开具的，作为动物用药凭证的文书。执业兽医开具兽医处方应当符合以下要求：

（1）执业兽医师根据动物诊疗活动的需要，按照兽药使用规范，遵循安全、有效、经济的原则开具兽医处方。

（2）执业兽医师在注册单位签名留样或者专用签章备案后，方可开具处方。兽医处方经执业兽医师签名或者盖章后有效。

（3）执业兽医师利用计算机开具、传递兽医处方时，应当同时打印出纸质处方，其格式与手写处方一致；打印的纸质处方经执业兽医师签名或盖章后有效。

（4）兽医处方限于当次诊疗结果用药，开具当日有效。特殊情况下需延长有效期的，由开具兽医处方的执业兽医师注明有效期限，但有效期最长不得超过 3 天。

（5）除兽用麻醉药品、精神药品、毒性药品和放射性药品外，动物诊疗机构和执业兽医师不得限制动物主人持处方到兽药经营企业购药。

二、处方笺格式

兽医处方笺规格和样式由农业部规定，从事动物诊疗活动的单位应当按照规定的规格和样式印制兽医处方笺或者设计电子处方笺，如图 5-1 所示。兽医处方笺规格如下：

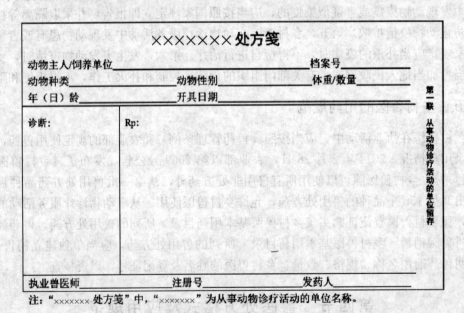

注："×××××××处方笺"中，"×××××××"为从事动物诊疗活动的单位名称。

图 5-1　兽医处方笺样式

① 兽医处方笺一式三联，可以使用同一种颜色纸张，也可以使用三种不同颜色纸张。

② 兽医处方笺分为两种规格，小规格为：长 210 毫米、宽 148 毫米；大规格为：长 296 毫米、宽 210 毫米。

三、处方笺内容

兽医处方笺内容包括前记、正文、后记三部分，要符合以下标准：

1. 前记

对个体动物进行诊疗的，前记至少包括动物主人姓名或者动物饲养单位名称、档案号、开具日期和动物的种类、性别、体重、年（日）龄。对群体动物进行诊疗的，前记至少包括饲养单位名称、档案号、开具日期和动物的种类、数量、年（日）龄。

2. 正文

正文包括初步诊断情况和 Rp（拉丁文 *Recipe* "请取"的缩写）。Rp 应当分列兽药名称、规格、数量、用法、用量等内容；对于食品动物还应当注明休药期。

3. 后记

后记至少包括执业兽医师签名或盖章和注册号、发药人签名或盖章。

四、处方书写要求

兽医处方书写应当符合下列要求：

（1）动物基本信息、临床诊断情况应当填写清晰、完整，并与病历记载一致。

（2）字迹清楚，原则上不得涂改；如需修改，应当在修改处签名或盖章，并注明修改日期。

（3）兽药名称应当以兽药国家标准载明的名称为准。兽药名称简写或者缩写应当符合国内通用写法，不得自行编制兽药缩写名或者使用代号。

（4）书写兽药规格、数量、用法、用量及休药期要准确规范。

（5）兽医处方中包含兽用化学药品、生物制品、中成药的，每种兽药应当另起一行。

（6）兽药剂量与数量用阿拉伯数字书写。剂量应当使用法定计量单位：质量以千克（kg）、克（g）、毫克（mg）、微克（μg）、纳克（ng）为单位；容量以升（L）、毫升（mL）为单位；有效量单位以国际单位（IU）、单位（U）为单位。

（7）片剂、丸剂、胶囊剂以及单剂量包装的散剂、颗粒剂分别以片、丸、粒、袋为单位；多剂量包装的散剂、颗粒剂以克或千克为单位；单剂量包装的溶液剂以支、瓶为单位，多剂量包装的溶液剂以毫升或升为单位；软膏及乳膏剂以支、盒为单位；单剂量包装的注射剂以支、瓶为单位，多剂量包装的注射剂以毫升或升、克或千克为单位，应当注明含量；兽用中药自拟方应当以剂为单位。

（8）开具处方后的空白处应当划一斜线，以示处方完毕。

（9）执业兽医师注册号可采用印刷或盖章方式填写。

五、处方保存

兽医处方开具后，第一联由从事动物诊疗活动的单位留存，第二联由药房或者兽药经营企业留存，第三联由动物主人或者饲养单位留存。

兽医处方由处方开具、兽药核发单位妥善保存两年以上。保存期满后，经所在单位主要负责人批准、登记备案，方可销毁。

第六章 动物防疫的监督

第一节 动物防疫的监督管理概述

一、动物防疫监督概念

动物卫生监督机构依照《动物防疫法》规定，对动物饲养、屠宰、经营、隔离、运输以及动物产品生产、经营、加工、贮藏、运输等活动中的动物防疫实施监督管理。

动物卫生监督是指动物卫生监督机构对行政相对人遵守、执行动物卫生法律规范等情况进行的检查和处理，保障动物卫生法律法规规范得以贯彻实施，达到预防、控制和扑灭动物疫病，促进养殖业发展，保护人体健康，维护公共卫生安全的目的。

二、动物卫生监督的执法主体

根据《动物防疫法》的规定，县级以上人民政府设立的动物卫生监督机构是动物防疫监督的执法主体，代表国家行使动物卫生监督职能。即动物卫生监督机构是法律授权的具有监督职能的组织，是动物卫生的行政主体。除军队和武装警察部队动物卫生监督职能部门负责现役动物和饲养自用动物的动物防疫监督管理工作之外，其他部门无权实施动物防疫监督。具体监督任务由动物卫生监督机构的官方兽医实施。

三、动物防疫监督的职责

动物卫生监督机构依照《动物防疫法》的规定，对本行政区域内的动物饲养、屠宰、经营、隔离、运输以及动物产品生产、经营、加工、贮藏、运输等活动中的动物防疫，以及执业兽医和动物诊疗活动实施监督管理。监督管理的对象、内容、环节多，涉及面宽。动物卫生监督机构负责对本辖区的所有与动物防疫有关的活动实施监督，实行全过程监管，涉及家畜家禽、各种经济动物、观赏动物以及特殊动物等饲养活动，生猪、牛、羊、禽等动物的屠宰活动，动物及动物产品的经营活动，动物诊疗活动及执业兽医的执业活动，以及动物及动物产品的运载工具，等等，监督管理措施基本涵盖了动物产品从农场到餐桌的全过程。

四、动物防疫监督检查措施

动物卫生监督的对象概括的讲主要有两方面的内容，即物与行为。一是对物（指动物及动物产品）的处理，如饲养的动物未经强制免疫、病死的动物、染疫和疑似染疫的动物、依法应当检疫而未经检疫的动物及动物产品，等等。对物的监督主要是通过查证（免疫档案、检疫证明、检测记录、消毒记录、无害化处理记录）和验物（物与证是否相符、物本身是否达到要求）来发现不符合动物防疫要求的物，通过强制免疫、补检、无害化处理、责令改正等措施使物达到动物防疫要求，切断动物疫病的传播风险。二是对行政相对人的违法行为进行处理，如对未取得《动物防疫条件合格证》开办屠宰厂、经营禁止经营的动物及动物产品、不按规定报告动物疫情等违法行为进行处理。动物卫生监督机构在实施监督时，两方面的内容都要予以考虑，既要对违法行为依法进行处理，也要对违法物进行处理。

《动物防疫法》规定，动物卫生监督机构执行监督检查任务时，可以采取下列措施，有关单位和个人不得拒绝或阻碍：

（一）对动物、动物产品按规定采样、留验、抽检

动物卫生监督机构在执行监督检查任务时，对动物、动物产品享有采样权、留验权和抽检权。

1. 采样

采样是指动物卫生监督机构依据规定的范围、条件、程序、数量、比例等对动物及动物产品采集样品的行政行为。采样应注意以下事项：一是采集样品不是必须采集，是否采集应当根据具体情况确定。二是具体采样时不能随意进行，必须依照规定的范围、条件、程序、数量、比例等进行采集。三是采集的对象是《动物防疫法》规定的动物和动物产品的范围，不能超出《动物防疫法》规定范围进行采集样品，超出《动物防疫法》所规定的动物和动物产品范围的，被采集的单位和个人有权拒绝。四是采集样品是无偿采集。

2. 留验

留验是指按照有关规定，动物卫生监督机构在执行监督检查任务时，责令行政相对人在补检结果、检验结论未确定之前，不得移动被监督检查的动物、动物产品的行政行为。如动物卫生监督机构实施监督检查时，留验货主的动物实施补检，货主不得移动被留验的动物。需要说明的是，要注意留验与查封、扣押措施的区别，两者适用的对象和前提不同，查封、扣押的对象是染疫或者疑似染疫的动物、动物产品，也就是说，被查封、扣押的动物、动物产品感染了动物疫病或疑似感染动物疫病为适用前提；而留验的对象是临床检查可能是健康的，但结论尚不确定的动物、动物产品，适用的前提是为了等待补检或者检验结论。

3. 抽检

抽检是指动物卫生监督机构根据需要按规定对动物和动物产品进行的抽查、检验的行政行为。例如，动物卫生监督机构对动物产品抽样进行检验。

（二）对染疫或者疑似染疫的动物、动物产品及相关物品进行隔离、查封、扣押和处理

动物卫生监督机构在执行监督检查任务时，对染疫或者疑似染疫的动物、动物产品及相关物品可以采取隔离、查封、扣押和处理措施。该行政措施包括三种情况：一是对于已经染疫或者疑似染疫的动物进行隔离、扣押或处理。二是对于已经染疫或者疑似染疫的动物产品进行查封、扣押或处理。三是对相关物品进行查封、扣押和处理。需要说明的是，只有动物、动物产品涉嫌染疫或疑似染疫这一条件时，动物卫生监督机构才可以采取隔

离、查封或扣押措施。实践中动物卫生监督机构将不符合这一条件的动物或动物产品采取查封或扣押措施的行为应当纠正，如对病死或死因不明的动物产品，或者对依法应当检疫而未经检疫的动物产品采取查封或扣押措施。

1. 隔离

隔离是指动物卫生监督机构将染疫或者疑似染疫的动物与健康的动物分开，避免其相互接触的一种行政管理措施。通过隔离，可以最大限度地缩小动物疫病的传播范围，减少动物染病传播的机会。

2. 查封

查封是指动物卫生监督机构对染疫或者疑似染疫的动物、动物产品及其相关物品采取现场封存的一种强制性措施。

3. 扣押

扣押是指动物卫生监督机构对染疫或者疑似染疫的动物、动物产品及其相关物品采取异地扣留在安全场所的一种强制性措施。

4. 处理

处理是指动物卫生监督机构对染疫或者疑似染疫的动物、动物产品及其相关物品采取消毒、无害化处理或者予以销毁等方式的行政管理措施。

适用查封、扣押行政强制措施应注意的事项：第一，必须有充分的证据证明动物、动物产品已经染疫或者判断疑似染疫。第二，"相关物品"主要是指被污染或可疑污染的粪便、垫料、饲料、污水、交通工具、用具、圈舍，等等。对运载工具，应当将动物、动物产品卸载并消毒后放行，不得扣押运输车辆。第三，动物卫生监督机构采取的查封、扣押等行政强制措施并不是最终的处理结果，应当在规定期限内根据进一步的检验或检测结果，对动物、动物产品作出相应的处理决定。第四，动物卫生监督机构要安排好查封、扣押期间的看管和监管工作。第五，在采取强制性措施时要符合《行政强制法》规定的程序，并制作查封、扣押决定书和清单，送达行政相对人。

（三）对依法应当检疫而未经检疫的动物实施补检

《动物防疫法》规定，屠宰、经营、运输以及参加展览、演出和比赛的动物必须进行检疫，人工捕获的可能传播动物疫病的野生动物，经检疫合格方可饲养、经营和运输。未经检疫是指行政相对人屠宰、经营、运输以及参加展览、演出和比赛的动物，饲养、经营、运输人工捕获的可能传播动物疫病的野生动物未经动物卫生监督机构实施检疫，未获得检疫许可，没有取得检疫许可的法律文件。屠宰、经营、运输以及参加展览、演出和比赛的动物，应当附有《动物检疫合格证明》；经铁路、公路、水路、航空运输依法应当检疫的动物，托运人托运时应当提供《动物检疫合格证明》，没有《动物检疫合格证明》的，承运人不得承运。动物卫生监督机构可以查验检疫证明。动物卫生监督机构在监督检查中，发现依法应当检疫而未经检疫的动物，有权依法实施补检，补检措施是预防、控制动物疫病的一项重要手段。

依法应当检疫而未经检疫的动物，由动物卫生监督机构依法实施补检。符合下列条件的，由动物卫生监督机构出具《动物检疫合格证明》；不符合的，按照农业部有关规定进行处理：第一，畜禽标识符合农业部规定。第二，临床检查健康。第三，农业部规定需要进行实验室疫病检测的，检测结果符合要求。

（四）对依法应当检疫而未经检疫的动物产品，具备补检条件的实施补检，不具备补检条件的予以没收销毁

经营和运输依法应当检疫而未经检疫的动物产品，或跨省引进种用动物的精液、胚胎、种蛋而未经检疫的行为是违法行为，对违法行为人应当给予行政处罚。对动物产品实施补检也是预防、控制动物疫病而采取的一种补救措施。《动物防疫法》规定，经营、运输的动物产品，以及跨省、自治区、直辖市引进种用动物的精液、胚胎、种蛋等动物产品应当依法检疫，货主在出售或者运输前，应当向当地动物卫生监督机构申报检疫。未经动物卫生监督机构检疫，未取得检疫证明、检疫标志，或虽然有检疫证明、检疫标志，但已经丧失法律效力的，均不得经营、运输。动物卫生监督机构在监督检查中，发现依法应当检疫而未经检疫的动物产品，有权依法实施补检，符合补检条件的，由动物卫生监督机构出具《动物检疫合格证明》，不符合补检条件或补检不合格的，按《动物防疫法》《动物检疫管理办法》的有关规定处理处罚。具体的补检条件是：

1. 骨、角、生皮、原毛、绒等产品的补检条件

依法应当检疫而未经检疫的骨、角、生皮、原毛、绒等动物产品，符合下列条件的，由动物卫生监督机构出具《动物检疫合格证明》：第一，货主在5天内提供输出地动物卫生监督机构出具的来自非封锁区的证明。第二，经外观检查无腐烂变质。第三，按有关规定重新消毒。第四，农业部规定需要进行实验室疫病检测的，检测结果符合要求。

2. 精液、胚胎、种蛋等的补检条件

依法应当检疫而未经检疫的精液、胚胎、种蛋等动物产品，符合下列条件的，由动物卫生监督机构出具《动物检疫合格证明》：第一，货主在5天内提供输出地动物卫生监督机构出具的来自非封锁区的证明和供体动物符合健康标准的证明。第二，在规定的保质期内，并经外观检查无腐败变质。第三，农业部规定需要进行实验室疫病检测的，检测结果符合要求。

3. 肉、脏器、脂、头、蹄、血液、筋等的补检条件

依法应当检疫而未经检疫的肉、脏器、脂、头、蹄、血液、筋等动物产品，符合下列条件的，由动物卫生监督机构出具《动物检疫合格证明》：第一，货主在5天内提供输出地动物卫生监督机构出具的来自非封锁区的证明。第二，经外观检查无病变、无腐败变质。第三，农业部规定需要进行实验室疫病检测的，检测结果符合要求。

（五）查验检疫证明、检疫标志和畜禽标识

检疫证明、检疫标志是动物、动物产品依法经过检疫的唯一法律凭证；畜禽标识承载动物的来源、强制免疫等信息，他们是对动物防疫活动进行管理的重要法律措施。《动物防疫法》第四十三条规定，屠宰、经营、运输以及参加展览、演出和比赛的动物，应当附有检疫证明；经营和运输的动物产品，应当附有检疫证明、检疫标志。第十四条规定，经强制免疫的动物，应当按照国务院兽医主管部门的规定建立免疫档案，加施畜禽标识，实

施可追溯管理。不言而喻，动物卫生监督机构查验检疫证明、检疫标志和畜禽标识，可以直接发现行政相对人是否履行强制免疫的法定义务，屠宰、经营、运输动物或经营和运输的动物产品是否获得检疫许可，从而对违法行为人及动物和动物产品作出相应处理，从而达到维护公共卫生安全的目的。动物卫生监督机构查验检疫证明、检疫标志时，应当依法进行，不得重复检疫收费。

（六）进入有关场所调查取证，查阅、复制与动物卫生有关的资料

动物卫生监督机构进行监督管理时，有权进入有关场所并调查取证和检查、阅读、复制与动物卫生有关资料，行政相对人不得拒绝。有关场所是指与动物防疫活动有关联的场所，如动物饲养场（小区、户）、屠宰场、动物交易场所、无害化处理场、隔离场、动物和动物产品的承运单位，等等。法律赋予动物卫生监督机构有进入这些相关场所的权力，意味着相关单位不得以任何理由拒绝。当然，进入饲养场时，尽量减少进入人员的数量，同时要注意作好防疫消毒，避免给当事人造成损害。与动物防疫活动相关的资料，是指养殖档案、免疫记录、消毒记录、销售记录、屠宰记录、无害化处理记录、隔离情况记录、动物产品加工和贮藏记录、运输动物和动物产品情况记录，等等，能体现动物防疫活动的所有书面记载资料。动物卫生监督机构通过调查取证，查阅、复制与动物防疫活动有关的资料，可以判断行政相对人是否按法律规定从事相应的活动；对怀疑有违法行为的，可以复制这些资料，作为作出行政处罚的证据。在复制资料时，行政相对人或资料持有人应当在复制的资料上签名或者盖章；对涉及国家秘密、商业秘密或个人隐私的应当注意保密。

（七）派驻官方兽医

动物卫生监督机构根据动物疫病预防、控制需要，经当地县级以上地方人民政府批准，可以在车站、港口、机场等相关场所派驻官方兽医。也就是说动物卫生监督机构根据动物疫病预防、控制需要，经当地县级以上地方人民政府批准，可以在车站、港口、机场等相关场所派驻官方兽医进行监督检查。

根据动物疫病对养殖业生产和人体健康的危害程度，我国将动物疫病分为三类，特别是一、二类动物疫病，具有发病急、传播迅速、危害严重、防治难度大的特点。随着现代经济的发展，动物疫病的传播距离变得越来越远，范围越来越广，切断动物疫病的传播途径，是预防、控制动物疫病发生的有效措施。加强车站、港口、机场运输环节的监管，是动物疫病防控的重要措施，可以有效地防范未经检疫的动物、动物产品进入流通领域，从而切断动物疫病的传播途径。因此动物卫生监督机构根据动物疫病预防、控制需要，在车站、港口、机场等相关场所派驻官方兽医就显得非常必要。车站包括火车站、长途汽车站、货物转运站，港口包括海港、内水港，机场包括国内机场、国际机场。但是在车站、港口、机场等相关场所派驻官方兽医，需要履行一定的法定程序，必须经当地县级以上地方人民政府批准。派驻的官方兽医，必须在法定的权限范围内实施动物卫生监督检查，做到不越权、不失职。车站、港口、机场等单位应当为官方兽医提供必要的条件。

五、对监督检查人员即官方兽医的基本要求

官方兽医是代表国家监督《动物防疫法》及相关配套法律规范贯彻执行情况的执法人员。《动物防疫法》从监督执法的基本程序和保证公正执法两个方面，对官方兽医的执法行为作出了明确规定。

（一）官方兽医执行动物卫生监督管理任务时要出示执法证件，佩戴统一标志

官方兽医是代表国家执行动物卫生监督管理任务的执法人员，行使的是法律授予的职权，代表着动物卫生监督机构的形象，也代表着国家和政府的形象。因此，在执行监督检查任务时，必须出示行政执法证件，佩戴统一标志。一是用以表明身份，说明是在执行公务，区别于个人行为。二是有利于行政相对人配合。执法证件和标志由国务院兽医主管部门即农业部统一制定，以树立统一的动物防疫执法队伍形象。根据当地政府的要求，有的地区还要同时出示当地人民政府颁发的行政执法证件。

（二）不得从事与动物防疫有关的经营性活动，监督执法时不得收费

与动物防疫有关的经营性活动是指经营动物和动物产品、屠宰动物、开办动物诊疗机构等经营性活动。动物卫生监督机构是法律授权的执法机构，官方兽医是动物防疫监督执法人员，其行为是职权行为而不是个人行为。执法的基本要求之一就是保证执法的公正性。如果动物卫生监督机构及其工作人员从事着与动物防疫有关的经营性活动，有了利益追求，不可避免就会造成乱执法现象，执法就不可能公正。同时也就失去了作为执法组织的设立宗旨，也不可能实现专门设立一个执法组织来监督《动物防疫法》的实施这一立法目的。如果动物卫生监督机构及其工作人员不遵守这项禁止性规定而收取费用，有关单位和个人有权拒绝或向同级人民政府以及兽医主管部门举报。

六、实行检疫证明法律凭证化统一管理

检疫证明、检疫标志是动物卫生监督机构出具的动物、动物产品检疫合格的唯一法律凭证，畜禽标识是国家对动物防疫实施免疫预防和可追溯管理的凭证之一，同时也是国家对动物防疫实行可追溯管理的主要措施。根据《动物防疫法》第十四条的规定，饲养动物的单位和个人应当依法履行动物疫病强制免疫义务，按照兽医主管部门的要求做好强制免疫工作。经强制免疫的动物，应当按照国务院兽医主管部门的规定建立免疫档案，加施畜禽标识，实施可追溯管理。可见，畜禽标识虽不是免疫标识，但其承载了免疫信息，可以证明饲养动物的单位和个人对强制免疫的动物是否履行了强制免疫义务，或者免疫经有关机构检测是否合格。动物的经营者依法取得相应的凭证，是其履行免疫义务后合法经营动物的法定凭证。行政主体与行政相对人之间通过这些凭证，建立起正常的动物防疫管理工作秩序。动物产品安全事关群众的生命和健康，是社会各界关注的焦点，解决肉品安全问题，必须严把检疫关；动物疫情影响着养殖业和人体健康，防控重大动物疫情的一项重要措施是动物免疫，检疫环节和免疫环节的监督管理是动物卫生监督管理的重要内容。因此，《动物防疫法》规定，由农业部制定检疫证明、检疫标志的管理办法；同时规定，禁

止转让、伪造或者变造检疫证明、检疫标志和畜禽标识；在法律责任中，也相应规定了这些违法行为人应受的行政处罚。

需要说明的是，转让检疫证明、检疫标志和畜禽标识是指依法取得检疫证明、检疫标志和畜禽标识的单位和个人，将自己某批动物、动物产品的检疫证明、检疫标志或畜禽标识以有偿或者无偿的方式提供给没有检疫证明、检疫标志和畜禽标识的单位或个人使用的行为。伪造检疫证明、检疫标志和畜禽标识，是指仿制法定检疫证明、检疫标志和畜禽标识的式样，私自制作检疫证明、检疫标志和畜禽标识的行为。变造检疫证明、检疫标志和畜禽标识是指对检疫证明、检疫标志和畜禽标识采用剪贴、挖补、涂改、拼接等方法加工处理，改变检疫证明、检疫标志和畜禽标识的已有项目和内容的一部分的行为，如改变动物或动物产品的名称、数量、签发日期、签发人等相关内容，变造包括涂改，但不限于涂改。相对人盗取空白检疫证明，并自己填写的，为伪造检疫证明。转让、伪造或者变造检疫证明、检疫标志和畜禽标识都具有主观故意，目的是逃避检疫。

动物卫生监督机构应当加强检疫证明的保管，包括空白的检疫证明和已盖好公章的检疫证明，实行专人保管，并制定严格的管理制度和领取、发放、使用制度。对未经检疫即出具检疫证明的官方兽医，要给予相应行政处分，情节严重的，应当予以开除。出具检疫证明的官方兽医负有保管检疫证明的直接责任，不得随意放置，应杜绝丢失现象发生。

第二节　动物防疫监督实务

本节梳理了饲养、屠宰、经营、贮藏、运输、隔离、无害化处理以及诊疗等环节动物卫生监督机构的法定监管内容，便于官方兽医掌握对哪些环节的哪些行为进行监管，正确履行监管职责。在监督检查时应提出监督处理意见，明确整改措施，对违法行为应当依法给予行政处罚。

一、饲养环节的监督管理内容

（一）动物防疫条件

（1）查验是否取得《动物防疫条件合格证》，以及《动物防疫条件合格证》是否有转让、伪造或者变造的行为。

（2）查验场址和经营范围是否与《动物防疫条件合格证》载明的单位地址和经营范围一致。

（3）查验饲养场、养殖小区的布局是否符合下列规定的条件：

① 场区周围是否建有围墙。

② 场区出入口处设置的消毒池是否与门同宽，且长 4 米、深 0.3 米以上。

③ 生产区与生活办公区是否分开，并有隔离设施。

④ 生产区入口处是否设置更衣消毒室，各养殖栋舍出入口是否设置消毒池或者消毒垫。

⑤ 生产区内清洁道、污染道是否分设。

⑥ 生产区内各养殖栋舍之间的距离是否在 5 米以上或者有隔离设施。

⑦ 禽类饲养场、养殖小区内的孵化间与养殖区之间是否设置隔离设施，并配备种蛋熏蒸消毒设施，孵化间的流程是否单向，不得交叉或者回流。

（4）查验动物饲养场、养殖小区是否具有下列设施设备：

① 场区入口处是否配置消毒设备。

② 生产区是否有良好的采光、通风设施设备。

③ 圈舍地面和墙壁是否选用适宜材料，方便清洗消毒。

④ 是否配备疫苗冷冻（冷藏）设备、消毒和诊疗等防疫设备的兽医室，或者虽未配备但有兽医机构为其提供相应服务。

⑤ 是否有与生产规模相适应的无害化处理、污水污物处理设施设备。

⑥ 是否有相对独立的引入动物隔离舍和患病动物隔离舍。

⑦ 种畜禽场还应查验是否有必要的防鼠、防鸟、防虫设施或者措施；是否需要设置单独的动物精液、卵、胚胎采集等区域。

（5）查验为其服务的动物防疫技术人员是否为执业兽医或者乡村兽医。

（6）查看或者询问养殖人员是否患有人畜共患病。

（二）强制免疫

① 查看是否建立了免疫、用药、疫情报告、养殖档案和畜禽标识制度。

② 了解饲养的动物种类、批次和数量，并查看养殖档案记录的信息内容是否规范，是否如实填写。

③ 查看养殖档案中记载的免疫信息，以检查是否按规定实施了强制免疫。

④ 查看有无畜禽标识制度，进入饲养区，查看动物是否佩戴畜禽标识，以检查其佩戴畜禽标识情况。

⑤ 检查是否按规定配合动物疫病预防控制机构进行动物疫病监测、检测工作。

⑥ 种畜禽场还应查验是否建立了国家规定的动物疫病的净化制度。

（三）检疫

① 查看是否建立了检疫申报制度。

② 根据掌握的存栏动物数量，查验是否有未取得检疫证明经营动物等行为。

③ 根据掌握的存栏动物数量，查验引进动物的检疫证明。检查跨省引进用于饲养的非乳用、非种用动物落地后，货主或者承运人是否在 24 小时内向所在地县级动物卫生监督机构报告。

④ 查验饲养人工捕获的可能传播动物疫病的野生动物是否取得检疫证明。

⑤ 监督货主对检疫不合格的动物进行无害化处理。

（四）疫情报告与处置

① 监督饲养者在发现动物染疫或疑似染疫时，是否立即向当地兽医主管部门、动物卫生监督机构或动物疫病预防控制机构报告。

② 监督饲养者是否有瞒报、谎报、迟报动物疫情，或者授意他人瞒报、谎报动物疫情，或阻碍他人报告动物疫情的行为。

③ 监督饲养者及其工作人员是否有发布动物疫情的行为。

④ 监督疫区内的饲养者及其工作人员，是否遵守县级以上人民政府依法作出的有关控制、扑灭动物疫病的规定。

⑤ 监督饲养者及其工作人员，是否有藏匿、转移、盗掘已被依法隔离、封存、处理的动物和动物产品的行为。

（五）隔离

① 查验相对独立的引入动物隔离舍和患病动物隔离舍能否正常运行。

② 查验饲养场所发现动物染疫或疑似染疫时，是否采取了隔离等控制措施。

③ 查看是否有隔离记录，以及隔离动物的处理方式记录。

④ 查看跨省引进的种用、乳用动物的隔离记录；查验是否有未按规定进行隔离观察的行为。

（六）消毒

① 查看是否建立了消毒制度。

② 查验消毒设施设备能否正常运行。

③ 查验进出饲养场所的运载动物、动物产品的工具装载前和卸载后是否及时清洗、消毒。

④ 查看是否有消毒记录。

（七）无害化处理

① 查看是否建立了无害化处理制度。

② 查验无害化处理设施设备能否正常运行。

③ 查验污水污物处理设施设备能否正常运行。

④ 查验是否按农业部的规定处理染疫动物及其排泄物，染疫动物产品，病死或者死因不明的动物尸体，运载工具中的动物排泄物以及垫料、包装物、容器等污染物。

⑤ 查看是否有无害化处理记录。

（八）种用、乳用动物的检测

① 查看种用、乳用动物是否符合农业部规定的健康标准。

② 检查是否按规定配合动物疫病预防控制机构对种用、乳用动物进行定期检测工作。

③ 查验经检测不合格的种用、乳用动物是否按农业部的规定进行了处理。

（九）其他内容

根据《动物防疫法》及配套法律规范，以及其他相关法律、法规和规章的规定，应当由动物卫生监督机构在饲养环节监督管理的其他内容。

二、屠宰环节的监督管理内容

(一) 动物防疫条件

(1) 查验是否取得《动物防疫条件合格证》，以及《动物防疫条件合格证》是否有转让、伪造或者变造的行为。

(2) 查验场址和经营范围是否与《动物防疫条件合格证》载明的单位地址和经营范围一致。

(3) 查验是否建立动物入场和动物产品出场登记记录，且是否如实填写。

(4) 查验或者询问屠宰人员是否患有人畜共患病。

(5) 查验动物屠宰加工场所的布局是否符合下列规定的条件。

① 场区周围是否建有围墙。

② 运输动物车辆出入口设置的消毒池是否与门同宽，且长4米、深0.3米以上的。

③ 生产区与生活办公区是否分开，并有隔离设施。

④ 入场动物卸载区域是否有固定的车辆消毒场地，并配有车辆清洗、消毒设备。

⑤ 动物入场口和动物产品出场口是否分别设置。

⑥ 屠宰加工间入口是否设置人员更衣消毒室。

⑦ 是否有与屠宰规模相适应的独立检疫室、办公室和休息室。

⑧ 是否有待宰圈、患病动物隔离观察圈、急宰间，加工原毛、生皮、绒、骨、角的，是否设置了封闭式熏蒸消毒间。

(6) 动物屠宰加工场所是否具有下列设施设备。

① 动物装卸台是否配备照明度不小于300勒克斯的照明设备。

② 生产区是否具有良好的采光设备，地面、操作台、墙壁、天棚是否耐腐蚀、不吸潮、易清洗。

③ 屠宰间是否配备检疫操作台和照明度不小于500勒克斯的照明设备。

④ 是否有与生产规模相适应的无害化处理、污水污物处理设施设备。

(二) 检疫

① 查看是否建立了检疫申报制度。

② 查验入场回收的检疫证明载明的动物数量与当日屠宰动物数量及待宰数量是否吻合。

③ 查验入场的动物是否佩戴畜禽标识。

④ 查验检疫证明的真伪性。

⑤ 监督货主对检疫不合格的动物及动物产品进行无害化处理。

(三) 疫情报告与处置

① 监督屠宰加工场所在发现动物染疫或疑似染疫时，是否立即向当地兽医主管部门、动物卫生监督机构或动物疫病预防控制机构报告。

② 监督屠宰加工场所是否有瞒报、谎报、迟报动物疫情，或者授意他人瞒报、谎报动物疫情，或阻碍他人报告动物疫情的行为。

③ 监督屠宰加工场所及其工作人员是否有发布动物疫情的行为。

④ 监督疫区内的屠宰加工场所及其工作人员，是否遵守县级以上人民政府依法作出的有关控制、扑灭动物疫病的规定。

⑤ 监督屠宰加工场所及其工作人员，是否有藏匿、转移、盗掘已被依法隔离、封存、处理的动物和动物产品的行为。

(四) 隔离

① 查验患病动物隔离观察圈能否正常运行。

② 查验屠宰加工场所发现动物染疫或疑似染疫时，是否采取了隔离等控制措施。

(五) 消毒

① 查看是否建立了消毒制度。

② 查验消毒设施设备能否正常运行。

③ 查验进出屠宰加工场所的运载动物、动物产品的工具装载前和卸载后是否及时清洗、消毒。

④ 查看是否有消毒记录。

(六) 无害化处理

① 查看是否建立了无害化处理制度。

② 查验无害化处理设施设备能否正常运行。

③ 查验污水污物处理设施设备能否正常运行。

④ 查验是否按农业部的规定处理染疫动物及其排泄物，染疫动物产品，病死或者死因不明的动物尸体，运载工具中的动物排泄物以及垫料、包装物、容器等污染物。

⑤ 查看是否有无害化处理记录。

(七) 其他内容

根据《动物防疫法》及配套法律规范，以及其他相关法律、法规和规章的规定，应当由动物卫生监督机构在屠宰环节监督管理的其他内容。

三、经营环节的监督管理内容

(一) 专营动物集贸市场的防疫条件

① 查验是否距离文化教育科研等人口集中区域、生活饮用水源地、动物饲养场和养殖小区、动物屠宰加工场所 500 米以上，距离种畜禽场、动物隔离场所、无害化处理场所 3 000 米以上，距离动物诊疗场所 200 米以上。

② 查验市场周围是否有围墙，运输动物车辆出入口设置的消毒池是否与门同宽，且

长 4 米、深 0.3 米以上的。

③ 查验场内是否设管理区、交易区、废弃物处理区，且各区相对独立。

④ 查验交易区内不同种类动物交易场所是否相对独立。

⑤ 查验是否有清洗、消毒和污水污物处理设施设备。

⑥ 查验是否有定期休市和消毒制度。

⑦ 查验是否有专门的兽医工作室。

（二）兼营动物和动物产品集贸市场的防疫条件

① 查验是否距离动物饲养场和养殖小区 500 米以上，距离种畜禽场、动物隔离场所、无害化处理场所 3 000 米以上，距离动物诊疗场所 200 米以上。

② 查验动物和动物产品交易区与市场其他区域相对隔离。

③ 查验动物交易区与动物产品交易区是否相对隔离。

④ 查验不同种类动物交易区是否相对隔离。

⑤ 查验交易区地面、墙面（裙）和台面是否防水、易清洗。

⑥ 查验是否有消毒制度。

⑦ 活禽交易市场除查验上列六项内容外，还应当查验市场内的水禽与其他家禽是否分开，宰杀间与活禽存放间是否隔离，宰杀间与出售场地是否分开，是否有定期休市制度。

（三）经营环节其他的监督管理内容

① 查验经营的动物、动物产品是否附有有效的检疫证明。

② 查看动物是否按规定佩戴畜禽标识，且畜禽标识的号码是否与检疫证明载明的一致。

③ 查看或者询问经营人员是否患有人畜共患病。

④ 查验经营者发现动物染疫或疑似染疫时，是否及时履行了疫情报告义务，并采取隔离等控制措施。

⑤ 查验经营者是否有瞒报、谎报、迟报动物疫情，或者授意他人瞒报、谎报动物疫情，或阻碍他人报告动物疫情的行为。

⑥ 监督经营者是否有发布动物疫情的行为。

⑦ 查验运载动物、动物产品的工具在装载前和卸载后是否及时清洗、消毒。

⑧ 查验是否按农业部的规定处理染疫动物及其排泄物，染疫动物产品，病死或者死因不明的动物尸体，运载工具中的动物排泄物以及垫料、包装物、容器等污染物。

⑨ 监督经营者是否遵守县级以上人民政府依法作出的有关控制、扑灭动物疫病的规定。

⑩ 监督经营者是否有藏匿、转移、盗掘已被依法隔离、封存、处理的动物和动物产品的行为。

⑪ 查验经营者是否执行定期休市制度。

⑫ 根据《动物防疫法》及配套法律规范，以及其他相关法律、法规和规章的规定，

应当由动物卫生监督机构在经营环节监督管理的其他内容。

四、贮藏环节的监督管理内容

① 查验贮藏的动物产品是否附有有效的检疫证明、检疫标志。

② 查验贮藏的动物产品是否符合检疫合格条件。

③ 查看是否有健全的出入库登记记录。

④ 查验运载动物产品的工具在装载前和卸载后是否及时清洗、消毒。

⑤ 查验消毒记录。

⑥ 监督从事贮藏的单位和个人，是否遵守县级以上人民政府依法作出的有关控制、扑灭动物疫病的规定。

⑦ 监督是否有藏匿、转移、盗掘已被依法隔离、封存、处理的动物和动物产品的行为。

⑧ 根据《动物防疫法》及配套法律规范，以及其他相关法律、法规和规章的规定，应当由动物卫生监督机构在贮藏环节监督管理的其他内容。

五、运输环节的监督管理内容

① 查看是否持有有效的检疫证明。

② 查验动物、动物产品是否符合检疫合格条件。

③ 查验运载的动物、动物产品数量是否与检疫证明载明的一致，证物是否相符合。

④ 查看运输的动物是否按规定佩戴畜禽标识，且畜禽标识的号码是否与检疫证明载明的一致。

⑤ 了解和观察动物在运输途中有无死亡和其他异常现象。

⑥ 查验从事动物运输的单位和个人，在运输途中发现动物染疫或疑似染疫时，是否及时履行了疫情报告义务，并采取隔离等控制措施。

⑦ 查验从事动物运输的单位和个人，是否有瞒报、谎报、迟报动物疫情，或者授意他人瞒报、谎报动物疫情，或阻碍他人报告动物疫情的行为。

⑧ 监督从事动物运输的单位和个人是否有发布动物疫情的行为。

⑨ 查验动物、动物产品的运载工具、垫料、包装物、容器是否符合农业部规定的动物防疫要求。

⑩ 查验运载动物、动物产品的工具在装载前和卸载后是否及时清洗、消毒。

⑪ 查验是否按农业部的规定处理染疫动物及其排泄物，染疫动物产品，病死或者死因不明的动物尸体，运载工具中的动物排泄物以及垫料、包装物、容器等污染物。

⑫ 监督从事动物运输的单位和个人，是否遵守县级以上人民政府依法作出的有关控制、扑灭动物疫病的规定。

⑬ 监督从事动物运输的单位和个人，是否有藏匿、转移、盗掘已被依法隔离、封存、处理的动物和动物产品的行为。

⑭ 询问运输人员是否患有人畜共患病。

⑮ 根据《动物防疫法》及配套法律规范，以及其他相关法律、法规和规章的规定，

应当由动物卫生监督机构在运输环节监督管理的其他内容。

六、隔离环节的监督管理内容

(一)动物防疫条件

(1)查验是否取得《动物防疫条件合格证》,以及《动物防疫条件合格证》是否有转让、伪造或者变造的行为。

(2)查验场址和经营范围是否与《动物防疫条件合格证》载明的单位地址和经营范围一致。

(3)查验隔离场所的布局是否符合下列规定的条件。

① 场区周围是否建有围墙。

② 场区出入口处设置的消毒池是否与门同宽,且长4米、深0.3米以上。

③ 饲养区与生活办公区是否分开,并有隔离设施。

④ 是否有配备消毒、诊疗和检测等防疫设备的兽医室。

⑤ 饲养区内清洁道、污染道是否分设。

⑥ 饲养区入口是否设置人员更衣消毒室。

(4)动物隔离场是否具有下列设施设备。

① 场区出入口处是否配置消毒设备。

② 是否有无害化处理、污水污物处理设施设备。

(5)查验是否配备与其规模相适应的执业兽医。

(6)查看或者询问养殖人员是否患有人畜共患病。

(二)疫情报告与处置

① 查看是否建立了疫情报告制度。

② 监督饲养者在发现动物染疫或疑似染疫时,是否立即向当地兽医主管部门、动物卫生监督机构或动物疫病预防控制机构报告。

③ 监督饲养者是否有瞒报、谎报、迟报动物疫情,或者授意他人瞒报、谎报动物疫情,或阻碍他人报告动物疫情的行为。

④ 监督饲养者及其工作人员是否有发布动物疫情的行为。

⑤ 监督疫区内的饲养者及其工作人员,是否遵守县级以上人民政府依法作出的有关控制、扑灭动物疫病的规定。

⑥ 监督饲养者及其工作人员,是否有藏匿、转移、盗掘已被依法隔离、封存、处理的动物和动物产品的行为。

(三)消毒

① 查看是否建立了消毒制度。

② 查验消毒设施设备能否正常运行。

③ 查验进出饲养场所的运载动物、动物产品的工具装载前和卸载后是否及时清洗、

消毒。

④ 查看是否有消毒记录。

(四) 无害化处理

① 查看是否建立了无害化处理制度。

② 查验无害化处理设施设备能否正常运行。

③ 查验污水污物处理设施设备能否正常运行。

④ 查验是否按农业部的规定处理染疫动物及其排泄物，染疫动物产品，病死或者死因不明的动物尸体，运载工具中的动物排泄物以及垫料、包装物、容器等污染物。

⑤ 查看是否有无害化处理记录。

(五) 其他需要监督管理的内容

① 根据掌握的存栏动物数量，查验饲养动物的检疫证明。

② 查验是否建立了动物和动物产品进出登记、免疫、用药等制度。

③ 查验动物和动物产品进出登记记录的信息内容是否规范，是否如实填写。

④ 查看免疫信息，以检查是否按规定实施了强制免疫。

⑤ 根据《动物防疫法》及配套法律规范，以及其他相关法律、法规和规章的规定，应当由动物卫生监督机构在隔离环节监督管理的其他内容。

七、无害化处理环节的监督管理内容

(一) 动物防疫条件

(1) 查验是否取得《动物防疫条件合格证》，以及《动物防疫条件合格证》是否有转让、伪造或者变造的行为。

(2) 查验场址和经营范围是否与《动物防疫条件合格证》载明的单位地址和经营范围一致。

(3) 查验无害化场的布局是否符合下列规定的条件。

① 场区周围是否建有围墙。

② 场区出入口处设置的消毒池是否与门同宽，且长4米、深0.3米以上。

③ 无害化处理区与生活办公区是否分开，并有隔离设施。

④ 无害化处理区内是否设置染疫动物扑杀间、无害化处理间、冷库等。

⑤ 动物扑杀间、无害化处理间入口处是否设置人员更衣室，出口处是否设置消毒室。

(4) 无害化处理场所是否具有下列设施设备。

① 是否配置机动消毒设备。

② 动物扑杀间、无害化处理间等是否配备相应规模的无害化处理、污水污物处理设施设备。

③ 是否有运输动物和动物产品的专用密闭车辆。

(二) 消毒

① 查看是否建立了消毒制度。

② 查验消毒设施设备能否正常运行。

③ 查验进出饲养场所的运载动物、动物产品的工具装载前和卸载后是否及时清洗、消毒。

④ 查看是否有消毒记录。

(三) 无害化处理

① 查看是否建立了无害化处理制度。

② 查验无害化处理设施设备能否正常运行。

③ 查验污水污物处理设施设备能否正常运行。

④ 查验是否按农业部的规定处理染疫动物及其排泄物,染疫动物产品,病死或者死因不明的动物尸体,运载工具中的动物排泄物以及垫料、包装物、容器等污染物。

⑤ 查看是否有无害化处理记录。

(四) 其他需要监督管理的内容

① 查验是否建立了动物和动物产品入场登记制度、且入场登记记录的信息内容是否规范,是否如实填写。

② 查验是否建立人员防护制度,且人员防护制度是否落实。

③ 查验是否建立了无害化处理后物品流向登记制度,且物品流向登记记录的信息内容是否规范、是否如实填写。

④ 查验运输动物和动物产品的专用密闭车辆是否能正常运行。

⑤ 根据《动物防疫法》及配套法律规范,以及其他相关法律、法规和规章的规定,应当由动物卫生监督机构在无害化处理环节监督管理的其他内容。

八、动物诊疗环节的监督管理内容

(一) 动物诊疗机构

(1) 查验是否取得《动物诊疗许可证》,以及是否有使用伪造、变造、受让、租用、借用的《动物诊疗许可证》的行为。

(2) 查验是否按《动物诊疗许可证》核定的诊疗活动范围从事动物诊疗活动。

(3) 查验从业地点、诊疗活动范围是否与《动物诊疗许可证》载明的执业地点、诊疗活动范围一致。

(4) 查验诊疗机构是否符合下列规定的条件。

① 动物诊疗场所是否设有独立的出入口,出入口是否设在居民住宅楼内或者院内,是否与同一建筑物的其他用户共用通道。

② 是否具有布局合理的诊疗室、手术室、药房等设施。

③ 是否具有诊断、手术、消毒、冷藏、常规化验、污水处理等器械设备。

④ 是否具有 1 名以上取得执业兽医师资格证书的人员。

⑤ 是否具有完善的诊疗服务、疫情报告、卫生消毒、兽药处方、药物和无害化处理等管理制度。

⑥ 对从事动物颅腔、胸腔和腹腔手术的诊疗机构，还应查验是否具有手术台、X 光机或者 B 超等器械设备，是否具有 3 名以上取得执业兽医师资格证书的人员。

（5）查验不具备从事动物颅腔、胸腔和腹腔手术能力的诊疗机构，是否使用"动物医院"的名称。

（6）查验动物诊疗机构设立的分支机构，是否按规定办理了《动物诊疗许可证》。

（7）查验动物诊疗机构变更名称或者法定代表人（负责人）后，是否向原发证机关申请办理了变更手续。

（8）查验是否在诊疗场所的显著位置悬挂了《动物诊疗许可证》，是否公示了从业人员的基本情况。

（9）查验动物诊疗机构是否按照国家兽药管理的规定使用兽药，是否有使用假劣兽药和农业部规定禁止使用的药品及其他化合物的行为。

（10）查验兼营宠物用品、宠物食品、宠物美容等项目的动物诊疗机构，其兼营区域是否与动物诊疗区域分别独立设置。

（11）查验动物诊疗机构是否使用规范的病历、处方笺，病历、处方笺是否印有动物诊疗机构名称。病历档案是否保存 3 年以上。

（12）查验动物诊疗机构是否有不使用病历，或者应当开具处方未开具处方的行为。

（13）查验安装、使用具有放射性诊疗设备的动物诊疗机构，是否有环境保护部门的批准文件。

（14）查验动物诊疗机构在诊疗活动中发现动物染疫或者疑似染疫时，是否按国家规定立即向当地兽医主管部门、动物卫生监督机构或者动物疫病预防控制机构报告，是否采取了防止动物疫情扩散的隔离等控制措施。

（15）查验动物诊疗机构发现动物患有或者疑似患有国家规定应当扑杀的疫病时，是否擅自进行了治疗。

（16）查验动物诊疗机构是否按照农业部的规定处理病死动物、动物病理组织和医疗废弃物。

（17）查验动物诊疗机构是否有排放未经无害化处理或者处理不达标的诊疗废水的行为。

（18）查验动物诊疗机构是否有阻碍、拒绝执业兽医参加当地人民政府或者兽医主管部门开展的预防、控制和扑灭动物疫病的活动。

（19）查验动物诊疗机构是否配合兽医主管部门、动物卫生监督机构、动物疫病预防控制机构进行有关法律法规宣传、流行病学调查和监测工作。

（20）查验动物诊疗机构是否定期对本单位工作人员进行专业知识和相关政策、法规培训。

（二）执业兽医

① 查验从事动物诊疗活动的执业兽医是否取得《兽医师执业证书》，从事动物诊疗辅助活动的执业兽医是否取得《助理兽医师执业证书》。

② 查验执业兽医是否有使用伪造、变造、受让、租用、借用的兽医师执业证书或者助理兽医师执业证书的行为。

③ 查验执业兽医是否按注册机关核定的执业范围从事动物诊疗活动。

④ 查验执业兽医变更受聘的动物诊疗机构，是否按规定重新办理了注册或者备案手续。

⑤ 查验执业兽医是否有同时在两个或者两个以上动物诊疗机构执业的行为。

⑥ 查验执业助理兽医师是否有违反规定开具处方、填写诊断书、出具有关证明文件的行为。

⑦ 查验经注册和备案专门从事水生动物疫病诊疗的执业兽医师和执业助理兽医师，是否有从事其他动物疫病诊疗活动的行为。

⑧ 查验执业兽医是否有不使用病历，或者应当开具处方未开具处方的行为。

⑨ 查验执业兽医是否有使用不规范的处方笺、病历册，或者未在处方笺、病历册上签名的行为。

⑩ 查验执业兽医是否有未经亲自诊断、治疗，开具处方药、填写诊断书或出具有关证明文件的行为。

⑪ 查验执业兽医是否有伪造诊断结果或者出具虚假证明文件的行为。

⑫ 查验执业兽医是否按照技术操作规范从事动物诊疗和动物诊疗辅助活动。

⑬ 查验执业兽医在诊疗活动中发现动物染疫或者疑似染疫时，是否按国家规定立即向当地兽医主管部门、动物卫生监督机构或者动物疫病预防控制机构报告，是否采取了防止动物疫情扩散的隔离等控制措施。

⑭ 查验执业兽医在动物诊疗活动中发现动物患有或者疑似患有国家规定应当扑杀的疫病时，是否擅自进行了治疗。

⑮ 查验执业兽医是否按照国家有关规定合理使用兽药，是否有使用假劣兽药和农业部规定禁止使用的药品及其他化合物的行为。

⑯ 查验执业兽医师在执业活动中发现可能与兽药使用有关的严重不良反应的情况，是否立即向所在地人民政府兽医主管部门报告。

⑰ 查验执业兽医是否按照当地人民政府或者兽医主管部门的要求，参加预防、控制和扑灭动物疫病活动。

（三）乡村兽医

① 查验从事动物诊疗服务活动的乡村兽医是否取得《乡村兽医登记证》。

② 查验乡村兽医是否只在《乡村兽医登记证》载明的从业区域内从事动物诊疗服务活动。

③ 查验从事动物诊疗服务活动的乡村兽医持有的《乡村兽医登记证》是否在有效

期内。

④ 查验乡村兽医在乡村从事动物诊疗服务活动时，是否有固定的从业场所和必要的兽医器械。

⑤ 查验乡村兽医是否按照《兽药管理条例》和农业部的规定使用兽药，是否如实记录用药情况。

⑥ 查验乡村兽医在动物诊疗服务活动中，是否按照规定处理使用过的兽医器械和医疗废弃物。

⑦ 查验乡村兽医在动物诊疗服务活动中发现动物染疫或者疑似染疫时，是否按国家规定立即报告，是否采取了防止动物疫情扩散的隔离等控制措施。

⑧ 查验执业兽医在动物诊疗服务活动中发现动物患有或者疑似患有国家规定应当扑杀的疫病时，是否擅自进行了治疗。

⑨ 发生突发动物疫情时，查验乡村兽医是否按照当地人民政府或者有关部门的要求参加动物疫病预防、控制和扑灭活动。

第三节　违反动物防疫法律规范的法律责任

一、动物卫生行政管理主体违反《动物防疫法》的行政法律责任

1. 地方各级人民政府及其工作人员不履行《动物防疫法》规定的法定职责的法律责任

地方各级人民政府及其工作人员未依照《动物防疫法》的规定履行职责的，对直接负责的主管人员和其他直接责任人员依法给予处分。

2. 兽医主管部门及其工作人员违反《动物防疫法》的法律责任

县级以上人民政府兽医主管部门及其工作人员违反《动物防疫法》规定，有下列行为之一的，由本级人民政府责令改正，通报批评；对直接负责的主管人员和其他直接责任人员依法给予处分：

（1）未及时采取预防、控制、扑灭等措施的。

（2）对不符合条件的颁发《动物防疫条件合格证》《动物诊疗许可证》，或者对符合条件的拒不颁发《动物防疫条件合格证》《动物诊疗许可证的》。

（3）其他未依照本法规定履行职责的行为。

3. 动物卫生监督机构及其工作人员违反《动物防疫法》的法律责任

动物卫生监督机构及其工作人员违反《动物防疫法》的规定，有下列行为之一的，由本级人民政府或者兽医主管部门责令改正，通报批评；对直接负责的主管人员和其他直接责任人员依法给予处分：

（1）对未经现场检疫或者检疫不合格的动物、动物产品出具检疫证明、加施检疫标志，或者对检疫合格的动物、动物产品拒不出具检疫证明、加施检疫标志的。

（2）对附有检疫证明、检疫标志的动物、动物产品重复检疫的。

（3）从事与动物防疫有关的经营性活动，或者在国务院财政部门、物价主管部门规定外加收费用、重复收费的。

（4）其他未依照本法规定履行职责的行为。

4. 动物疫病预防控制机构及其工作人员违反《动物防疫法》的法律责任

动物疫病预防控制机构及其工作人员违反《动物防疫法》的规定，有下列行为之一的，由本级人民政府或者兽医主管部门责令改正，通报批评；对直接负责的主管人员和其他直接责任人员依法给予处分：

（1）未履行动物疫病监测、检测职责或者伪造监测、检测结果的。

（2）发生动物疫情时未及时进行诊断、调查的。

（3）其他未依照本法规定履行职责的行为。

5. 地方各级人民政府、各有关部门及其工作人员违反《动物防疫法》规定的疫情报告方面的法律责任

地方各级人民政府、有关部门及其工作人员瞒报、谎报、迟报、漏报或者授意他人瞒报、谎报、迟报动物疫情，或者阻碍他人报告动物疫情的，由上级人民政府或者有关部门责令改正，通报批评；对直接负责的主管人员和其他直接责任人员依法给予处分。

二、行政相对人违反动物防疫法律规范的行政法律责任

（一）行政相对人违反动物疫病预防法律规范的法律责任

1. 不履行强制免疫义务

饲养动物的单位和个人违反《动物防疫法》第十四条第二款，不按照动物疫病强制免疫计划进行免疫接种，由动物卫生监督机构责令改正，给予警告；拒不改正的，由动物卫生监督机构代作处理，所需处理费用由违法行为人承担，可以处1 000元以下罚款。

2. 不按规定检测或处理种用、乳用动物

行政相对人违反《动物防疫法》第十八条第二款，饲养的种用、乳用动物未经检测或者经检测不合格而不按照规定处理的由动物卫生监督机构责令改正，给予警告；拒不改正的，由动物卫生监督机构代作处理，所需处理费用由违法行为人承担，可以处1 000元以下罚款。

3. 不按规定建立免疫档案、加施畜禽标识

行政相对人违反《动物防疫法》第十四条第三款，对经强制免疫的动物未按照国务院兽医主管部门规定建立免疫档案、加施畜禽标识的，依照《中华人民共和国畜牧法》第六十六条的规定进行处理，即由县级以上人民政府畜牧兽医主管部门责令限期改正，可以处1万元以下罚款。需要说明的是，动物卫生监督机构发现违法行为人有该违法行为的，应当移交给当地兽医主管部门，动物卫生监督机构无权对该违法行为实施处罚。

4. 不按规定处置染疫动物及污染物品

行政相对人违反《动物防疫法》第二十一条第二款、第四十八条，不按照国务院兽医主管部门规定处置染疫动物及其排泄物，染疫动物产品，病死或者死因不明的动物尸体，运载工具中的动物排泄物以及垫料、包装物、容器等污染物以及其他经检疫不合格的动物、动物产品的，由动物卫生监督机构责令无害化处理，所需处理费用由违法行为人承担，可以处3 000元以下罚款。

5. 违反禁止屠宰、经营、运输动物或者生产、经营、加工、贮藏、运输动物产品的违法行为

行政相对人违反《动物防疫法》第二十五条，屠宰、经营、运输动物或者生产、经营、加工、贮藏、运输动物产品有下列情形之一的，由动物卫生监督机构责令改正、采取补救措施，没收违法所得和动物、动物产品，并处同类检疫合格动物、动物产品货值金额1倍以上5倍以下罚款：

(1) 封锁疫区内与所发生动物疫病有关的。

(2) 疫区内易感染的。

(3) 依法应当检疫而未经检疫或者检疫不合格的。

(4) 染疫或者疑似染疫的。

(5) 病死或者死因不明的。

(6) 其他不符合国务院兽医主管部门有关动物防疫规定的。其中依法应当检疫而未检疫经补检合格的，适用《动物防疫法》第七十八条进行处罚。

6. 兴办动物饲养等场所未取得《动物防疫条件合格证》

行政相对人违反《动物防疫法》第二十条，兴办动物饲养场（养殖小区）和隔离场所、动物屠宰加工场所，以及动物和动物产品无害化处理场所，未取得《动物防疫条件合格证》的，由动物卫生监督机构责令改正，处1 000元以上1万元以下罚款；情节严重的，处1万元以上10万元以下罚款。

7. 动物饲养等场所变更地址或者经营范围未重新申请《动物防疫条件合格证》

已经取得《动物防疫条件合格证》的动物饲养场（养殖小区）、动物隔离场所、动物屠宰加工场所、或者动物和动物产品无害化处理场所，违反《动物防疫条件审查办法》第三十一条第一款，变更场所地址或者经营范围，未按规定重新申请《动物防疫条件合格证》，由动物卫生监督机构责令改正，处1 000元以上1万元以下罚款；情节严重的，处1万元以上10万元以下罚款。

8. 动物饲养等场所未经审查擅自变更布局、设施设备和制度

已经取得《动物防疫条件合格证》的动物饲养场（养殖小区）、动物隔离场所、动物屠宰加工场所、或者动物和动物产品无害化处理场所，违反《动物防疫条件审查办法》第三十一条第二款，未经审查擅自变更布局、设施设备和制度的，由动物卫生监督机构给予警告。对不符合动物防疫条件的，由动物卫生监督机构责令改正；拒不改正或者整改后仍不合格的，由发证机关收回并注销《动物防疫条件合格证》。

9. 经营动物和动物产品的集贸市场不符合动物防疫条件

专门经营动物的集贸市场、兼营动物和动物产品的集贸市场分别不符合《动物防疫条件审查办法》第二十四条、第二十五条规定的动物防疫条件，由动物卫生监督机构责令改正；拒不改正的，由动物卫生监督机构处5 000元以上2万元以下的罚款，并通报同级工商行政管理部门依法处理。

10. 转让、伪造或者变造《动物防疫条件合格证》

行政相对人违反《动物防疫条件审查办法》第三十四条，转让、伪造或者变造《动物防疫条件合格证》，由动物卫生监督机构收缴《动物防疫条件合格证》，处2 000元以上1

万元以下的罚款。

11. 使用转让、伪造或者变造的《动物防疫条件合格证》

行政相对人使用转让、伪造或者变造的《动物防疫条件合格证》，由动物卫生监督机构责令改正，处1 000元以上1万元以下罚款；情节严重的，处1万元以上10万元以下罚款。

（二）行政相对人违反动物疫情报告、公布法律规范的法律责任

1. 不履行动物疫情报告义务

从事动物疫病研究与诊疗和动物饲养、屠宰、经营、隔离、运输，以及动物产品生产、经营、加工、贮藏等活动的单位和个人违反《动物防疫法》第二十六条、第三十条的规定，不履行动物疫情报告义务的，由动物卫生监督机构责令改正；拒不改正的，对违法行为单位处1 000元以上1万元以下罚款，对违法行为个人可以处500元以下罚款。

2. 违反规定发布动物疫情

动物疫情的公布权限由国务院兽医主管部门行使，或者由国务院兽医主管部门授权的省、自治区、直辖市人民政府兽医主管部门行使。其他单位和个人违反《动物防疫法》第二十九条发布动物疫情的，由动物卫生监督机构责令改正，处1 000元以上1万元以下罚款。

（三）行政相对人违反动物疫病控制和扑灭法律规范的法律责任

1. 不遵守有关控制、扑灭动物疫病的规定

行政相对人违反《动物防疫法》，不遵守县级以上人民政府及其兽医主管部门依法作出的有关控制、扑灭动物疫病的规定，由动物卫生监督机构责令改正，处1 000元以上1万元以下罚款。

2. 藏匿、转移、盗掘已被依法隔离、封存、处理的动物和动物产品

《动物防疫法》第三十八条明确规定，任何单位和个人不得藏匿、转移、盗掘已被依法隔离、封存、处理的动物和动物产品，行政相对人违反该规定的，由动物卫生监督机构责令改正，处1 000元以上1万元以下罚款。

（四）行政相对人违反动物和动物产品检疫法律规范的法律责任

1. 未附检疫证明

行政相对人违反《动物防疫法》第四十三条规定，屠宰、经营、运输的动物未附有检疫证明，经营和运输的动物产品未附有检疫证明、检疫标志，由动物卫生监督机构责令改正，处同类检疫合格动物、动物产品货值金额10%以上50%以下罚款；对货主以外的承运人处运输费用1倍以上3倍以下罚款。参加展览、演出和比赛的动物未附有检疫证明，由动物卫生监督机构责令改正，处1 000元以上3 000元以下罚款。

2. 依法应当检疫而未经检疫

行政相对人违反《动物防疫法》第二十五条第三项的规定，屠宰、经营、运输依法应

当检疫而未经检疫的动物和生产、经营、加工、贮藏、运输依法应当检疫而未经检疫的动物产品，根据补检结果，按下列情形实施处罚：

（1）依法应当检疫而未经检疫的动物。依法应当检疫而未经检疫的动物经补检合格的，依据《动物防疫法》第二十五条第三项定性，按照第七十八条进行处罚；不符合补检条件的，依据《动物防疫法》第二十五条第三项定性，按照第七十八条进行处罚，同时对动物按照农业部的规定处理；补检不合格的，依据《动物防疫法》第二十五条定性，按照第七十六条进行处罚。

（2）依法应当检疫而未经检疫的动物产品——骨、角、生皮、原毛、绒等。骨、角、生皮、原毛、绒等动物产品经补检合格的，依据《动物防疫法》第二十五条第三项定性，按照第七十八条进行处罚；不符合补检条件的，依据《动物防疫法》第二十五条第三项定性，按照第七十八条进行处罚，同时对动物产品采取没收销毁的强制措施；补检不合格的，依据《动物防疫法》第二十五条定性，按照第七十六条进行处罚。

（3）依法应当检疫而未经检疫的动物产品——精液、胚胎、种蛋等。精液、胚胎、种蛋等动物产品经补检合格的，依据《动物防疫法》第二十五条第三项定性，按照第七十八条进行处罚；不符合补检条件的，依据《动物防疫法》第二十五条第三项定性，按照第七十八条进行处罚，同时对动物产品采取没收销毁的强制措施；补检不合格的，依据《动物防疫法》第二十五条的规定定性，按照第七十六条进行处罚。

（4）依法应当检疫而未经检疫的动物产品——肉、脏器、脂、头、蹄、血液、筋等。肉、脏器、脂、头、蹄、血液、筋等动物产品经补检合格的，依据《动物防疫法》第二十五条第三项定性，按照第七十八条进行处罚；不符合补检条件的，依据《动物防疫法》第二十五条第三项定性，按照第七十六条进行处罚；补检不合格的，依据《动物防疫法》第二十五条的规定定性，按照第七十六条进行处罚。

3. 未经审批跨省引进乳用、种用动物及遗传材料

行政相对人违反《动物防疫法》第四十六条，未办理审批手续，跨省、自治区、直辖市引进乳用动物、种用动物及其精液、胚胎、种蛋，由动物卫生监督机构责令改正，处1000元以上1万元以下罚款；情节严重的，处1万元以上10万元以下罚款。

4. 未经检疫向无规定动物疫病区输入动物、动物产品

行政相对人违反《动物防疫法》第四十五条，未经检疫，向无规定动物疫病区输入动物、动物产品，由动物卫生监督机构责令改正，处1000元以上1万元以下罚款；情节严重的，处1万元以上10万元以下罚款。

5. 不履行落地报告义务

行政相对人不履行《动物检疫管理办法》第十九条、第三十一条的规定，跨省、自治区、直辖市引进用于饲养的非乳用、非种用动物和水产苗种到达目的地后，24小时内未向所在地动物卫生监督机构报告，由动物卫生监督机构处500元以上2000元以下罚款。

6. 跨省引进乳用、种用动物未按规定进行隔离观察

行政相对人不履行《动物检疫管理办法》第二十条的规定，跨省、自治区、直辖市引进的乳用、种用动物到达输入地后，未按规定进行隔离观察，由动物卫生监督机构责令改正，处2000元以上1万元以下罚款。

7. 不按规定对运载工具进行清洗消毒

动物、动物产品的运载工具在装载前和卸载后没有及时清洗、消毒的，由动物卫生监督机构按照《动物防疫法》第七十三的规定，责令行政相对人改正违法行为，给予警告；拒不改正的，由动物卫生监督机构代作处理，所需处理费用由违法行为人承担，可以处1 000元以下罚款。

（五）行政相对人违反动物诊疗法律规范的法律责任

1. 未取得《动物诊疗许可证》从事动物诊疗活动

行政相对人违反《动物防疫法》第五十一条规定，未取得动物诊疗许可证从事动物诊疗活动，由动物卫生监督机构责令停止诊疗活动，没收违法所得；违法所得在3万元以上的，并处违法所得1倍以上3倍以下罚款；没有违法所得或者违法所得不足3万元的，并处3 000元以上3万元以下罚款。

2. 动物诊疗机构违反规定造成动物疫病扩散

行政相对人违反《动物防疫法》第五十三条、第五十六条的有关规定，造成动物疫病扩散，由动物卫生监督机构责令改正，处1万元以上5万元以下罚款；情节严重的，由发证机关吊销动物诊疗许可证。

3. 动物诊疗机构超出诊疗活动范围从事动物诊疗活动

行政相对人违反《动物诊疗机构管理办法》第四条的规定，超出动物诊疗许可证核定的诊疗活动范围从事动物诊疗活动，由动物卫生监督机构责令停止诊疗活动，没收违法所得；违法所得在3万元以上的，并处违法所得1倍以上3倍以下罚款；没有违法所得或者违法所得不足3万元的，并处3 000元以上3万元以下罚款。情节严重的，报原发证机关收回、注销其动物诊疗许可证。

4. 动物诊疗机构不按规定重新办理《动物诊疗许可证》

行政相对人违反《动物诊疗机构管理办法》的规定，变更从业地点、诊疗活动范围未重新办理动物诊疗许可证，由动物卫生监督机构责令停止诊疗活动，没收违法所得；违法所得在3万元以上的，并处违法所得1倍以上3倍以下罚款；没有违法所得或者违法所得不足3万元的，并处3 000元以上3万元以下罚款。情节严重的，报原发证机关收回、注销其动物诊疗许可证。

5. 动物诊疗机构不按规定使用《动物诊疗许可证》

行政相对人违反《动物诊疗机构管理办法》的规定，使用伪造、变造、受让、租用、借用的动物诊疗许可证的，动物卫生监督机构应当依法收缴，并由动物卫生监督机构责令停止诊疗活动，没收违法所得；违法所得在3万元以上的，并处违法所得1倍以上3倍以下罚款；没有违法所得或者违法所得不足3万元的，并处3 000元以上3万元以下罚款。出让、出租、出借动物诊疗许可证的，原发证机关应当收回、注销其动物诊疗许可证。

6. 动物诊疗机构取得《动物诊疗许可证》后不再具备规定条件的

动物诊疗场所不再具备《动物诊疗机构管理办法》第五条、第六条规定的条件，由动物卫生监督机构给予警告，责令限期改正；逾期仍达不到规定条件的，由原发证机关收回、注销其动物诊疗许可证。

7. 动物诊疗机构停业或不报告动物诊疗活动情况

动物诊疗机构连续停业两年以上的，或者违反《动物诊疗机构管理办法》的规定，连续两年未向发证机关报告动物诊疗活动情况，拒不改正的，由原发证机关收回、注销其动物诊疗许可证。

8. 动物诊疗机构变更机构名称或者法定代表人未办理变更手续

行政相对人违反《动物诊疗机构管理办法》的规定，变更动物诊疗机构名称或者法定代表人（负责人），未向原发证机关办理变更手续，由动物卫生监督机构给予警告，责令限期改正；拒不改正或者再次出现同类违法行为的，处以1 000元以下罚款。

9. 动物诊疗机构未按规定悬挂《动物诊疗许可证》或公示从业人员基本情况

行政相对人违反《动物诊疗机构管理办法》的规定，未在诊疗场所悬挂《动物诊疗许可证》或者公示从业人员基本情况，由动物卫生监督机构给予警告，责令限期改正；拒不改正或者再次出现同类违法行为的，处以1 000元以下罚款。

10. 动物诊疗机构不使用病历或者应当开具处方未开具处方

行政相对人违反《动物诊疗机构管理办法》的规定，不使用病历或者应当开具处方未开具处方，由动物卫生监督机构给予警告，责令限期改正；拒不改正或者再次出现同类违法行为的，处以1 000元以下罚款。

11. 动物诊疗机构使用不规范的病历或处方笺

行政相对人违反《动物诊疗机构管理办法》的规定，使用不规范的病历、处方笺，由动物卫生监督机构给予警告，责令限期改正；拒不改正或者再次出现同类违法行为的，处以1 000元以下罚款。

12. 动物诊疗机构违法使用兽药或者违法处理医疗废弃物

动物诊疗机构在动物诊疗活动中，违法使用兽药的，由兽医主管部门依据《兽药管理条例》的有关规定进行处罚；动物诊疗机构在动物诊疗活动中，违法处理医疗废弃物的，由环境保护行政主管部门依据《医疗废弃物管理条例》的有关规定进行处罚。动物卫生监督机构在监督检查中发现行政相对人有违法使用兽药，或者违法处理医疗废弃物的行为，应当制作《案件移送函》，将案件材料移送给有管辖权的兽医主管部门或者环境保护行政主管部门。

13. 动物诊疗机构违法抛弃病死动物、动物病理组织和医疗废弃物以及不按规定处理诊疗废水

行政相对人违反《动物诊疗机构管理办法》的规定，随意抛弃病死动物、动物病理组织和医疗废弃物，排放未经无害化处理或者处理不达标的诊疗废水，按照《动物防疫法》第七十五条，由动物卫生监督机构责令无害化处理，所需处理费用由违法行为人承担，可以处3 000元以下罚款。

14. 未经兽医执业注册从事动物诊疗活动

行政相对人违反《动物防疫法》第五十五条第一款，未经兽医执业注册从事动物诊疗活动，由动物卫生监督机构责令停止动物诊疗活动，没收违法所得，并处1 000元以上1万元以下罚款。

15. 执业兽医违反规定，造成或者可能造成动物疫病传播、流行

执业兽医违反《动物防疫法》第五十六条，违反有关动物诊疗的操作技术规范，造成或者可能造成动物疫病传播、流行，由动物卫生监督机构给予警告，责令暂停 6 个月以上 1 年以下动物诊疗活动；情节严重的，由发证机关吊销注册证书。

16. 执业兽医使用不符合国家规定的兽药和兽医器械

执业兽医违反《动物防疫法》第五十六条，使用不符合国家规定的兽药和兽医器械，由动物卫生监督机构给予警告，责令暂停 6 个月以上 1 年以下动物诊疗活动；情节严重的，由发证机关吊销注册证书。

17. 执业兽医不按要求参加动物疫病预防、控制和扑灭

执业兽医违反《动物防疫法》第五十五条第二款，不按照当地人民政府或者兽医主管部门的要求，参加预防、控制和扑灭动物疫病的活动，由动物卫生监督机构给予警告，责令暂停 6 个月以上 1 年以下动物诊疗活动；情节严重的，由发证机关吊销注册证书。

18. 执业兽医超出执业范围从事动物诊疗活动

执业兽医违反《执业兽医管理办法》的有关规定，超出注册机关核定的执业范围从事动物诊疗活动，由动物卫生监督机构责令停止动物诊疗活动，没收违法所得，并处 1 000 元以上 1 万元以下罚款。情节严重的，报原注册机关收回、注销兽医师执业证书或者助理兽医师执业证书。

19. 执业兽医变更受聘的动物诊疗机构未重新办理注册或者备案

执业兽医违反《执业兽医管理办法》第十九条，变更受聘的动物诊疗机构，未按照规定重新办理注册或者备案手续，由动物卫生监督机构责令停止动物诊疗活动，没收违法所得，并处 1 000 元以上 1 万元以下罚款。情节严重的，报原注册机关收回、注销兽医师执业证书或者助理兽医师执业证书。

20. 不按规定使用兽医执业证书

执业兽医违反《执业兽医管理办法》的有关规定，使用伪造、变造、受让、租用、借用的《兽医师执业证书》或者《助理兽医师执业证书》，由动物卫生监督机构依法收缴伪造、变造、受让、租用、借用的《兽医师执业证书》或者《助理兽医师执业证书》，责令执业兽医停止动物诊疗活动，没收违法所得，并处 1 000 元以上 1 万元以下罚款。

21. 执业兽医师不使用病历或者应当开具处方未开具处方

执业兽医师在动物诊疗活动中，违反《执业兽医管理办法》第二十七条第一款，不使用病历或者应当开具处方未开具处方，由动物卫生监督机构给予警告，责令限期改正；拒不改正或者再次出现同类违法行为的，处以 1 000 元以下罚款。

22. 执业兽医师使用不规范的病历或处方笺

执业兽医师在动物诊疗活动中，违反《执业兽医管理办法》第二十七条第一款，使用不规范的处方笺、病历或者未在处方笺、病历册上签名，由动物卫生监督机构给予警告，责令限期改正；拒不改正或者再次出现同类违法行为的，处以 1 000 元以下罚款。

23. 执业兽医师不按规定填写诊断书、出具有关证明文件

执业兽医师在动物诊疗活动中，违反《执业兽医管理办法》第二十七条第一款，未经亲自诊断、治疗，开具处方药、填写诊断书、出具有关证明文件，由动物卫生监督机构给予警告，责令限期改正；拒不改正或者再次出现同类违法行为的，处以 1 000 元以下罚款。

24. 执业兽医师伪造诊断结果、出具虚假证明文件

执业兽医师在动物诊疗活动中，违反《执业兽医管理办法》第二十七条第二款，伪造诊断结果，出具虚假证明文件，由动物卫生监督机构给予警告，责令限期改正；拒不改正或者再次出现同类违法行为的，处以 1 000 元以下罚款。

25. 执业兽医、乡村兽医违法使用兽药

执业兽医师在动物诊疗活动中，违反《执业兽医管理办法》第二十九条的规定；乡村兽医在动物诊疗服务活动中，违反《乡村兽医管理办法》第十三条的规定，违法使用兽药，由动物卫生监督机构或兽医主管部门按照各自的职权，依照《动物防疫法》《兽药管理条例》以及其他有关法律、行政法规的规定予以处罚。

26. 收回、注销兽医师执业证书或者助理兽医师执业证书的情形

执业兽医有下列情形之一的，原注册机关应当收回、注销《兽医师执业证书》或者《助理兽医师执业证书》：

（1）死亡或者被宣告失踪的。

（2）中止兽医执业活动满两年的。

（3）被吊销兽医师执业证书或者助理兽医师执业证书的。

（4）连续两年没有将兽医执业活动情况向注册机关报告，且拒不改正的。

（5）出让、出租、出借兽医师执业证书或者助理兽医师执业证书的。

27. 乡村兽医不按照规定区域从业

乡村兽医违反《乡村兽医管理办法》第十一条，在本乡镇以外从事动物诊疗服务活动，由动物卫生监督机构给予警告，责令暂停 6 个月以上 1 年以下动物诊疗服务活动；情节严重的，由原登记机关收回、注销乡村兽医登记证。

28. 乡村兽医不按要求参加动物疫病预防、控制和扑灭

乡村兽医违反《动物防疫法》第五十五条第二款，不按照当地人民政府或者兽医主管部门的要求，参加预防、控制和扑灭动物疫病的活动，由动物卫生监督机构给予警告，责令暂停 6 个月以上 1 年以下动物诊疗服务活动；情节严重的，由原登记机关收回、注销乡村兽医登记证。

29. 收回、注销乡村兽医登记证的情形

乡村兽医有下列情形之一的，原登记机关应当收回、注销乡村兽医登记证：

（1）死亡或者被宣告失踪的。

（2）中止兽医服务活动满两年的。

需要说明的是，《动物诊疗机构管理办法》《执业兽医管理办法》《乡村兽医管理办法》中分别规定的"收回、注销其动物诊疗许可证""收回、注销兽医师执业证书或者助理兽医师执业证书"以及"收回、注销乡村兽医登记证"中的"收回、注销"并非行政处罚的种类，不得以行政处罚的方式作出行政行为。

（六）行政相对人违反动物防疫监督管理法律规范的法律责任

1. 不如实提供与动物防疫活动有关资料

从事动物疫病研究与诊疗和动物饲养、屠宰、经营、隔离、运输，以及动物产品生产、经营、加工、贮藏等活动的行政相对人违反《动物防疫法》第五十九条，不如实提供与动物防疫活动有关资料，由动物卫生监督机构责令改正；拒不改正的，对违法行为单位处1 000元以上1万元以下罚款，对违法行为个人可以处500元以下罚款。

2. 拒绝动物卫生监督机构进行监督检查

从事动物疫病研究与诊疗和动物饲养、屠宰、经营、隔离、运输，以及动物产品生产、经营、加工、贮藏等活动的行政相对人违反《动物防疫法》第五十九条，拒绝动物卫生监督机构进行监督检查，由动物卫生监督机构责令改正；拒不改正的，对违法行为单位处1 000元以上1万元以下罚款，对违法行为个人可以处500元以下罚款。

3. 拒绝动物疫病预防控制机构进行动物疫病监测、检测

从事动物疫病研究与诊疗和动物饲养、屠宰、经营、隔离、运输，以及动物产品生产、经营、加工、贮藏等活动的行政相对人违反《动物防疫法》第十五条第三款、第十八条第二款，拒绝动物疫病预防控制机构进行动物疫病监测、检测，由动物卫生监督机构责令改正；拒不改正的，对违法行为单位处1 000元以上1万元以下罚款，对违法行为个人可以处500元以下罚款。

4. 转让、伪造或者变造检疫证明、检疫标志或者畜禽标识

行政相对人违反《动物防疫法》第六十一条第一款，转让、伪造或者变造检疫证明、检疫标志或者畜禽标识，由动物卫生监督机构没收违法所得，收缴检疫证明、检疫标志或者畜禽标识，并处3 000元以上3万元以下罚款。

三、动物防疫活动中的刑事法律责任

《动物防疫法》第八十四条第一款规定："违反本法规定，构成犯罪的，依法追究刑事责任"。在动物防疫活动中，承担刑事法律责任的主体既包括动物卫生行政相对人，又包括兽医主管部门、动物卫生监督机构和动物疫病预防控制机构的工作人员，还包括各级人民政府及有关部门的工作人员。因此，各级人民政府及有关部门的工作人员、各级兽医主管部门、动物卫生监督机构和动物疫病预防控制机构的工作人员要认真履行《动物防疫法》规定的职责，依法行使监督管理职责，行政相对人要依法履行动物防疫法律规范规定的义务。

四、动物防疫活动中的民事法律责任

在动物防疫活动中，承担民事法律责任的主体主要是违反动物防疫法律规范、给他人造成损害的行政相对人，动物卫生行政主体的违法行为导致的损害，主要由国家赔偿的方式来承担。在动物防疫活动中，承担民事赔偿责任必须具备3个条件：一是动物疫病传播、流行是因违法行为人引起的。二是存在客观的损害事实，即对他人人身或财产已经造成了损害。三是人身或财产损害是由于违法行为人导致动物疫病传播、流行的原因而引起的。同时具备这3个条件的，遭受损害的受害人，可以依照有关民事法律要求违法行为人进行民事赔偿，违法行为人拒绝赔偿的，受害人可依法向人民法院提起民事诉讼。

第四部分　实验室管理

第七章　兽医实验室生物安全管理

第一节　概　　述

近年来，由于 SARS 和高致病性禽流感在一些国家和地区的暴发流行，实验室生物安全问题受到了世界各国政府、国际组织和社会的高度关注。为了加强我国病原微生物实验室生物安全管理，2004 年 11 月 12 日，国务院颁布了《病原微生物实验室生物安全管理条例》（本章简称《条例》），农业部依照《条例》规定相继颁布了一系列配套规章和规范性文件。《条例》和农业部配套规章的颁布，标志着我国病原微生物实验室生物安全管理工作已纳入国家管理的重要日程，走上了法制化、规范化、制度化的轨道。

一、管理的主要法律依据

（1）《条例》（国务院令第 424 号，2004 年 11 月 12 日公布实施，根据 2016 年 1 月 13 日国务院第 119 次常务会议《国务院关于修改部分行政法规的决定》修正，根据 2018 年 3 月 19 日国务院令第 698 号《国务院关于修改和废止部分行政法规的决定》修正）。

（2）《高致病性动物病原微生物实验室生物安全管理审批办法》（农业部令第 52 号，2005 年 5 月 22 日发布实施，2016 年 5 月 30 日农业部令 2016 年第 3 号修订）。

（3）《动物病原微生物分类名录》（农业部令第 53 号，2005 年 5 月 24 日发布实施）。

（4）《高致病性动物病原微生物菌（毒）种或者样本运输包装规范》（农业部第 503 号公告，2005 年 5 月 24 日发布实施）。

（5）《动物病原微生物菌（毒）种保藏管理办法》（农业部令第 16 号，2008 年 11 月 26 日发布，2009 年 1 月 1 日实施；2016 年 5 月 30 日农业部令 2016 年第 3 号修订）。

（6）《兽医实验室生物安全管理规范》（农业部第 302 号公告，2003 年 10 月 15 日公布实施）。

（7）《实验室　生物安全通用要求》（GB 19489—2008）（2008 年 12 月 26 日发布，2009 年 7 月 1 日实施）。

（8）《动物病原微生物实验活动生物安全要求细则》（农医发〔2008〕27 号，2008 年12 月 12 日发布）。

二、管理的基本原则

（一）属地管理和条块管理相结合原则

依照《条例》第三条和第四十九条的规定，动物病原微生物实验室生物安全管理实行属地管理和条块管理相结合原则，即在坚持属地管理的基础上，按照涉及病原微生物的种类由县级以上地方人民政府兽医主管部门、卫生主管部门分别依照《条例》对辖区内所有涉及动物病原微生物的实验室、涉及人间感染的病原微生物的实验室实施监督管理，军队实验室由中国人民解放军卫生主管部门依照《条例》实施监督管理。

（二）病原微生物分类管理原则

我国对病原微生物实行分类管理。根据病原微生物的传染性、感染后对个体或者群体的危害程度，将病原微生物分为四类，第一类、第二类病原微生物统称为高致病性病原微生物。

1. 第一类病原微生物

第一类病原微生物是指能够引起人类或者动物非常严重疾病的微生物，以及我国尚未发现或者已经宣布消灭的微生物。根据《动物病原微生物分类名录》的规定，一类动物病原微生物包括口蹄疫病毒、高致病性禽流感病毒、猪水泡病病毒、非洲猪瘟病毒、非洲马瘟病毒、牛瘟病毒、小反刍兽疫病毒、牛传染性胸膜肺炎丝状支原体、牛海绵状脑病病原、痒病病原。

2. 第二类病原微生物

第二类病原微生物是指能够引起人类或者动物严重疾病，比较容易直接或者间接在人与人、动物与人、动物与动物间传播的微生物。根据《动物病原微生物分类名录》的规定，二类动物病原微生物包括猪瘟病毒、鸡新城疫病毒、狂犬病病毒、绵羊痘/山羊痘病毒、蓝舌病病毒、兔病毒性出血症病毒、炭疽芽孢杆菌、布鲁氏菌病。

3. 第三类病原微生物

第三类病原微生物是指能够引起人类或者动物疾病，但一般情况下对人、动物或者环境不构成严重危害，传播风险有限，实验室感染后很少引起严重疾病，并且具备有效治疗和预防措施的微生物。根据《动物病原微生物分类名录》的规定，三类动物病原微生物包括：

（1）多种动物共患病病原微生物，包括低致病性流感病毒、伪狂犬病病毒等 18 种。

（2）牛病病原微生物包括，牛恶性卡他热病毒、牛白血病病毒等 7 种。

（3）绵羊和山羊病病原微生物，包括山羊关节炎/脑脊髓炎病毒、梅迪/维斯纳病病毒和传染性脓疱皮炎病毒 3 种。

（4）猪病病原微生物，包括日本脑炎病毒、猪繁殖与呼吸综合征病毒等 12 种。

（5）马病病原微生物，包括马传染性贫血病毒、马动脉炎病毒等 8 种。

（6）禽病病原微生物，包括鸭瘟病毒、鸭病毒性肝炎病毒等 17 种。

（7）兔病病原微生物，包括兔黏液瘤病病毒、野兔热土拉杆菌等 4 种。

（8）水生动物病病原微生物，包括流行性造血器官坏死病毒、传染性造血器官坏死病毒等22种。

（9）蜜蜂病病原微生物，包括美洲幼虫腐臭病幼虫杆菌、欧洲幼虫腐臭病蜂房蜜蜂球菌等6种。

（10）其他动物病病原微生物，包括犬瘟热病毒、犬细小病毒等8种。

4. 第四类病原微生物

第四类病原微生物是指在通常情况下不会引起人类或者动物疾病的微生物。第四类动物病原微生物包括危险性小、低致病力、实验室感染机会少的兽用生物制品、疫苗生产用的各种弱毒病原微生物以及不属于第一、二、三类的各种低毒力的病原微生物。

（三）病原微生物实验室分级管理原则

我国根据实验室对病原微生物的生物安全防护水平，并依照国家统一的实验室生物安全标准，对病原微生物实验室实行分级管理，将实验室分为生物安全一级、二级、三级、四级。国家质量监督检验检疫总局2008年12月26日修订发布了《实验室　生物安全通用要求》（GB 19489—2008），对一、二、三、四级生物安全实验室和一、二、三、四级动物生物安全实验室的设施、设备和安全管理要求进行了明确规定，是不同级别实验室生物安全的最低标准。

实验室对病原微生物的生物安全防护水平（Biosafety Level，简称BSL），分为四级，一级最低，四级最高，分别以BSL-1、BSL-2、BSL-3、BSL-4表示；以ABSL（Animal Biosafety Level）表示包括从事动物活体操作的实验室的相应生物安全防护水平。BSL-1实验室适用于操作在通常情况下不会引起人类或者动物疾病的微生物；BSL-2适用于操作能够引起人类或者动物疾病，但一般情况下对人、动物或者环境不构成严重危害，传播风险有限，实验室感染后很少引起严重疾病，并且具备有效治疗和预防措施的微生物；BSL-3适用于操作能够引起人类或者动物严重疾病，比较容易直接或者间接在人与人、动物与人、动物与动物间传播的微生物；BSL-4适用于操作能够引起人类或者动物非常严重疾病的微生物，以及我国尚未发现或者已经宣布消灭的微生物。

三、管理的主体

农业部主管与动物有关的实验室及其实验活动的生物安全监督工作。县级以上地方人民兽医主管部门负责本辖区内与动物有关的实验室及其实验活动的生物安全管理工作。

四、管理主体的主要职责

县级以上地方人民政府兽医主管部门对兽医实验室生物安全监督管理职责包括：

（1）对病原微生物菌（毒）种、样本的采集、运输、贮存进行监督检查。

（2）对从事高致病性病原微生物相关实验活动的实验室是否符合本条例规定的条件进行监督检查。

（3）对实验室或者实验室的设立单位培训、考核其工作人员以及上岗人员的情况进行监督检查。

（4）对实验室是否按照有关国家标准、技术规范和操作规程从事病原微生物相关实验活动进行监督检查。

五、管理方式

依照《条例》第四十九条和第五十条的规定，县级以上地方人民政府兽医主管部门履行动物病原微生物实验室生物安全监督管理职责的方式主要是通过检查反映实验室执行国家有关法律、行政法规以及国家标准和要求的记录、档案、报告。

在履行监督检查职责时，有权进入被检查单位和病原微生物泄漏或者扩散现场取证、采集样品，查阅复制有关资料。需要进入从事高致病性病原微生物相关实验活动的实验室调查取证、采集样品的，应当指定或者委托专业机构实施。

六、动物病原微生物实验室或实验室设立单位的责任

实验室的设立单位及其主管部门负责实验室日常活动的管理，承担建立健全安全管理制度，检查、维护实验设施、设备，控制实验室感染的责任。具体有：

（1）负责实验室的生物安全管理。要制定严格的管理制度，定期对有关生物安全规定的落实情况进行检查，定期对实验室设施、设备、材料等进行检查、维护和更新，以确保其符合国家标准。实验室负责人为实验室生物安全的第一责任人。

（2）实验室从事实验活动应当严格遵守有关国家标准和实验室技术规范、操作规程，并指定专人监督检查实验室技术规范和操作规程的落实情况。

（3）每年定期对工作人员进行培训，保证其掌握实验室技术规范、操作规程、生物安全防护知识和实际操作技能，并进行考核。工作人员经考核合格的，方可上岗。从事高致病性病原微生物相关实验活动的实验室，应当每半年将培训、考核其工作人员的情况和实验室运行情况向省级兽医主管部门报告。

（4）从事高致病性病原微生物相关实验活动的实验室，应当建立健全安全保卫制度，采取安全保卫措施，严防高致病性病原微生物被盗、被抢、丢失、泄漏，保障实验室及其病原微生物的安全。

（5）从事高致病性病原微生物相关实验活动应当有2名以上的工作人员共同进行。进入从事高致病性病原微生物相关实验活动的实验室的工作人员或者其他有关人员，应当经实验室负责人批准。实验室应当为其提供符合防护要求的防护用品并采取其他职业防护措施。从事高致病性病原微生物相关实验活动的实验室，还应当对实验室工作人员进行健康监测，每年组织对其进行体检，并建立健康档案；必要时，应当对实验室工作人员进行预防接种。

（6）在同一个实验室的同一个独立安全区域内，只能同时从事一种高致病性病原微生物的相关实验活动。

（7）实验室应当建立实验档案，记录实验室使用情况和安全监督情况。从事高致病性病原微生物相关实验活动的实验档案保存期，不得少于20年。

（8）实验室应当依照环境保护的有关法律、行政法规和国务院有关部门的规定，对废水、废气以及其他废物进行处置，并制定相应的环境保护措施，防止环境污染。

（9）三级、四级实验室应当在明显位置标示国务院卫生主管部门和兽医主管部门规定的生物危险标识和生物安全实验室级别标志。

（10）从事高致病性病原微生物相关实验活动的实验室应当制定感染应急处置预案，并向该实验室所在地的省级兽医主管部门备案。

（11）实验室应当指定专门的机构或者人员承担实验室感染管控工作，定期检查实验室的生物安全防护、病原微生物菌（毒）种和样本保存与使用、安全操作、实验室排放的废水和废气以及其他废物处置等规章制度的实施情况。

（12）实验室发生实验室工作人员出现感染临床症状及高致病性病原微生物泄漏时，实验室工作人员应当立即采取控制措施，防止高致病性病原微生物扩散，并同时向有关部门或人员报告。

七、管理程序

兽医实验室生物安全监督管理主要是对是否取得相关许可证件，以及实验室履行生物安全法定职责和有关要求落实情况的监督检查。依照《条例》《行政处罚法》《农业行政处罚程序规定》的要求，在实践中，兽医实验室生物安全监督检查的一般步骤为：

（1）拟定监督检查计划。

（2）确定监督检查的对象、内容和检查措施。

（3）表明身份。调查取证时要有两名以上执法人员参加，出示执法证件，表明身份。

（4）进行检查和调查。执法人员有权进入被检查单位和病原微生物泄露或者扩散现场调查取证、采集样品、查阅复制有关资料。需要进入从事高致病性病原微生物相关实验室调查取证、采集样品的应当指定或者委托专业机构实施。

（5）制作检查文书。执行监督检查的执法人员应当制作有关文书，如实记录检查情况。现场检查笔录、采样记录等文书经核对无误后，应当由执法人员和被检查人、被采样人签名。被检查人、被采样人拒绝签名的，执法人员应当在自己签名后注明情况。

（6）对发现的违法行为按照《条例》的规定进行立案查处。对违规行为提出整改意见，限期整改。

（7）总结检查情况，撰写检查报告。

八、动物病原微生物实验活动管理

（一）管理范围

动物病原微生物实验活动管理范围为实验室从事与病原微生物菌（毒）种、样本有关的研究、教学、检测、诊断等活动。

（二）从事实验活动应当具备的条件

一级、二级实验室不得从事高致病性动物病原微生物实验活动。三级、四级实验室从事高致病性动物病原微生物实验活动，必须具备以下条件：（1）实验目的和拟从事的实验活动符合农业部的规定；（2）通过实验室国家认可；（3）具有与拟从事的实验活动相适应的工作人员；（4）工程质量经建筑主管部门依法检测验收合格。

（三）从事高致病性动物病原微生物实施活动的管理

三级、四级实验室需要从事某种高致病性动物病原微生物或者疑似高致病性动物病原微生物实验活动的，应当依照农业部的规定报省级以上人民政府兽医主管部门批准。实验活动结果以及工作情况应当向原批准部门报告。

实验室申报或者接受与高致病性病原微生物有关的科研项目，应当符合科研需要和生物安全要求，具有相应的生物安全防护水平。与动物间传染的高致病性病原微生物有关的科研项目，应当经国务院兽医主管部门同意；与人体健康有关的高致病性病原微生物科研项目，实验室应当将立项结果告知省级以上人民政府卫生主管部门。

第二节　兽医实验室生物安全监督管理

动物病原微生物实验室生物安全监督管理的主要工作包括实验室认证和实验活动备案审批、实验室生物安全管理体系、动物病原微生物管理、实验室安全防护设施、实验室操作标准和人员防护、实验室人员培训、实验活动记录和档案管理、实验室感染控制等八项主要内容。

一、实验室认证和实验活动备案审批监督管理

（一）监督管理的主要内容

（1）实验活动备案。查看实验室是否在"全国兽医实验室信息管理系统"对实验活动进行备案，根据备案信息掌握使用、保存动物病原微生物的名称、类别和实验室生物安全防护级别。

（2）实验室认证。查看三级、四级实验室由国务院认证认可监督管理部门确定的认可机构颁发的实验室认可证书。

（3）实验活动审批。查看农业部关于同意从事高致病性动物病原微生物或者疑似高致病性动物病原微生物实验活动的批准文件。

（二）监督管理的主要依据

（1）《病原微生物实验室生物安全管理条例》第七条、第十八条、第二十一条、第二十二条。

（2）《高致病性动物病原微生物实验室生物安全管理审批办法》。

（3）《动物病原微生物分类名录》。

（三）监督管理的处理处罚

三级、四级实验室未经批准从事某种高致病性病原微生物或者疑似高致病性病原微生

物实验活动的，责令停止有关活动，监督其将用于实验活动的病原微生物销毁或者送交保藏机构，并给予警告。

二、实验室生物安全监督管理

实验室要制定《生物安全管理手册》，《生物安全管理手册》要明确生物安全操作规程、实验室管理制度和生物安全责任制度等内容。

（一）监督管理的主要内容

1. 生物安全操作规程

操作规程应包括以下内容：

① 使用权限。

② 潜在危险。

③ 设施设备功能。

④ 实验活动目的。

⑤ 实验操作方法和步骤。

⑥ 防护要求。

⑦ 应急措施。

⑧ 实验室废弃物及污染物处理。

⑨ 实验活动记录要求。

2. 实验室管理制度

实验室是否建立健全管理制度，管理制度主要包括：

（1）实验室生物安全管理制度，应明确实验活动、实验室设施设备、实验人员管理、菌（毒）种及样品保藏和使用等管理制度。

（2）安全保卫制度。

（3）实验室感染控制制度。

（4）实验室生物安全事故应急处置预案，应包括紧急电话、联系人、实验室平面图、紧急出口、撤离路线、实验室标识系统、个体防护、危险废物的处理和处置、事件事故处理的规定和程序、从工作区撤离的规定和程序。

（5）生物安全培训制度。

（6）实验活动和课题研究申报审批制度。

（7）设施、设备、材料的检查、维护和更新。

（8）实验室生物安全检查制度。

3. 生物安全管理责任落实

（1）是否成立兽医实验室生物安全管理委员会。

（2）是否明确专门的机构和人员负责本单位的实验室生物安全管理工作。

（3）是否明确实验室的负责人，实验室负责人应至少是所在机构生物安全委员会有职权的成员。

（4）是否明确说明人员岗位职责，做到职责清晰，分工明确，责任到人。

（二）监督管理的主要依据

（1）《病原微生物生物安全管理条例》第六条、第三十一条和第三十二条。

（2）《兽医实验室生物安全管理规范》（4.4生物安全操作规程、4.8管理制度，7.4各级生物安全实验室要求）。

（3）《实验室　生物安全通用要求》（7管理要求）。

（三）监督管理的处理处罚

未制定实验室生物安全管理体系文件的，责令限期改正（《动物防疫法》第二十二条）。

三、动物病原微生物监督管理

（一）动物病原微生物的采集

1. 监督管理的主要内容

（1）查看在实验活动中采集或获得具有保藏价值动物病原微生物样本的背景资料，背景资料应详细记录样本的来源、采集过程和方法。

（2）采集的动物病原微生物涉及重大动物疫病、高致病性动物病原微生物、我国尚未发现或者已经宣布消灭的，查看农业部关于同意从事高致病性动物病原微生物相关实验活动的批准文件。

（3）查看保藏机构出具的菌（毒）种和样本的接收证明。

2. 监督管理的主要依据

（1）《重大动物疫情应急条例》第二十一条。

（2）《病原微生物实验室生物安全管理条例》第九条、第二十八条。

（3）《动物病原微生物菌（毒）种保藏管理办法》第九条、第十条。

3. 监督管理的处理处罚

（1）不符合相应条件采集重大动物疫病病料，或者在重大动物疫病病原分离时不遵守国家有关生物安全管理规定的，由动物防疫监督机构给予警告，并处5000元以下的罚款（《重大动物疫情应急条例》第四十七条）。

（2）未依照规定采集病原微生物样本，或者对所采集样本的来源、采集过程和方法等未作详细记录的责令限期改正，给予警告（《病原微生物实验室生物安全管理条例》第六十条第三项）。

（3）未及时向保藏机构提供菌（毒）种或者样本的，责令改正，拒不改正的，对单位处1万元以上3万元以下罚款，对个人处500元以上1000元以下罚款（《动物病原微生物菌（毒）种保藏管理办法》第三十三条）。

（二）菌（毒）种和样本的保藏

1. 监督管理的主要内容

（1）查看菌（毒）种或者样本的标签，标签应标明菌（毒）种名称、编号、移植和冻干日期等。

（2）查看菌（毒）种或者样本是否设专柜或专库保藏，要分类存放，实行双人双锁管理。若是保藏机构要查看保藏的一、二类菌（毒）种和样本是否设专库保藏，三、四类菌（毒）种和样本是否设专柜保藏。

（3）查看保藏机构关于保藏菌（毒）种的批准文件。

（4）保藏的菌（毒）种和样本来源于外埠的，要查看是否有《动物病原微生物菌（毒）种或样本及动物病料准运证书》或《高致病性动物病原微生物菌（毒）种、样本准运证书》。

（5）查看实验人员从事菌（毒）种领取、使用和归还等活动的记录。

（6）查看菌（毒）种和样本销毁记录或送交保藏机构的证明材料。

2. 监督管理的主要依据

（1）《病原微生物实验室生物安全管理条例》第十一条、第十四条、第十五条。

（2）《动物病原微生物菌（毒）种保藏管理办法》第十二条、第二十条、第二十三条、第二十七条。

（3）《农业部办公厅关于转发〈国家民航局关于运输动物菌毒种样本病料等有关事宜的通知〉的通知》（农办医〔2008〕45号）。

（4）《高致病性动物病原微生物实验室生物安全管理审批办法》第二十条。

3. 监督管理的处理处罚

未经批准运输高致病性病原微生物菌（毒）种或者样本的，给予警告（《病原微生物实验室生物安全管理条例》第六十二条）。

（三）菌（毒）种和样本的对外交流

1. 监督管理的主要内容

（1）查看农业部关于同意从国外引进和向国外提供菌（毒）种或者样本的批准文件。

（2）查看从国外引进和向国外提供菌（毒）种或者样本的背景材料及相关活动记录。

（3）查看保藏机构出具的菌（毒）种和样本备份的接收证明。

（4）查看菌（毒）种和样本就地销毁记录。

2. 监督管理的主要依据

《动物病原微生物菌（毒）种保藏管理办法》第二十八条、第二十九条、第三十条。

3. 监督管理的处理处罚

未经农业部批准，从国外引进或者向国外提供菌（毒）种或者样本的，责令其将菌（毒）种或者样本销毁或者送交保藏机构，并对单位处1万元以上3万元以下罚款，对个人处500元以上1000元以下罚款（《动物病原微生物菌（毒）种保藏管理办法》第三十四条）。

四、实验室生物安全防护设施监督管理

（一）BSL-1实验室生物安全防护设施设备

1. 监督管理的主要内容

（1）实验室的门是否有可视窗并可锁闭，门锁及门的开启方向要不妨碍室内人员逃生。

（2）靠近实验室的出口处是否有洗手池。

（3）在实验室门口处是否设存衣或挂衣装置，个人服装与实验室工作服应分开放置。

（4）实验室的墙壁、天花板和地面应平整、易清洁、不渗水、耐化学品和消毒剂的腐蚀，地面要防滑，不得铺设地毯。

（5）实验台面是否防水，耐腐蚀、耐热。

（6）实验室可以开启的窗户要有纱窗。

（7）若操作刺激或腐蚀性物质，应在 30 米内设洗眼设施，必要时应设紧急喷淋装置。

（8）是否配备适当的消毒设备。

（9）在实验室入口的显著位置设立公示牌和警示牌，公示实验室生物安全防护水平、实验室负责人。

2. 监督管理的主要依据

（1）《兽医实验室生物安全管理规范》（7.4.1.1 标准操作）。

（2）《实验室 生物安全通用要求》（6.1 BSL-1 实验室）。

3. 监督管理的处理处罚

责令停止有关活动，监督其将用于实验活动的病原微生物销毁或者送交保藏机构，并给予警告。

（二）BSL-2 实验室生物安全防护设施设备

1. 监督管理的主要内容

（1）满足 BSL-1 实验室的要求。

（2）实验室主入口的门、放置生物安全柜实验间的门应可自动关闭。

（3）是否配备了高压蒸汽灭菌器或其他适当的消毒设备。

（4）实验室内是否配备生物安全柜。

（5）是否有洗眼设施。

（6）如果生物安全柜的排风在室内循环，室内应具备通风换气的条件，并有防虫纱窗，如果使用需要管道排风的生物安全柜，应通过独立于建筑物公共通风系统的管道排出。

（7）实验室出口应有在黑暗中可明确辨认的标识。

（8）在实验室入口的显著位置设立公示牌和警示牌，公示实验室生物安全防护水平及实验室负责人。

2. 监督管理的主要依据

（1）《兽医实验室生物安全管理规范》（7.4.2.1 标准操作）。

（2）《实验室 生物安全通用要求》（6.2 BSL-2 实验室）。

3. 监督管理的处理处罚

责令停止有关活动，监督其将用于实验活动的病原微生物销毁或者送交保藏机构，并给予警告。

（三）BSL-3 实验室生物安全防护设施设备

1. 监督管理的主要内容

（1）满足 BSL-2 实验室的要求。

（2）实验室分区要明确，清洁区设置淋浴装置，污染区与半污染区之间、半污染区和清洁区之间应设置传递窗，传递窗双门不能同时处于开启状态，传递窗内应设物理消毒装置。

（3）通道设带闭门器的双扇门，其后是更衣室，分成一更室（清洁区）和二更室（半污染区），二更室后面为后室或称缓冲室（半污染区），进出缓冲室的门应为自动互锁。如果是多个实验室共用一个公用的走廊（或缓冲室），则进入每个实验室宜经过一个连锁的气闸（锁）门。

（4）实验室内所有窗户应为密闭窗，玻璃应耐撞击、防破碎。

（5）实验室应有安全通道和紧急出口，并有警示标识。

（6）工作台面不能渗水，耐中等热、有机溶剂、酸、碱和常用消毒剂的损害和腐蚀。

（7）墙和顶棚的表面要光滑，不刺眼、不积尘、不受化学物和常用消毒剂的腐蚀，无渗水、不凝集蒸气。

（8）地表面应该是一体、防滑、耐磨、耐腐、不反光、不积尘、不漏水。

（9）各种管道通过的孔洞必须密封。

（10）在半污染区与洗刷室之间安装双扉式高压蒸汽灭菌器。灭菌器的两个门应互为连锁，灭菌器应满足生物安全二次灭菌要求。

（11）污染区、半污染区的房间或传递窗内可安装紫外灯。

（12）实验室污染区和半污染区采用负压单向流全新风净化空调系统，不允许安装暖气、分体空调，不可用电风扇。

（13）废弃物都要分类集中装在可靠的容器内，必须在实验室内进行消毒处理。

（14）设有Ⅱ级以上（含Ⅱ级）生物安全柜，所有病原微生物的操作均在其内进行，生物安全柜每年检测一次。

（15）操作通常认为非经空气传播致病性生物因子的实验室核心工作间的气压（负压）与室外大气压的压差值不小于 30 帕（Pa），与相邻区域的压差（负压）不小于 10 帕。

（16）可有效利用安全隔离装置操作常规量经空气传播致病性生物因子的实验室核心工作间的气压（负压）与室外大气压的压差值不小于 40 帕，与相邻区域的压差（负压）不小于 15 帕。

（17）在实验室入口的显著位置设立公示牌和警示牌，公示实验室生物安全防护水平、实验室负责人。

2. 监督管理的主要依据

（1）《兽医实验室生物安全管理规范》（7.4.3.1 标准操作）。

（2）《实验室　生物安全通用要求》（6.3 BSL-3 实验室）。

3. 监督管理的处理处罚

责令停止有关活动，监督其将用于实验活动的病原微生物销毁或者送交保藏机构，并给予警告。

（四）ABSL-1 实验室生物安全防护设施设备

1. 监督管理的主要内容

（1）动物饲养间与其他区域隔离。

（2）应有Ⅰ级或2A型生物安全柜。

（3）动物饲养间的门应有可视窗，向里打开；打开的门应能够自动关闭、可以锁上。

（4）所有窗户要密闭。

（5）地漏要始终用水或消毒剂充满水封。

（6）出口处要设洗手池或手部清洁装置。

（7）动物室门口设有一个洗手水槽。

（8）动物饲养间的室内气压控制为负压。

（9）在实验室入口的显著位置设立公示牌和警示牌，公示实验室生物安全防护水平、实验室负责人。

2. 监督管理的主要依据

（1）《兽医实验室生物安全管理规范》（8.2.1.1标准操作）。

（2）《实验室　生物安全通用要求》（6.5.1 ABSL-1实验室）。

3. 监督管理的处理处罚

责令停止有关活动，监督其将用于实验活动的病原微生物销毁或者送交保藏机构，并给予警告。

（五）ABSL-2实验室生物安全防护设施设备

1. 监督管理的主要内容

（1）满足 ABSL-1实验室的要求。

（2）设高压灭菌器处理传染性废弃物。

（3）如果动物饲养间的气压不是负压，应在出入口处设置缓冲间。

（4）在出口处设置非手动洗手池或手部清洁装置。

（5）操作传染性材料以后所有设备表面和工作表面用有效的消毒剂进行常规消毒，特别是有感染因子外溢，和其他污染时更要严格消毒。

（6）在安全隔离装置内从事可能产生有害气溶胶的活动，排气应经 HEPA 过滤器过滤后排除。

（7）实验室的外部排风口应至少高出本实验室所在建筑顶部2米，要有防风、防雨、防鼠、防虫设计，这些设计不要影响气体向上空排放。

（8）污水污物应消毒灭菌处理，并对消毒灭菌效果进行监测。

（9）在实验室入口的显著位置设立公示牌和警示牌，公示实验室生物安全防护水平、实验室负责人。

2. 监督管理的主要依据

（1）《兽医实验室生物安全管理规范》（8.2.2.1标准操作）。

（2）《实验室　生物安全通用要求》（6.5.2 ABSL-2实验室）。

3. 监督管理的处理处罚

责令停止有关活动，监督其将用于实验活动的病原微生物销毁或者送交保藏机构，并给予警告。

（六）ABSL－3 实验室生物安全防护设施设备

1. 监督管理的主要内容

（1）满足 ABSL－2 实验室的要求。

（2）实验室防护区内设淋浴间。

（3）动物饲养间的出入口处应设置缓冲间。

（4）应有装置和技术对所有物品或其包装的表面在运出动物饲养间前进行清洁和消毒灭菌。

（5）操作通常认为非经空气传播致病性生物因子的动物饲养间，可有效利用安全隔离装置操作常规量经空气传播致病性生物因子的动物饲养间，其气压（负压）与室外大气压的压差值不小于 60 帕，与相邻区域的压差（负压）不小于 15 帕。

（6）在不能有效利用安全隔离装置操作常规量经空气传播致病性生物因子的动物饲养间，其缓冲间应为气锁，并具备对防护服或传递物的表面进行消毒灭菌的条件；其气压（负压）与室外大气压的压差值不小于 80 帕，与相邻区域的压差（负压）不小于 25 帕。

（7）严格执行菌（毒）种保管和使用制度。

（8）在实验室入口的显著位置设立公示牌和警示牌，公示实验室生物安全防护水平、实验室负责人。

2. 监督管理的主要依据

（1）《兽医实验室生物安全管理规范》（8.2.3.1 标准操作）。

（2）《实验室　生物安全通用要求》（6.5.3 ABSL－3 实验室）。

3. 监督管理的处理处罚

责令停止有关活动，监督其将用于实验活动的病原微生物销毁或者送交保藏机构，并给予警告。

五、实验操作标准及人员防护监督管理

（一）BSL－1 实验室实验操作标准及人员防护

1. 监督管理的主要内容

（1）实验活动在工作台上进行，工作台每天消毒一次。

（2）实验室内不准吃、喝、抽烟、用手接触隐形眼镜、存放个人物品。

（3）穿着实验室专用长工作服、戴乳胶手套。

（4）严禁用嘴吸取试验液体，应该使用专用的移液管。

（5）所有操作不能外溢、产生气溶胶。

（6）废弃物灭菌消毒后放在一个牢固不漏的容器内，再按规定进行处理。

2. 监督管理的主要依据

（1）《兽医实验室生物安全管理规范》（7.4.1.1 标准操作、7.4.1.3. 安全设备）。

（2）《实验室　生物安全通用要求》（7.16 实验室活动管理）。

3. 监督管理的处理处罚

责令限期改正，给予警告。

（二）BSL-2 实验室实验操作标准及人员防护

1. 监督管理的主要内容

（1）实验活动在工作台上进行，操作微生物必须在安全柜内进行，工作台每天消毒一次。

（2）实验室内不准吃、喝、抽烟、用手接触隐形眼镜、存放个人物品。

（3）穿着实验室专用长工作服、戴乳胶手套。

（4）严禁用嘴吸取试验液体，应该使用专用的移液管。

（5）所有操作不能外溢、飞溅、产生气溶胶。

（6）操作传染性材料后要洗手，离开实验室前脱掉手套并洗手。

（7）培养物和废弃物灭菌消毒后放在一个牢固不漏的容器内，密闭传出处理。

（8）污染的利器放在不会刺破的容器里，然后进行高压消毒灭菌后再处理。

2. 监督管理的主要依据

（1）《兽医实验室生物安全管理规范》（7.4.2.1标准操作、7.4.2.2特殊操作、7.4.2.3. 安全设备）。

（2）《实验室　生物安全通用要求》（7.16实验室活动管理）。

3. 监督管理的处理处罚

责令限期改正，给予警告。

（三）BSL-3 实验室实验操作标准及人员防护

1. 监督管理的主要内容

（1）操作微生物必须在安全柜内进行。

（2）实验室内禁止吃、喝、抽烟、用手接触隐形眼镜、存放个人物品。

（3）穿着防护性实验服、戴双层乳胶手套、佩戴防护镜或面罩，防护服消毒后再清洗。

（4）严禁用嘴吸取试验液体，应该使用专用的移液管。

（5）所有操作不能外溢、飞溅、产生气溶胶。

（6）操作传染性材料后要对手套进行消毒冲洗，离开实验室前脱掉手套并洗手。

（7）培养物、储存物和其他日常废弃物必须进行高压灭菌处理，处理后装入牢固不漏的容器内，加盖密封后传出实验室。

（8）污染的利器放在不会刺破的容器里，然后进行高压消毒灭菌后再处理。

（9）实验室卫生至少每天清洁一次，工作后随时消毒工作台面，传染性材料外溢、溅出污染时要立即消毒处理。

（10）对BSL-3实验室内操作的菌、毒种必须由两人保管，保存在安全可靠的设施内，使用前应办理批准手续，说明使用剂量，并详细登记，两人同时到场方能取出。实验要有详细使用和销毁记录。

2. 监督管理的主要依据

（1）《兽医实验室生物安全管理规范》（7.4.3.1标准操作、7.4.3.2特殊操作、

7.4.3.3. 安全设备）。

（2）《实验室　生物安全通用要求》（7.16 实验室活动管理）。

3. 监督管理的处理处罚

责令限期改正，给予警告。

（四）ABSL－1实验室实验操作标准及人员防护

1. 监督管理的内容

（1）工作人员在设施内应穿实验室工作服。

（2）与非人灵长类动物接触时应考虑其黏膜暴露对人的感染危险，要戴保护眼镜和面部防护器具。

（3）实验操作在Ⅰ级或2A型生物安全柜中进行。

（4）在动物实验室内不允许吃、喝、抽烟、处理隐形眼镜和使用化妆品、贮藏食品等。

（5）所有实验操作过程均须十分小心，以减少气溶胶的产生和外溢。

（6）实验中病原微生物意外溢出及其他污染时要及时消毒处理。

（7）动物尸体及相关废弃物，包括动物组织、尸体、垫料，都要放入防漏带盖的容器内，处置要符合国家相关规定的要求。

（8）污染的利器放在不会刺破的容器里，然后进行高压消毒灭菌后再处理。

（9）工作人员在操作培养物和动物以后要洗手消毒，离开动物设施之前脱去手套，洗手。

2. 监督管理的主要依据

（1）《兽医实验室生物安全管理规范》（8.2.1.1标准操作、8.2.1.3安全设备）。

（2）《实验室　生物安全通用要求》（7.16 实验室活动管理）。

3. 监督管理的处理处罚

责令限期改正，给予警告。

（五）ABSL－2实验室实验操作标准及人员防护

1. 监督管理的主要内容

（1）工作人员在设施内应穿实验室工作服，在离开动物实验室时脱去工作服，在操作感染动物和传染性材料时要戴手套。

（2）在评价认定危害的基础上使用个人防护器具，在室内有传染性非人灵长类动物时要戴防护面罩。

（3）进行容易产生高危险气溶胶的操作时，包括对感染动物和鸡胚的尸体、体液的收集和动物鼻腔接种，都要同时使用生物安全柜或其他物理防护设备和个人防护器具。

（4）在动物室内不允许吃、喝、抽烟、处理隐形眼镜和使用化妆品、贮藏个人食品。

（5）所有实验操作过程均须十分小心，以减少气溶胶的产生和防止外溢。

（6）操作传染性材料以后所有设备表面和工作表面用有效的消毒剂进行常规消毒，特别是有感染因子外溢和其他污染时要更严格消毒。

（7）所有样品收集放在密闭的容器内并贴标签，避免外漏。

（8）所有动物室的废弃物应放入密闭的容器内，并进行高压蒸汽灭菌处理。

（9）污染的利器放在不会刺破的容器里，然后进行高压消毒灭菌后再处理。

（10）工作人员操作培养物和动物以后要洗手，离开设施之前脱掉手套并洗手。

2. 监督管理的主要依据

（1）《兽医实验室生物安全管理规范》（8.2.2.1 标准操作、8.2.2.2 特殊操作、8.2.2.3 安全设备）。

（2）《实验室　生物安全通用要求》（7.16 实验室活动管理）。

3. 监督管理的处理处罚

责令限期改正，给予警告。

（六）ABSL－3 实验室实验操作标准及人员防护

1. 监督管理的主要内容

（1）操作传染性材料和感染动物都要使用个体防护器具，工作人员进入动物实验室前要按规定穿戴工作服，再穿特殊防护服，不得穿前开口的工作服，离开动物室前必须脱掉工作服，并进行适合的包装，消毒后清洗。

（2）不允许在动物室内吃、喝、抽烟、处理隐形眼镜和使用化妆品、贮藏个人食品。

（3）所有实验操作过程均须减少气溶胶的产生和防止外溢。

（4）操作传染性材料以后所有设备表面和工作台面用适当的消毒剂进行常规消毒。

（5）所有动物室的废弃物放入密闭的容器内并加盖，容器外表面消毒后进行高压蒸汽灭菌。

（6）污染的利器放在不会刺破的容器里，然后进行高压消毒灭菌后再处理。

（7）感染动物应饲养放在Ⅱ级生物安全设备中（如负压隔离器）。

（8）操作具有产生气溶胶危害的感染动物和鸡胚的尸体、收取的组织和体液，或鼻腔接种动物时，应该使用Ⅱ级以上生物安全柜，戴口罩或面具。

（9）所有收集的样品应贴上标签，放在能防止微生物传播的传递容器内。

（10）工作人员操作培养物和动物以后要洗手，离开设施之前脱掉手套，洗手，手套和其他废弃物一同高压灭菌。

2. 监督管理的主要依据

（1）《兽医实验室生物安全管理规范》（8.2.3.1 标准操作、8.2.3.2 特殊操作、8.2.3.3 安全设备）。

（2）《实验室处理生物安全通用要求》（7.16 实验室活动管理）。

3. 监督管理的处理处罚

责令限期改正，给予警告。

六、实验人员培训的监督管理

（一）监督管理的主要内容

（1）是否对培训内容、参加人员和培训考核等情况进行记录和建立档案。

（2）核对培训记录和实验活动操作记录，检查参与实验活动的人员是否经培训考核后上岗，每年应对实验人员培训两次。

（二）监督管理的主要依据

（1）《病原微生物实验室生物安全管理条例》第三十四条。

（2）《兽医实验室生物安全管理规范》（7.4 各级生物安全实验室要求）。

（3）《实验室　生物安全通用要求》[7.14.11 人员培训计划应包括（不限于）]。

（三）监督管理的处理处罚

责令限期改正，给予警告。

七、实验活动记录和实验档案监督管理

（一）监督管理的主要内容

（1）实验活动操作记录。

（2）菌（毒）种领取、使用和销毁记录。

（3）实验室清洁消毒记录。

（4）污染物和废弃物处理记录。

（5）仪器设备使用登记记录。

（6）生物安全柜检测记录。

（7）实验人员培训记录。

（8）BSL－3 实验室年检记录。

（二）监督管理的主要依据

（1）《病原微生物实验室生物安全管理条例》（第三十七条）。

（2）《兽医实验室生物安全管理规范》。

（3）《实验室　生物安全通用要求》（7.4.6 记录）。

（三）监督管理的处理处罚

责令限期改正，给予警告。

八、实验室感染控制监督管理

（一）监督管理的主要内容

（1）是否组织实验人员开展突发感染事件应急处理专业训练和演练等活动。

（2）是否每月开展生物安全自查活动。

（3）是否开展实验室工作人员的健康检查活动。

（4）是否定期开展设施设备的维护、修理、消毒等管理工作。

（5）是否组织操作人畜共患病病原体的实验室人员进行相应的疫苗免疫或健康检查。

（二）监督管理主要依据

（1）《病原微生物实验室生物安全管理条例》第四十二条、四十三条。

（2）《兽医实验室生物安全管理规范》（7.4 各级生物安全实验室要求）。

（3）《实验室　生物安全通用要求》（7.18 实验室设施设备管理）。

（三）监督管理的处理处罚

责令限期改正，给予警告。

第五部分　兽药管理

第八章　兽药管理

第一节　兽药管理概述

一、兽药管理的概念

兽药管理是指国家为保证兽药质量，防治动物疾病，促进养殖业发展，维护人体健康，采取措施对兽药研制、生产、经营、进出口和使用等环节的监督管理活动。

兽药具有两重性的特点。它既可以预防治疗动物疾病、改善生产性能、提高生产效率，又对动物和人类具有一定程度的负面影响。使用不当或动物体内残留超量时，会对人类健康造成影响。为充分发挥兽药效能，降低和控制兽药的负面影响，各国政府均采取有效措施，对兽药行业和兽药产品实施严格科学的管理。

兽药管理的主要内容包括：兽药研制管理、兽药生产管理、兽药经营管理、兽药进出口管理、兽药使用管理和兽药监督管理等。

二、兽药管理的目的和意义

1. 兽药管理的目的

兽药管理的根本目的在于保证兽药质量，防治动物疾病，促进养殖业发展，维护人体健康。兽药质量直接关系到动物及人体的生命健康安全。截至 2018 年 6 月，我国兽药生产企业 1 700 余家，但多数规模较小，生产工艺落后，产品质量和管理水平较低，因此国家通过制定和实施法律法规，加强对兽药研制、生产和经营等环节的管理，促使整个行业的产品质量得到提高，是非常必要的。随着养殖业的发展，人工饲养的动物种类日益增多，动物疾病时有发生和流行，有的甚至是人畜共患病，这些动物疾病不仅影响到人们的动物源性食品安全和出口贸易，而且还直接危害到人体健康，妨碍养殖业生产和经济的发展。

2. 兽药管理的意义

兽药管理是国家兽医行政管理的重要组成部分，其意义在于：

（1）保障动物药品的安全、有效、经济、合理、方便、及时，保证动物疾病的有效防治，推动养殖业及农业经济的健康发展。鉴于兽药的特殊性，用药的兽医人员和养殖者无法辨别质量，无力维护正当的权益，而质量低劣的兽药，不但起不到应有的疗效，还贻误了治疗时机，直接影响了动物疾病的有效防治。对兽用生物制品而言，还影响了流行的动物疫病的有效控制，造成较大的经济损失。因此，国家通过制定和实施兽药管理法规，加强兽药管理，推动养殖业及农业经济的健康发展。

（2）建立并维护健康的兽药市场秩序，保护合法兽药企业的正当权益。兽药管理对假劣兽药和非法生产、经营活动的打击，不仅保证了动物用药的有效安全，同时也建立和维护了健康的兽药市场秩序，抑制了不正当竞争，保护了合法兽药生产企业和兽药经营企业的正当权益，促进了兽药行业的健康发展。

（3）维护公共卫生，保证食品安全，保障消费者健康。动物的很多疫病是人畜共患病，高质量的兽药是控制动物疫病的重要工具。有效控制和消除动物疫病，包括人畜共患病，是对公共卫生的巨大贡献。兽药的另一个特点是能通过食物链，传递给人体，因此兽药管理的另一项重要任务是指导正确使用兽药，控制兽药残留，保障食品安全和消费者健康。

三、兽药管理中几个用语的含义

（1）兽药。兽药是指用于预防、治疗、诊断动物疾病或者有目的地调节动物生理机能的物质（含药物饲料添加剂），主要包括：血清制品、疫苗、诊断制品、微生态制品、中药材、中成药、化学药品、抗生素、生化药品、放射性药品及外用杀虫剂、消毒剂等。

（2）兽用处方药。兽用处方药是指凭兽医处方方可购买和使用的兽药。

（3）兽用非处方药。兽用非处方药是指由国务院兽医行政管理部门公布的、不需要凭兽医处方就可以自行购买并按照说明书使用的兽药。

（4）新兽药。新兽药是指未曾在中国境内上市销售的兽用药品。

（5）兽药生产企业。兽药生产企业是指专门生产兽药的企业和兼产兽药的企业，包括从事兽药分装的企业。

（6）兽药经营企业。兽药经营企业是指经营兽药的专营企业或兼营企业。

（7）兽药批准证明文件。兽药批准证明文件是指兽药产品批准文号、进口兽药注册证书、允许进口兽用生物制品证明文件、出口兽药证明文件、新兽药注册证书等文件。

（8）兽药标准。兽药标准是国家对兽药质量规格及检验方法所作出的技术规定，是兽药生产、经营、使用、检验和管理部门共同遵循的法定依据。

（9）兽药质量。兽药质量是指满足规定要求和需要的特征总和。它包括有效性、安全性、稳定性和均一性四方面。

（10）兽药的有效性。兽药的有效性是指兽药在规定的适应症、用法和用量的条件下，能满足预防、治疗、诊断动物疾病，有目的地调节动物的生理机能的特性。有效性是兽药的本质特性。对动物疾病没有防治效果的产品是不能成为兽药的。兽药有效性的发挥是有条件的。只有在一定的前提条件下，即针对特定的动物，有一定的适应症和用法用量，兽药有效性才能正确体现。不存在包医百病的兽药。

（11）兽药的安全性。兽药的安全性是指按规定的使用对象、适应症和用法、用量使用兽药后，动物产生的毒副作用的程度。安全性也是兽药的本质特性。不安全的产品是不能作为兽药使用的。广义的兽药安全性还包括使用兽药后的动物产品对人体的安全性以及兽药使用过程中，对用药者和环境的安全性。

（12）兽药的稳定性。兽药的稳定性是指在规定的条件下保持其有效性和安全性的能力。规定的条件一般是指规定的有效期内，以及生产、贮存、运输和使用的条件和要求。作为商品的兽药必须稳定，否则，虽具备了有效性和安全性，也不能作为商品兽药。

（13）兽药的均一性。兽药的均一性是指兽药制剂的每一单位产品都符合有效性和安全性的规定要求。兽药制剂的单位产品指每一片药、每一支注射剂、每一包散剂等。均一性是兽药制剂在生产过程中形成的特性。

第二节　兽药管理的基本制度

一、兽药分类管理制度

国家对兽药实行分类管理，根据兽药的安全性和使用风险程度，将兽药分为兽用处方药和非处方药。根据《兽药管理条例》第四条的规定，兽用处方药和非处方药分类管理的办法和具体步骤由农业部规定。2013年8月1日，农业部第7次常务会议审议通过了《兽用处方药和非处方药管理办法》，自2014年3月1日起我国对兽用处方药和非处方药实行分类管理，截至2016年12月，农业部公布了两批兽用处方药品种目录，遴选出9类246个品种。兽用处方药目录以外的兽药为兽用非处方药。

（一）兽用处方药和非处方药标识制度

（1）兽用处方药。兽用处方药的标签和说明书应当标注"兽用处方药"字样，不再标注"兽用"；属于外用药的，还应当按照规定标注"外用药"。对附加在包装盒内的说明书，"兽用处方药"标识的颜色可与说明书文字颜色一致。不得通过粘贴或盖章方式对产品的标签和说明书增加"兽用处方药"标识。最小包装为安瓿、西林瓶等产品的，如受包装尺寸限制，瓶身标签可以不标注"兽用处方药"标识。

（2）兽用非处方药。兽用非处方药的标签和说明书应当标注"兽用非处方药"字样。但是，鉴于目前兽用处方药目录仍在完善过程中，兽用处方药品种目录外的兽药品种目前可以不标注"兽用非处方药"标识。标注"兽用非处方药"的，不再标注"兽用"。

（3）进口兽药。进口兽药的标签和说明书应当按照农业部公告批准内容印制，属于兽用处方药的品种，应当增加"兽用处方药"标识。

（4）兽用原料药。兽用原料药不属于制剂，标签只需标注"兽用"标识。

（5）对标识字样的要求。"兽用处方药"和"兽用非处方药"字样应当在标签和说明书的右上角以宋体红色标注，背景应当为白色，字体大小根据实际需要设定，但必须醒目、清晰。

（二）兽用处方药经营制度

兽药经营者应当在经营场所显著位置悬挂或者张贴"兽用处方药必须凭兽医处方购

买"的提示语。兽药经营者对兽用处方药、兽用非处方药应当分区或分柜摆放。兽用处方药不得采用开架自选方式销售。兽药经营者应当对兽医处方笺进行查验，单独建立兽用处方药的购销记录，并保存两年以上。

（三）兽医处方权制度

兽医处方笺由依法注册的执业兽医按照其注册的执业范围开具。兽用处方药凭兽医处方笺方可买卖，但是考虑到兽药进出口以及兽药生产经营者等批量购买兽药的行为，属于生产与使用的中间环节，不是直接使用兽药的行为；同时，聘有专职执业兽医的动物饲养场、动物园等单位可以保障处方药的正确使用。为便于兽用处方药的流通和使用，《兽用处方药和非处方药管理办法》规定以下情形无需凭兽医处方笺买卖兽用处方药：

（1）进出口兽用处方药的。

（2）向动物诊疗机构、科研单位、动物疫病预防控制机构和其他兽药生产企业、经营者销售兽用处方药的。

（3）向聘有依照《执业兽医管理办法》规定注册的专职执业兽医的动物饲养场（养殖小区）、动物园、实验动物饲育场等销售兽用处方药的。

（四）兽医处方笺基本要求

兽医处方笺应当记载下列事项：畜主姓名或动物饲养场名称；动物种类、年（日）龄、体重及数量；诊断结果；兽药通用名称、规格、数量、用法、用量及休药期；开具处方日期及开具处方执业兽医注册号和签章。处方笺一式三联，第一联由开具处方药的动物诊疗机构或执业兽医保存，第二联由兽药经营者保存，第三联由畜主或动物饲养场保存。动物饲养场（养殖小区）、动物园、实验动物饲育场等单位专职执业兽医开具的处方笺由专职执业兽医所在单位保存。处方笺应当保存两年以上。

兽用处方药应当依照处方笺所载事项使用。兽用麻醉药品、精神药品、毒性药品等特殊药品的生产、销售和使用，还应当遵守国家有关规定。

（五）兽用处方药和非处方药监督管理制度

农业部主管全国兽用处方药和非处方药管理工作。县级以上地方人民政府兽医行政管理部门负责本行政区域内兽用处方药和非处方药的监督管理，具体工作可以委托所属执法机构承担。

兽药生产企业应当跟踪本企业所生产兽药的安全性和有效性，发现不适合按兽用非处方药管理的，应当及时向农业部报告。兽药经营者、动物诊疗机构、行业协会或者其他组织和个人发现兽用非处方药有前款规定情形的，应当向当地兽医行政管理部门报告。

二、新兽药研制管理制度

新兽药是指未曾在中国境内上市销售的兽用药品。国家鼓励研制新兽药，依法保护研制者的合法权益。新兽药研制分为非临床研究与临床试验两个阶段。

（一）新兽药非临床研制阶段

研制新兽药应当遵守《兽药非临床研究质量管理规范》。《兽药非临床研究质量管理规范》是指国际上通称的 Good Laboratory Practice，简称 GLP。它是关于兽药非临床研究实验设计、操作、记录、报告、监督等一系列行为和实验室条件的规范。通常包括对组织机构和工作人员、实验室设施、仪器设备和实验材料的规定，要求制定标准操作规程，对实验方案、实验动物、材料档案都有明确的规定。其目的在于通过对兽药研究的设备设施、研究条件、人员资格与职责、操作过程等的严格要求，来保证兽药安全性评价数据的真实性和可靠性。兽药研究中的毒理试验资料，是评价其安全性的主要依据。在管理阶段划分上，非临床研究与临床前研究属同一阶段。

（二）新兽药临床试验阶段

1. 新兽药临床试验审批

（1）一般兽药。研制化学药品、抗生素、中药等新兽药，应当在临床试验前向省、自治区、直辖市人民政府兽医行政管理部门提出申请，并附具该新兽药实验室阶段安全性评价报告及其他临床前研究资料；省、自治区、直辖市人民政府兽医行政管理部门应当自收到申请之日起 60 个工作日内决定是否同意临床试验，并书面通知申请人。

（2）生物制品。研制的新兽药属于生物制品的，必须在临床试验前向农业部提出申请，农业部应当自收到申请之日起 60 个工作日内决定是否同意临床试验，并书面通知申请人。

2. 新兽药临床试验规范

研制新兽药应当遵守《兽药临床试验质量管理规范》，是指国际上通称的 Good Clinic Practice，简称 GCP。它是关于评价兽药的临床疗效和安全性进行的系统性研究，以证实或揭示试验用兽药的作用及不良反应等，目的是确定试验用兽药的疗效与安全性。《兽药临床试验质量管理规范》是临床试验全过程的标准规定，包括方案设计、组织、实施、监察、稽查、记录、分析、总结和报告。制定 GCP 的目的在于保证临床试验过程的规范，结果科学可靠。一般适应于靶动物的药代动力学试验、临床疗效试验、靶动物安全试验以及食用动物的残留消除试验等。

新兽药临床试验还应当遵守下列规定：

（1）临床试验批准后应当在两年内实施完毕。逾期未完成的，可以延期一年，但应当经原批准机关批准。临床试验批准后变更申请人的，应当重新申请。

（2）承担兽药临床试验的单位应当具有农业部认定的相应试验资格。兽药临床试验应当执行《兽药临床试验质量管理规范》。

（3）兽药临床试验应当参照农业部发布的兽药临床试验技术指导原则进行。采用指导原则以外的其他方法和技术进行试验的，应当提交能证明其科学性的资料。

（4）临床试验用兽药应当在取得 GMP 证书的企业制备，制备过程应当执行《兽药生产质量管理规范》。根据需要，农业部或者省级人民政府兽医行政管理部门可以对制备现场进行考察。

（5）申请人对临床试验用兽药和对照用兽药的质量负责。临床试验用兽药和对照用兽药应当经中国兽医药品监察所或者农业部认定的其他兽药检验机构进行检验，检验合格的方可用于试验。临床试验用兽药标签应当注明批准机关的批准文件号、兽药名称、含量、规格、试制日期、有效期、试制批号、试制企业名称等，并注明"供临床试验用"字样。

（6）临床试验用兽药仅供临床试验使用，不得销售，不得在未批准区域使用，不得超过批准期限使用。

（7）临床试验需要使用放射元素标记药物的，试验单位应当有严密的防辐射措施，使用放射元素标记药物的动物处理应当符合环保要求。因试验死亡的临床试验用食用动物及其产品不得作为动物性食品供人消费，应当作无害化处理；临床试验用食用动物及其产品供人消费的，应当提供农业部认定的兽药安全性评价实验室出具的对人安全并超过休药期的证明。

（8）临床试验应当根据批准的临床试验方案进行。如需变更批准内容的，申请人应向原批准机关报告变更后的试验方案，并说明依据和理由。

（9）临床试验的受试动物数量应当根据临床试验的目的，符合农业部规定的最低临床试验病例数要求或相关统计学的要求。

（10）因新兽药质量或其他原因导致临床试验过程中试验动物发生重大动物疫病的，试验单位和申请人应当立即停止试验，并按照国家有关动物疫情处理规定处理。

（11）承担临床试验的单位和试验者应当密切注意临床试验用兽药不良反应事件的发生，并及时记录在案。临床试验过程中发生严重不良反应事件的，试验者应当在 24 小时内报告所在地省级人民政府兽医行政管理部门和申请人，并报农业部。

（12）临床试验期间发生下列情形之一的，原批准机关可以责令申请人修改试验方案、暂停或终止试验：

① 未按照规定时限报告严重不良反应事件的。

② 已有证据证明试验用兽药无效的。

③ 试验用兽药出现质量问题的。

④ 试验中出现大范围、非预期的不良反应或严重不良反应事件的。

⑤ 试验中弄虚作假的。

⑥ 违反《兽药临床试验质量管理规范》的。

（13）对批准机关做出责令修改试验方案、暂停或终止试验的决定有异议的，申请人可以在 5 个工作日内向原批准机关提出书面意见并说明理由。原批准机关应当在 10 个工作日内做出最后决定，并书面通知申请人。

（三）安全性评价

研制新兽药在非临床研制和临床试验阶段，都应当进行安全性评价。必须保证该兽药对动物是安全的，对使用者和生产者不会造成健康方面的威胁，对环境没有污染，保证对动物源性食品不构成危害。因此，从事兽药安全性评价的单位应当遵守国务院兽医行政管理部门制定的《兽药非临床研究质量管理规范》和《兽药临床试验质量管理规范》。

(四) 遵守病原微生物管理规定

研制新兽药在非临床研制和临床试验阶段，如果需要使用一类病原微生物，必须在达到三级生物安全级别的实验室进行操作，并在实验前报农业部批准。

(五) 新兽药注册

1. 新兽药的注册申报

临床试验完成后，新兽药研制者向农业部提出新兽药注册申请时，应当提交该新兽药的样品和相关资料。这些资料包括：

① 新兽药的名称、主要成分、理化性质。

② 新兽药的研制方法、生产工艺、质量标准和检测方法。

③ 新兽药的药理和毒理试验结果、临床试验报告和稳定性试验报告。

④ 新兽药对环境影响报告和污染防治措施。

研制的新兽药属于生物制品的，还必须提供菌（毒、虫）种、细胞等有关材料和资料。研制用于食用动物的新兽药，还应当按照农业部的规定进行兽药残留试验并提供休药期、最高残留限量标准、残留检测方法及其制定依据等资料。

2. 审批程序

农业部自收到新兽药注册申请及材料之日起 10 个工作日内，将资料送到农业部兽药评审中心进行评审，将新兽药样品送到中国兽医药品监察所复核检验。农业部在收到农业部兽药评审中心的评审结论和中国兽医药品监察所复核检验结论之日起 60 个工作日内完成审查。审查合格的，发给新兽药注册证书，并发布该兽药的质量标准；审查不合格的，应当书面通知申请人。

(六) 新兽药注册申报资料的保护

国家对依法获得注册的、含有新化合物的兽药的申请人提交的其自己所取得且未披露的试验数据和其他数据实施保护。但是为了公共利益需要，如发生重大动物疫情、发生动物不良反应事件、重大食品安全事件，或农业部已采取措施确保该类信息不会被不正当地进行商业使用的情况下，农业部可以将依法获得注册的、含有新化合物的兽药的申请人提交的试验数据和其他数据公开。

依法获得注册的兽药自注册之日起 6 年内，对其他申请人未经已获得注册兽药的申请人同意，使用该兽药数据申请兽药注册的，农业部不予注册。但是，其他申请人提交其自己所取得的数据除外。

三、兽药生产管理制度

(一) 兽药生产应具备的条件及审批

1. 从事兽药生产企业的条件

从事兽药生产企业必须具备下列条件：

① 与所生产的兽药相适应的兽医学、药学或者相关专业的技术人员。

② 拥有与所生产的兽药相适应的厂房、设施。

③ 拥有与所生产的兽药相适应的兽药质量管理和质量检验的机构、人员、仪器设备。

④ 符合安全、卫生要求的生产环境。

⑤ 符合兽药生产质量管理规范规定的其他生产条件。

2. 申请

兽药生产企业首先必须通过农业部的 GMP 认证，方可向省、自治区、直辖市人民政府兽医行政管理部门提出设立申请，并附具符合从事兽药生产企业应具备条件的证明材料。

3. 审批

省、自治区、直辖市人民政府兽医行政管理部门应当自收到申请之日起 40 个工作日内完成审查。经审查合格的，发给兽药生产许可证；不合格的，应当书面通知申请人。

（二）兽药生产许可证管理制度

1. 兽药生产许可证的内容

兽药生产许可证应当载明生产范围、生产地点、有效期和法定代表人姓名、住址等事项。兽药生产许可证是取得兽药生产资格的法定凭证，兽药生产企业必须在兽药生产许可证载明的生产地点和生产范围内进行兽药生产。

2. 兽药生产许可证的有效期

兽药生产许可证的有效期为 5 年，有效期届满，需要继续生产兽药的，应当在许可证有效期届满前 6 个月申请换发兽药生产许可证。

3. 兽药生产许可证内容的变更

兽药生产企业变更生产范围、生产地点的，视同新建企业，应当按照设立兽药生产企业的条件和程序申请换发兽药生产许可证。兽药生产企业变更企业名称和法定代表人事项时，也应当申请换发兽药生产许可证。

4. 兽药生产许可证的收回

为了规范兽药生产许可证的使用行为，维护兽药生产许可证的严肃性，兽药生产企业停止生产超过 6 个月或者关闭的，由发证机关责令其交回兽药生产许可证。

5. 兽药生产许可证的使用

兽药生产许可证以及兽药批准证明文件，是国家依法许可符合条件的企业从事兽药生产行为的法律凭证，任何单位和个人不得买卖、出租、出借这些法律文件，否则要承担法律责任。

（三）兽药生产管理法律制度

1. 兽药生产质量管理规范

兽药生产质量管理规范（英文缩写 GMP），是世界各国对兽药生产全过程监督管理普遍采用的法定技术规范。我国兽药生产管理在 20 世纪 80 年代末引进了 GMP 概念，农业部于 1989 年颁布了我国第一个试行版兽药 GMP，1994 年制定了兽药 GMP 实施细则，

2002 年颁布了正式的《兽药生产质量管理规范》，并于同年 6 月 19 日起施行，同时废止了 1989 年制定的试行兽药 GMP 和 1994 年制定的实施细则，2017 年 11 月农业部对《兽药生产经营质量管理规范》（农业部令 2017 第 8 号）进行了修订。目前，在我国从事兽药生产的企业，必须获得 GMP 认证，取得 GMP 证书是申请兽药生产许可证的前提条件。兽药生产企业在生产兽药时，必须按照农业部制定的 GMP 组织生产，农业部随时对生产企业是否符合 GMP 的要求进行监督检查，并对社会公布检查结果。

2. 兽药产品批准文号

我国对兽药产品实行一药一个批准文号的管理制度，兽药产品批准文号的有效期为 5年。兽药生产企业取得兽药生产许可证，只是说明该企业具备了生产兽药的能力，在生产兽药前，还必须依法向农业部提出具体生产何种兽药的申请。兽药生产企业取得具体产品的批准文号后，兽药企业才能进行生产，而且只能生产获得批准文号的兽药。兽药生产企业不得买卖、出租、出借取得的兽药产品批准文号，否则将承担法律责任。

3. 兽药生产的法定标准和工艺

兽药生产企业应当按照兽药国家标准和农业部批准的生产工艺进行生产。兽药国家标准是国家对兽药质量规格及检验方法所采取的技术性管理规范，是兽药生产、经营、使用、检验和管理部门共同遵循的法定依据。这里所讲的生产工艺，是指兽药生产的工艺流程等对兽药生产质量直接发生影响、由农业部在兽药审批时一并审批的兽药基本生产工艺，不是指兽药生产的所有工艺操作细节。因此，兽药生产企业若改变影响兽药质量的生产工艺时，还必须报农业部审核批准。同时，兽药生产企业在生产兽药时，应当建立生产记录，并保证生产记录的完整性和准确性，以利于生产企业加强对兽药生产质量的控制，也有利于兽医管理部门对兽药生产质量实施监督。

4. 生产兽药的原料、辅料管理制度

兽药原料和辅料直接影响兽药质量，因此生产兽药所需的原料和辅料应当符合国家标准或者所生产兽药的质量要求。包装兽药的材料和容器也必须符合药用标准。

5. 兽药生产的质量管理

兽药质量包括兽药的有效性、安全性、稳定性和性能均一性等内容，这些内容只有通过检验才能判定兽药的质量，因此兽药生产企业生产的兽药在出厂前必须进行质量检验，不符合质量标准的不得出厂，符合质量标准的，应当附有产品质量合格证。

6. 兽用生物制品管理制度

为了控制动物疫病的流行，减少养殖业的损失，饲养者要对饲养的动物进行免疫接种，同时国家对一些严重危害养殖业生产的动物疫病实施强制免疫。为了确保兽用生物制品的质量、安全和有效，国家对兽用生物制品实行批签发管理制度，即对每一批兽用生物制品的出厂销售实行审批和签发制度，未经审查核对或抽查检验不合格的兽用生物制品，不得销售。对用于强制免疫所需的兽用生物制品，由农业部指定的企业生产，未经指定的企业不得生产。

7. 兽药标签和说明书管理制度

为了指导使用者合理使用兽药，兽药包装必须按照规定印有或者贴有标签并附有说明书，并在显著位置注明"兽用"字样，以避免与人用药混淆。兽药的标签和说明书必须经农业部批准并公布后，才能使用。兽药的标签或者说明书必须以中文注明兽药的通用名称（如有商品名称的，还应当注明商品名称）、成分及其含量、规格、生产企业、产品批准文号（进口兽药注册证号）、产品批号、生产日期、有效期、适应症或者功能主治、用法、用量、休药期、禁忌、不良反应、注意事项、运输贮存保管条件、警示内容，其中兽用麻醉药品、精神药品、毒性药品和放射性药品还应当印有农业部规定的特殊标志。兽用非处方药的标签或者说明书还应当印非处方药标志，以便于使用者识别，保证用药安全。

（四）新兽药的监测

为了保证动物产品质量安全和人体健康，农业部可以对新兽药设立不超过 5 年的监测期。农业部设立监测期的，在监测期内不再批准其他企业生产或者进口该新兽药，同时生产企业必须在监测期内收集该新兽药的疗效、不良反应等资料，并及时报送农业部。

四、兽药经营管理制度

（一）经营兽药应具备的条件及审批

1. 经营兽药应具备的条件
经营兽药的企业必须具备下列条件：
① 有与所经营的兽药相适应的兽药技术人员。
② 有与所经营的兽药相适应的营业场所、设备、仓库设施。
③ 有与所经营的兽药相适应的质量管理机构或者人员。
④ 兽药经营质量管理规范规定的其他经营条件。

2. 申请
符合经营兽药条件的企业，可以向市、县人民政府兽医行政管理部门提出申请，并提供符合经营兽药应具备条件的证明材料。但经营兽用生物制品的企业，必须向省、自治区、直辖市人民政府兽医行政管理部门提出申请，并提供符合经营兽药应具备条件的证明材料。

3. 审批程序
县级以上地方人民政府兽医行政管理部门在收到申请之日起 30 个工作日内完成审查，审查合格的，发给《兽药经营许可证》；不合格的，书面通知申请人。

（二）《兽药经营许可证》管理制度

1.《兽药经营许可证》的内容及期限
《兽药经营许可证》应当载明经营范围、经营地点、有效期和法定代表人姓名、住址等事项。《兽药经营许可证》的有效期为 5 年。有效期届满，需要继续经营兽药的，必须在许可证有效期届满前 6 个月到原发证机关申请换发《兽药经营许可证》。

2.《兽药经营许可证》内容的变更
《兽药经营许可证》是取得兽药经营资格的法定凭证，兽药经营企业必须在《兽药经营许可证》载明的经营地点和经营范围内进行销售。兽药经营企业变更经营范围、经营地点的，必须按照开办兽药经营企业的条件和程序向发证机关申请换发《兽药经营许可证》。兽药经营变更企业名称、法定代表人事项时，应当在办理工商变更登记手续后 15 个工作日内，到原发证机关申请换发《兽药经营许可证》。

3.《兽药经营许可证》的收回

为了规范《兽药经营许可证》的使用行为，维护《兽药经营许可证》的严肃性，兽药经营企业停止经营超过 6 个月或者关闭的，由发证机关责令其交回《兽药经营许可证》。

4.《兽药经营许可证》的使用

《兽药经营许可证》是国家依法许可符合条件的企业从事兽药经营行为的法律凭证，任何单位和个人不得买卖、出租、出借这些法律文件，否则要承担法律责任。

（三）兽药经营管理法律制度

1.《兽药经营质量管理规范》

《兽药经营质量管理规范》（Good Supply Practice，简称 GSP）。它的目的是为了控制可能影响兽药质量的各种因素，消除发生质量问题的隐患，保证兽药的安全性、有效性和稳定性不会降低。它是良好的供应规范，是要求经营企业必须建立的一整套质量保证体系，规范企业兽药经营条件和行为，维护兽药经营市场的正常秩序。因此兽药企业必须遵守农业部制定的《兽药经营质量管理规范》。县级以上地方人民政府兽医行政管理部门，必须对兽药经营企业是否符合《兽药经营质量管理规范》的要求进行监督检查，并对社会公开检查结果。

2. 购进兽药的核对制度

兽药经营企业购进兽药必须要进行质量控制，核对兽药产品与产品标签或者说明书是否与农业部公布的标签、说明书内容一致，产品有无质量合格证书。不一致或无产品质量合格证的兽药，不得购进。

3. 销售兽药管理制度

兽药经营企业应配备有药学专业知识的人员，销售兽药时必须向购买者说明兽药的功能主治、用法、用量和注意事项，注明兽用中药材的产地。禁止兽药经营企业销售人用药品和假、劣兽药。销售兽用处方药的，应当遵守兽用处方药管理办法，不得将兽用原料药拆零销售或者销售给兽药生产企业以外的单位和个人。兽药经营企业要遵守兽用处方药管理办法，未经兽医开具处方不得销售农业部规定实行处方药管理的兽药。

4. 购销兽药的记录制度

兽药不仅关系到动物的健康发展、而且也是关系到人身安全的特殊商品，所以国家对兽药经营企业购销活动实施特殊的管理措施，要求兽药经营企业购销兽药必须建立购销记录，购销记录应当载明兽药的商品名称、通用名称、剂型、规格、批号、有效期、生产厂商、购销单位、购销数量、购销日期和农业部规定的其他事项。实行购销兽药记录管理制度，有利于加强对兽药经营活动的监督管理，有利于保证动物用药安全和食品安全。

5. 兽药保管制度

兽药在生产、贮藏、使用过程中，光线、空气、温度、湿度等自然因素都会影响兽药的质量，因此兽药经营企业，应当建立兽药保管制度，采取必要的冷藏、防冻、防潮、防虫、防鼠等措施，保证所经营兽药的质量。兽药入库、出库，必须执行检查验收制度，并有准确记录。

6. 兽用生物制品的组织与供应制度

兽用生物制品是以天然或人工改造的微生物、细胞以及动物组织、液体等生物材料制备而成，用于动物疾病的预防。国家对严重危害养殖业生产和人体健康的动物疫病，通过接种生物疫苗来预防，但由于动物疫病种类较多且较为复杂，导致预防动物疫病所用的兽用生物制品品种也较多，有活疫苗、灭活疫苗，抗血清和诊断试剂，有各种不同毒株的单价、多价疫苗。为了保证对动物疫病的控制，保障兽用生物制品的质量，国家对强制免疫所需兽用生物制品的经营实行强制性的管理，经营强制免疫兽用生物制品的单位要遵循《兽用生物制品经营管理办法》。

（四）兽药广告审批制度

随着社会的快速发展，通过电视、报刊刊登广告已成为现代企业推广产品的重要途径，但个别企业为了销售产品，夸大或虚构产品性能的不实广告也时有发生，对消费者进行了误导。由于兽药广告的内容是否真实，对正确指导养殖户合理用药、安全用药十分重要，直接关系到养殖动物的生命安全和人身健康，因此，兽药广告的内容必须与兽药说明书内容一致，不得有误导、欺骗和夸大的情形。兽药生产或经营企业在全国重点媒体发布兽药广告，必须取得农业部批准的兽药广告审查批准文号；在地方媒体发布兽药广告，必须取得省、自治区、直辖市人民政府兽医行政管理部门兽药广告审查批准文号。未经批准的，任何单位和个人不得发布兽药广告。

（五）《兽药经营质量管理规范》的具体内容

兽药是一种特殊的商品，在生产、经营过程中，由于内外因素的作用，随时都可能出现质量问题，因此，必须在各环节采取严格的控制措施。才能从根本上保证兽药质量。《兽药经营质量管理规范》是在兽药流通过程中，针对计划采购、购进验收、贮存养护、销售及售后服务等环节制定的防止质量事故发生、保证兽药符合质量标准的一整套管理标准和规程，其核心是通过严格的管理制度来约束兽药经营企业的行为，对兽药经营全过程进行质量控制，防止质量事故发生，对售出兽药实施有效追踪，保证向用户提供合格的兽药。2010 年 1 月 4 日农业部发布了《兽药经营质量管理规范》，2017 年 11 月 30 日农业部令 2017 第 8 号进行了修订，其内容为：

1. 场所与设施的要求

（1）对营业场所及仓库的要求。兽药经营企业应当具有固定的经营场所和仓库，其面积应符合省级兽医行政管理部门的规定。经营场所和仓库应布局合理，相对独立。经营场所和仓库的地面、墙壁、顶棚等应当平整、光洁，门、窗应当严密、易清洁。经营场所的面积、设施和设备应当与经营的兽药品种、经营规模相适应。兽药经营区域与生活区域、动物诊疗区域应当分别独立设置，避免交叉污染。

兽药经营企业应当具有与经营的兽药品种、经营规模适应并能够保证兽药质量的常温库、阴凉库（柜）、冷库（柜）等仓库和相关设施、设备。仓库面积和相关设施、设备应当满足合格兽药区、不合格兽药区、待验兽药区、退货兽药区等不同区域划分和不同兽药品种分区、分类保管、贮存的要求。

变更经营场所面积以及变更仓库位置，增加、减少仓库数量、面积以及相关设施、设备的，应当在变更后 30 个工作日内向发证机关备案。

（2）对经营地点的要求。兽药经营企业的经营地点必须与《兽药经营许可证》载明的地点一致，变更经营地点的，应当申请换发《兽药经营许可证》。《兽药经营许可证》应当悬挂在经营场所的显著位置。

（3）对设施设备的要求。兽药经营企业的经营场所和仓库必须具有以下设施、设备：与经营兽药相适应的货架、柜台；避光、通风、照明的设施、设备；与贮存兽药相适应的控制温度、湿度的设施、设备；防尘、防潮、防霉、防污染和防虫、防鼠、防鸟的设施、设备；进行卫生清洁的设施、设备等。

兽药经营企业经营场所和仓库的设施、设备应当齐备、整洁、完好，并根据兽药品种、类别、用途等设立醒目标志。兽药直营连锁经营企业在同一县（市）内有多家经营门店的，可以统一配置仓储和相关设施、设备。

2. 机构与人员的要求

目前，我国兽药经营企业发展水平还不均衡，区域间差距较大，因此《兽药经营质量管理规范》没有强制性要求兽药经营企业必须建立质量管理机构，而是规定有条件的兽药经营企业，可以建立质量管理机构，由企业根据实际经营情况自愿建立。同时，为了加强人员的管理，确保兽药质量，对兽药经营企业负责人、主管质量的负责人、质量管理机构的负责人以及质量管理人员的资质进行了规范。兽药企业在经营过程中，其主管质量的负责人、质量管理机构的负责人、质量管理人员发生变更的，必须在变更后 30 个工作日内向发放《兽药经营许可证》的机关备案。

（1）对企业负责人的要求。兽药经营企业直接负责的主管人员应当熟悉兽药管理法律、法规及政策规定，具备相应兽药专业知识。

（2）对主管质量管理的负责人和质量管理机构的负责人的要求。兽药经营企业应当配备与经营兽药相适应的质量管理人员。兽药经营企业主管质量的负责人和质量管理机构的负责人应当具备相应兽药专业知识，且其专业学历或技术职称应当符合省、自治区、直辖市人民政府兽医行政管理部门的规定。

（3）对兽药质量管理人员的要求。兽药质量管理人员应当具有兽药、兽医等相关专业中专以上学历，或者具有兽药、兽医等相关专业初级以上专业技术职称。经营兽用生物制品的，兽药质量管理人员应当具有兽药、兽医等相关专业大专以上学历，或者具有兽药、兽医等相关专业中级以上专业技术职称，并具备兽用生物制品专业知识。兽药质量管理人员不得在本企业以外的其他单位兼职。

（4）对从事兽药采购、保管、销售、技术服务等工作人员的要求。兽药经营企业从事兽药采购、保管、销售、技术服务等工作的人员，应当具有高中以上学历，并具有相应兽药、兽医等专业知识，熟悉兽药管理法律、法规及政策规定。

（5）培训要求。兽药经营企业应当制订培训计划，定期对员工进行兽药管理法律、法规、政策规定和相关专业知识、职业道德培训、考核，并建立培训、考核档案。

3. 建立完善的规章制度

（1）建立质量管理体系，制定质量管理文件。兽药经营企业必须建立质量管理体系，制定管理制度、操作程序等质量管理文件。质量管理文件应当包括以下内容：企业质量管理目标；企业组织机构、岗位和人员职责；对供货单位和所购兽药的质量评估制度；兽药采购、验收、入库、陈列、贮存、运输、销售、出库等环节的管理制度；环境卫生的管理制度；兽药不良反应报告制度；不合格兽药和退货兽药的管理制度；质量事故、质量查询和质量投诉的管理制度；企业记录、档案和凭证的管理制度；质量管理培训、考核制度。

（2）建立兽药购销、入库、出库等记录。兽药经营企业必须建立以下记录：人员培训、考核记录；控制温度、湿度的设施、设备的维护、保养、清洁、运行状态记录；兽药质量评估记录；兽药采购、验收、入库、贮存、销售、出库等记录；兽药清查记录；兽药质量投诉、质量纠纷、质量事故、不良反应等记录；不合格兽药和退货兽药的处理记录；兽医行政管理部门的监督检查情况记录；兽药产品追溯记录。记录应当真实、准确、完整、清晰，不得随意涂改、伪造和变造。确需修改的，应当签名、注明日期，原数据应当清晰可辨。

（3）建立质量管理档案。兽药经营企业必须建立兽药质量管理档案，设置档案管理室或者档案柜，并由专人负责。质量管理档案必须包括：人员档案、培训档案、设备设施档案、供应商质量评估档案、产品质量档案；开具的处方、进货及销售凭证；购销记录及兽药经营质量管理规范规定的其他记录。质量管理档案不得涂改，保存期限不得少于两年；购销等记录和凭证应当保存至产品有效期后一年。

4. 采购与入库要求

（1）采购管理。兽药经营企业应当采购合法兽药产品，必须对供货单位的资质、质量保证能力、质量信誉和产品批准证明文件进行审核，并与供货单位签订采购合同。购进兽药时，必须依照国家兽药管理规定、兽药标准和合同约定，对每批兽药的包装、标签、说明书、质量合格证等内容进行检查，符合要求的方可购进。必要时，应当对购进兽药进行检验或者委托兽药检验机构进行检验，检验报告应当与产品质量档案一起保存。

兽药经营企业必须保存采购兽药的有效凭证，建立真实、完整的采购记录，做到有效凭证、账、货相符。采购记录应当载明兽药的通用名称、商品名称、批准文号、批号、剂型、规格、有效期、生产单位、供货单位、购入数量、购入日期、经手人或者负责人等内容。

（2）入库管理。兽药入库时，应当进行检查验收，将兽药入库的信息上传兽药产品追溯系统，并做好记录。有以下情形之一的兽药，不得入库：与进货单不符的；内、外包装破损可能影响产品质量的；没有标识或者标识模糊不清的；质量异常的；其他不符合规定的。兽用生物制品入库，应当由两人以上进行检查验收。

5. 陈列与贮存要求

（1）陈列、贮存要求。陈列、贮存兽药必须符合以下要求：按照品种、类别、用途以及温度、湿度等贮存要求，分类、分区或者专库存放；按照兽药外包装图示标志的要求搬运和存放；与仓库地面、墙、顶等之间保持一定间距；内用兽药与外用兽药分开存放，兽用处方药与非处方药分开存放；易串味兽药、危险药品等特殊兽药与其他兽药分库存放；待验兽药、合格兽药、不合格兽药、退货兽药分区存放；同一企业的同一批号的产品集中存放。

（2）识别标识要求。不同区域、不同类型的兽药应当具有明显的识别标识。标识应当放置准确、字迹清楚。不合格兽药以红色字体标识；待验和退货兽药以黄色字体标识；合格兽药以绿色字体标识。

（3）兽药经营企业应当定期对兽药及其陈列、贮存的条件和设施、设备的运行状态进行检查，并做好记录。

（4）兽药经营企业应当及时清查兽医行政管理部门公布的假劣兽药，并做好记录。

6. 销售与运输要求

（1）遵循先产先出和按批号出库的原则。兽药经营企业销售兽药，应当遵循先产先出和按批号出库的原则。兽药出库时，应当进行检查、核对，建立出库记录，并将出库信息上传兽药产品追溯系统。兽药出库记录应当包括兽药通用名称、商品名称、批号、剂型、规格、生产厂商、数量、日期、经手人或者负责人等内容。有以下情形之一的兽药，不得出库销售：标识模糊不清或者脱落的；外包装出现破损、封口不牢、封条严重损坏的；超出有效期限的；其他不符合规定的。

（2）建立销售记录。兽药经营企业必须建立销售记录。销售记录应当载明兽药通用名称、商品名称、批准文号、批号、有效期、剂型、规格、生产厂商、购货单位、销售数量、销售日期、经手人或者负责人等内容。

（3）开具有效凭证。兽药经营企业销售兽药，应当开具有效凭证，做到有效凭证、账、货、记录相符。

（4）销售兽药的其他规定。兽药经营企业销售兽用处方药的，应当遵守兽用处方药管理规定；销售兽用中药材、中药饮片的，应当注明产地。兽药拆零销售时，不得拆开最小销售单元。

（5）经营特殊兽药的要求。兽药经营企业经营兽用麻醉药品、精神药品、易制毒化学药品、毒性药品、放射性药品等特殊药品，除遵守《兽药经营质量管理规范》外，还应当遵守国家其他有关规定。

（6）运输要求。兽药经营企业必须按照兽药外包装图示标志的要求运输兽药。有温度控制要求的兽药，在运输时应当采取必要的温度控制措施，并建立详细记录。

7. 售后服务要求

兽药经营企业在宣传时，必须按照兽医行政管理部门批准的兽药标签、说明书及其他规定进行宣传，不得误导购买者。兽药经营企业必须向购买者提供技术咨询服务，在经营场所明示服务公约和质量承诺，指导购买者科学、安全、合理使用兽药，同时要注意收集兽药使用信息，发现假、劣兽药和质量可疑兽药以及严重兽药不良反应时，应当及时向所在地兽医行政管理部门报告，并根据规定做好相关工作。

五、兽药进出口管理制度

（一）进口兽药的审查和注册管理制度

1. 申请

首次向我国出口的兽药，由出口方驻中国境内的办事机构或者其委托的中国境内代理机构向农业部申请注册，并提交以下资料和物品，申请向我国出口兽用生物制品，还必须提供菌（毒、虫）种、细胞等有关材料和资料：

（1）生产企业所在国家（地区）兽药管理部门批准生产、销售的证明文件。

（2）生产企业所在国家（地区）兽药管理部门颁发的符合兽药生产质量管理规范的证明文件。

（3）兽药的制造方法、生产工艺、质量标准、检测方法、药理和毒理试验结果、临床试验报告、稳定性试验报告及其他相关资料；用于食用动物的兽药的休药期、最高残留限量标准、残留检测方法及其制定依据等资料。

（4）兽药的标签和说明书样本。

（5）兽药的样品、对照品、标准品。

（6）环境影响报告和污染防治措施。

（7）涉及兽药安全性的其他资料。

2. 进口兽药的审批制度

（1）审批的时间和程序。农业部在收到出口方驻中国境内的办事机构或者其委托的中国境内代理机构提交的材料和物品的 10 个工作日内组织初步审查。初步审查合格的，将受理的兽药资料送农业部兽药评审中心进行评审，该兽药样品送其指定的检验机构复核检验。农业部在收到评审中心和检验机构的评审和复核检验结论之日起 60 个工作日内完成审查。审查合格的，发给进口兽药注册证书，并发布该兽药的质量标准；审查不合格的，书面通知申请人。

（2）审批的条件考查。审查过程中农业部可以对向我国出口兽药的企业是否符合兽药生产质量管理规范的要求进行考查，并有权要求该企业在农业部指定的机构进行该兽药的安全性和有效性试验。

（3）特殊情况进口兽药的审批。国内急需兽药、少量科研用兽药或者注册兽药的样品、对照品、标准品的进口，按照农业部的规定办理。

3. 进口兽药注册证书

进口兽药注册证书的有效期为 5 年。有效期届满，需要继续向中国出口兽药，必须在有效期届满前 6 个月到农业部申请再注册。之所以规定在届满前 6 个月申请再注册，其目的是为了有充分的时间对进口兽药的安全性和有效性进行重新评价，防止劣质兽药对我国养殖业造成危害。

4. 进口兽药的监督管理制度

（1）进口兽药销售主体。境外企业不得在我国直接销售兽药，必须在我国境内设立销售机构或者委托符合条件的中国境内代理机构销售。

（2）进口兽药的报验程序。进口在我国已取得进口兽药注册证书的兽用生物制品，中国境内代理机构应当向农业部申请允许进口兽用生物制品证明文件，凭允许进口兽用生物制品证明文件到口岸所在地人民政府兽医行政管理部门办理进口兽药通关单；进口在我国已取得进口兽药注册证书的其他兽药，凭进口兽药注册证书到口岸所在地人民政府兽医行政管理部门办理进口兽药通关单。海关凭进口兽药通关单放行。

（3）进口兽药的监督检查。兽用生物制品进口后，应当由农业部指定的机构进行审查核对和抽查检验，未经审查核对或者抽查检验不合格的，不得销售。其他兽药进口后，由当地兽医行政管理部门通知兽药检验机构进行抽查检验。

5. 禁止进口的兽药

为了保证进口兽药的安全性、防止危害养殖业和人体健康，我国禁止进口下列兽药：

（1）药效不确定、不良反应大以及可能对养殖业、人体健康造成危害或者存在潜在风险的兽药。

（2）来自疫区可能造成疫病在中国境内传播的兽用生物制品。

（3）经考查生产条件不符合规定的兽药。

（4）农业部禁止生产、经营和使用的兽药。

（二）出口兽药的管理制度

向中国境外出口兽药，进口方要求提供兽药出口证明文件的，农业部或者企业所在地的省、自治区、直辖市人民政府兽医行政管理部门可以出具出口兽药证明文件。但为了保证国内防疫需要，对国内防疫急需的疫苗，农业部可以限制或者禁止出口。

六、兽药使用管理制度

（一）用药记录管理制度

为了防止滥用兽药，兽药使用单位必须遵守农业部制定的兽药安全使用规定，并建立用药记录。通过建立用药记录，保障遵守兽药的休药期，从而避免或减少兽药残留，保证食用动物产品安全。用药记录的内容包括：动物疾病的诊断结论，使用的兽药品种、剂量、用法、疗程，用药开始的日期，预计停药日期等书面材料。

（二）禁用兽药管理制度

使用假、劣兽药和违禁兽药会影响药物对动物的治疗效果，从而无法保障动物产品对人体的安全，因此不得使用假、劣兽药以及农业部规定禁止使用的药品和其他化合物，也不得未经兽医开具处方使用农业部规定实行处方药管理的兽药。

为了保证动物源性食品安全，维护人民身体健康，农业部根据《饲料和饲料添加剂管理条例》《兽药管理条例》等有关规定，于2002年发布了176号和193号公告，2010年发布了1519号公告，向社会公布了禁止在饲料、动物饮用水和畜禽水产养殖过程中使用的药物和物质清单。清单主要包括克伦特罗、沙丁胺醇等兴奋剂类，己烯雌酚等激素类，呋喃唑酮、氯霉素等抗菌药物类，呋喃丹等杀虫剂类等四大类82种禁用药物和物质。2015年农业部发布了公告第2292号，决定在食品动物中停止使用洛美沙星、培氟沙星、氧氟沙星、诺氟沙星4种兽药，自2016年12月31日起，停止经营、使用用于食品动物的洛美沙星、培氟沙星、氧氟沙星、诺氟沙星4种原料药的各种盐、酯及其各种制剂。2016年农业部发布了公告第2428号，决定停止硫酸黏菌素用于动物促生长。2017年农业部发布了公告第2583号，禁止非泼罗尼及相关制剂用于食品动物。2018年农业部发布了公告第2638号，决定停止在食品动物中使用喹乙醇、氨苯胂酸、洛克沙胂等3种兽药，

2018年4月30日前生产的产品，可在2019年4月30日前流通使用，但自2019年5月1日起，停止经营、使用喹乙醇、氨苯胂酸、洛克沙胂等3种兽药的原料药及各种制剂。

(三) 休药期管理制度

为了避免或减少兽药残留，兽药使用单位和个人应遵守休药期的规定。有休药期规定的兽药用于食用动物时，饲养者应当向购买者或者屠宰者提供准确、真实的用药记录。购买者或者屠宰者应当确保动物及其产品在用药期、休药期内不被用于食品消费。

(四) 药物饲料添加剂管理制度

为了防止动物中毒以及药物饲料添加剂带来的食品安全问题，农业部于2002年发布了第176号公告《禁止在饲料和动物饮用水中使用的的药物品种目录》和第193号公告《食品动物禁用的兽药及其他化合物清单》，于2010年发布了第1519号公告《禁止在饲料和动物饮水中使用的物质》。饲养者不得在饲料和动物饮用水中添加激素类药品和农业部规定的其他禁用药品。经批准可以在饲料中添加的兽药，应当由兽药生产企业制成药物饲料添加剂后方才能添加，不得将原料药直接添加到饲料及动物饮用水中或者直接饲喂动物，也不得将人用药品用于动物。

(五) 兽药残留监控管理制度

1. 监控计划的制订

为了保障动物及动物产品对消费者的食品安全，农业部于2002年12月发布了第235号公告《动物性食品中兽药最高残留限量》，每年制订并组织实施国家动物及动物产品兽药残留监控计划。

2. 检测计划的实施

县级以上人民政府兽医行政管理部门，负责组织对动物产品中兽药残留量的检测。兽药残留检测结果，由农业部或者省、自治区、直辖市人民政府兽医行政管理部门按照权限予以公布。

3. 检测结果异议的处理

动物产品的生产者、销售者对兽药残留检测结果有异议的，可以自收到检测结果之日起7个工作日内向组织实施兽药残留检测的兽医行政管理部门或者其上级兽医行政管理部门提出申请，由受理申请的兽医行政管理部门指定检验机构进行复检。任何单位和个人不得销售含有违禁药物或者兽药残留量超过标准的食用动物产品。

第三节　兽药监督管理

一、兽药监督管理主体

1. 执法机构

根据《兽药管理条例》规定，县级以上人民政府兽医行政管理部门行使兽药监督管理权。这些执法机构指农业部、各地人民政府的兽医局或畜牧兽医局，或者不单独设立兽医行政管理部门的农业机构。农业部负责全国的兽药监督管理工作，县级以上地方人民政府兽医行政管理部门负责本行政区域内的兽药监督管理工作。

《兽药管理条例》规定的行政处罚由县级以上人民政府兽医行政管理部门决定；其中吊销兽药生产许可证、兽药经营许可证、撤销兽药批准证明文件或者责令停止兽药研究试验的，由原发证、批准部门决定。上级兽医行政管理部门对下级兽医行政管理部门违反《兽药管理条例》的行政行为，应当责令限期改正；逾期不改正的，有权予以改变或者撤销。

2. 检验机构

兽药检验工作由中国兽医药品监察所和省、市、自治区兽药监察所承担。农业部根据需要也可以认定其他检验机构承担兽药检验工作。行政相对人对兽药检验结果有异议的，可以自收到检验结果之日起7个工作日内向实施检验的机构或者上级兽医行政管理部门设立的检验机构申请复检。

为了保证兽药执法监督和检疫的公正性，各级兽医行政管理部门、兽药检验机构及其工作人员，不得参与兽药生产、经营活动，不得以其名义推荐或者监制、监销兽药。

二、兽药监督管理措施

兽医行政管理部门在进行监督检查时，可以采取下列行政强制措施：

(1) 对有证据证明可能是假、劣兽药的，应当采取查封、扣押的行政强制措施。

(2) 自采取行政强制措施之日起7个工作日内，采取行政强制措施的兽医行政管理部门必须作出是否立案的决定。

(3) 对于当场无法判定是否是假、劣兽药而需要实验室检验的物品，采取行政强制措施的兽医行政管理部门必须自检验报告书发出之日起15个工作日内作出是否立案的决定。

(4) 对于不符合立案条件的，采取行政强制措施的兽医行政管理部门应当解除行政强制措施。

(5) 需要暂停生产的，由国务院兽医行政管理部门或者省、自治区、直辖市人民政府兽医行政管理部门按照权限作出决定；需要暂停经营、使用的，由县级以上人民政府兽医行政管理部门按照权限作出决定。

未经采取行政强制措施的兽医行政管理部门决定或者其上级机关批准，行政相对人不得擅自转移、使用、销毁、销售被查封或者扣押的兽药及有关材料，否则将承担法律责任。

三、假、劣兽药的判定标准

1. 假兽药的判定标准

兽医行政管理部门在监督检查时，发现以非兽药冒充兽药或者以他种兽药冒充此种兽药，或兽药所含成分的种类、名称与兽药国家标准不符合的，必须判定为假兽药。发现有以下情形之一的，也按照假兽药处理：

(1) 农业部规定禁止使用的兽药。

(2) 依照《兽药管理条例》规定应当经审查批准而未经审查批准即生产、进口的，或者依照《兽药管理条例》规定应当经抽查检验、审查核对而未经抽查检验、审查核对即销售、进口的兽药。

（3）变质的兽药。

（4）被污染的兽药。

（5）所标明的适应症或者功能主治超出规定范围的兽药。

2. 劣兽药的判定标准

兽医行政管理部门在监督检查时，发现有以下情形之一的，判定为劣兽药：

（1）成分含量不符合兽药国家标准或者不标明有效成分的兽药。

（2）不标明或者更改有效期或者超过有效期的兽药。

（3）不标明或者更改产品批号的兽药。

（4）其他不符合兽药国家标准，但不属于假兽药的兽药。

四、兽药的国家标准

兽药的研制、生产等必须符合兽药国家标准，以保证兽药的质量。兽药国家标准主要包括国家兽药典委员会拟定的、农业部发布的《中华人民共和国兽药典》和农业部发布的其他兽药质量标准两部分内容。兽药国家标准的标准品和对照品的标定工作由中国兽医药品监察所负责。

五、兽药不良反应报告制度

我国实行兽药不良反应报告制度。有些兽药在批准生产或进口兽药时，并没有发现其对环境或者人类有不良影响，待使用一段时间后，该兽药的不良反应才能显现出来，这时应当立即采取有效措施，防止不良反应的扩大或者造成更严重的后果。因此，兽药生产企业、经营企业、兽药使用单位和开具处方的兽医人员一旦发现可能与兽药使用有关的严重不良反应，应当立即向所在地人民政府兽医行政管理部门报告，以便于及时采取有限的手段和措施。

六、法律责任

法律责任中规定的货值金额以违法生产、经营兽药的标价计算；没有标价的，按照同类兽药的市场价格计算。

（一）管理机关违法行为的法律责任

兽医行政管理部门及其工作人员利用职务上的便利收取他人财物或者谋取其他利益，对不符合法定条件的单位和个人核发许可证、签署审查同意意见，不履行监督职责，或者发现违法行为不予查处，造成严重后果，构成犯罪的，依法追究刑事责任；尚不构成犯罪的，依法给予行政处分。

（二）行政相对人违法行为的法律责任

1. 生产、经营假、劣兽药，或者无证生产、经营兽药，或经营人用药品的法律责任

无兽药生产许可证、兽药经营许可证生产、经营兽药的，或者虽有兽药生产许可证、兽药经营许可证，生产、经营假、劣兽药的，或者兽药经营企业经营人用药品的，责令其停止生产、经营，没收用于违法生产的原料、辅料、包装材料及生产、经营的兽药和违法所得，并处违法生产、经营的兽药（包括已出售的和未出售的兽药，下同）货值金额 2 倍以上 5 倍以下罚款，货值金额无法查证核实的，处 10 万元以上 20 万元以下罚款。无兽药生产许可证生产兽药，情节严重的，没收其生产设备；生产、经营假、劣兽药，情节严重的，吊销兽药生产许可证、兽药经营许可证；构成犯罪的，依法追究刑事责任；给他人造成损失的，依法承担赔偿责任。生产、经营企业的主要负责人和直接负责的主管人员终身不得从事兽药的生产、经营活动。擅自生产强制免疫所需兽用生物制品的，按照无兽药生产许可证生产兽药处罚。

2. 骗取兽药生产许可证、兽药经营许可证和兽药批准文件的法律责任

提供虚假的资料、样品或者采取其他欺骗手段取得兽药生产许可证、兽药经营许可证或者兽药批准证明文件的，吊销兽药生产许可证、兽药经营许可证或者撤销兽药批准证明文件，并处 5 万元以上 10 万元以下罚款；给他人造成损失的，依法承担赔偿责任。其主要负责人和直接负责的主管人员终身不得从事兽药的生产、经营和进出口活动。

3. 买卖、出租、出借兽药生产许可证、兽药经营许可证和兽药批准证明文件的法律责任

买卖、出租、出借兽药生产许可证、兽药经营许可证和兽药批准证明文件的，没收违法所得，并处 1 万元以上 10 万元以下罚款；情节严重的，吊销兽药生产许可证、兽药经营许可证或者撤销兽药批准证明文件；构成犯罪的，依法追究刑事责任；给他人造成损失的，依法承担赔偿责任。

4. 未按规定实施《兽药非临床研究质量管理规范》《兽药临床试验质量管理规范》《兽药生产质量管理规范》《兽药经营质量管理规范》的法律责任

兽药安全性评价单位、临床试验单位、生产和经营企业未按照规定实施兽药研究试验、生产、经营质量管理规范的，给予警告，责令其限期改正；逾期不改正的，责令停止兽药研究试验、生产、经营活动，并处 5 万元以下罚款；情节严重的，吊销兽药生产许可证、兽药经营许可证；给他人造成损失的，依法承担赔偿责任。

5. 研制新兽药不具备规定的条件擅自使用一类病原微生物或者在实验室阶段前未经批准的法律责任

研制新兽药不具备规定的条件擅自使用一类病原微生物或者在实验室阶段前未经批准的，责令其停止实验，并处 5 万元以上 10 万元以下罚款；构成犯罪的，依法追究刑事责任；给他人造成损失的，依法承担赔偿责任。

6. 使用未经批准的兽药标签和说明书的法律责任

兽药的标签和说明书未经批准的，责令其限期改正；逾期不改正的，按照生产、经营假兽药处罚；有兽药产品批准文号的，撤销兽药产品批准文号；给他人造成损失的，依法承担赔偿责任。

7. 兽药包装未附有标签和说明书或虽附有但内容不一致的法律责任

兽药包装上未附有标签和说明书，或者标签和说明书与批准的内容不一致的，责令其限期改正；情节严重的，按照生产、经营假兽药处罚；有兽药产品批准文号的，撤销兽药产品批准文号；给他人造成损失的，依法承担赔偿责任。

8. 境外企业在中国直接销售兽药的法律责任

境外企业在中国直接销售兽药的，责令其限期改正，没收直接销售的兽药和违法所得，并处 5 万元以上 10 万元以下罚款；情节严重的，吊销进口兽药注册证书；给他人造成损失的，依法承担赔偿责任。

9. 未按兽药安全使用规定使用兽药的法律责任

未按照国家有关兽药安全使用规定使用兽药的、未建立用药记录或者记录不完整真实的，或者使用禁止使用的药品和其他化合物的，或者将人用药品用于动物的，责令其立即改正，并对饲喂了违禁药物及其他化合物的动物及其产品进行无害化处理；对违法单位处 1 万元以上 5 万元以下罚款；给他人造成损失的，依法承担赔偿责任。

10. 违法销售尚在用药期、休药期，或者销售含有违禁药物和兽药残留超标的动物产品的法律责任

销售尚在用药期、休药期内的动物及其产品用于食品消费的，或者销售含有违禁药物和兽药残留超标的动物产品用于食品消费的，责令其对含有违禁药物和兽药残留超标的动物产品进行无害化处理，没收违法所得，并处 3 万元以上 10 万元以下罚款；构成犯罪的，依法追究刑事责任；给他人造成损失的，依法承担赔偿责任。

11. 擅自转移、使用、销毁、销售被查封或者扣押的兽药及有关材料的法律责任

擅自转移、使用、销毁、销售被查封或者扣押的兽药及有关材料的，责令其停止违法行为，给予警告，并处 5 万元以上 10 万元以下罚款。

12. 不按规定报告与兽药使用有关的严重不良反应的法律责任

违反兽药管理条例规定，兽药生产企业、经营企业、兽药使用单位和开具处方的兽医人员发现可能与兽药使用有关的严重不良反应，不向所在地人民政府兽医行政管理部门报告的，给予警告，并处 5 000 元以上 1 万元以下罚款。

13. 生产企业在新兽药监测期内不收集或者不及时报送该新兽药的疗效、不良反应等资料的法律责任

生产企业在新兽药监测期内不收集或者不及时报送该新兽药的疗效、不良反应等资料的，责令其限期改正，并处 1 万元以上 5 万元以下罚款；情节严重的，撤销该新兽药的产品批准文号。

14. 不按规定销售、购买、使用兽用处方药的法律责任

未经兽医开具处方销售、购买、使用兽用处方药的，责令其限期改正，没收违法所得，并处 5 万元以下罚款；给他人造成损失的，依法承担赔偿责任。

15. 违反规定销售原料药或者拆零销售原料药的法律责任

违反兽药管理条例规定，兽药生产、经营企业把原料药销售给兽药生产企业以外的单位和个人的，或者兽药经营企业拆零销售原料药的，责令其立即改正，给予警告，没收违法所得，并处 2 万元以上 5 万元以下罚款；情节严重的，吊销兽药生产许可证、兽药经营许可证；给他人造成损失的，依法承担赔偿责任。

16. 在饲料和动物饮用水中添加禁用药品的法律责任

违反兽药管理条例规定，在饲料和动物饮用水中添加激素类药品和国务院兽医行政管理部门规定的其他禁用药品，依照《饲料和饲料添加剂管理条例》的有关规定处罚；直接将原料药添加到饲料及动物饮用水中，或者饲喂动物的，责令其立即改正，并处 1 万元以上 3 万元以下罚款；给他人造成损失的，依法承担赔偿责任。

17. 撤销兽药的产品批准文号或者吊销进口兽药注册证书的情形

有下列情形之一的，撤销兽药的产品批准文号或者吊销进口兽药注册证书：

（1）抽查检验连续两次不合格的。

（2）药效不确定、不良反应大以及可能对养殖业、人体健康造成危害或者存在潜在风险的。

（3）国务院兽医行政管理部门禁止生产、经营和使用的兽药。

被撤销产品批准文号或者被吊销进口兽药注册证书的兽药，不得继续生产、进口、经营和使用。已经生产、进口的，由所在地兽医行政管理部门监督销毁，所需费用由违法行为人承担；给他人造成损失的，依法承担赔偿责任。

第六部分　案例分析

第九章　案例解析

一、主体的适格性

（一）行政处罚主体

1. 案情简介

2017 年 3 月 3 日，甲县动物卫生监督所执法人员对本县某生猪饲养场进行监督检查时发现，该饲养场未建立养殖档案，遂进行立案调查。经查，甲县动物卫生监督所认为该饲养场未建立养殖档案的行为，违反了《动物防疫法》第十四条第三款之规定，依据《动物防疫法》第七十四条以及《畜牧法》第六十六条之规定，于 3 月 13 日给予 1 000 元罚款的行政处罚。当事人在规定期限内履行了处罚决定。

2. 法律依据

《动物防疫法》第十四条，《畜牧法》第六十六条。

3. 关于行政处罚主体适格的解析

行政处罚是国家一项重要的制裁权，应当由具有行政处罚权的行政机关在法定职权范围内实施，因而行政机关是实施行政处罚最主要的主体。但根据《行政处罚法》的规定，法律、法规授权的具有管理公共事务职能的组织可以在法定授权范围内实施行政处罚。由此可见，行政处罚的实施主体有两个，即行政机关和法律、法规授权的组织。但并不意味着，行政相对人的任一违法行为，都可以由两个行政处罚主体中任一主体来实施行政处罚，应当根据相应的法定职权实施。

在动物卫生行政处罚中，我们把有权实施动物卫生行政处罚的主体称为动物卫生行政主体，在动物卫生行政管理活动中，动物卫生行政主体包括兽医主管部门和动物卫生监督机构。兽医主管部门为行政机关，在动物卫生行政处罚中，其行政处罚权主要有：对违反《畜牧法》《农产品质量安全法》《兽药管理条例》《饲料和饲料添加剂管理条例》《病原微生物实验室生物安全管理条例》等法律法规违法行为，以及对违反《动物防疫法》中的部分违法行为给予行政处罚；动物卫生监督机构为法律、法规授权的组织，在动物卫生行政处罚中，其职权主要是根据《动物防疫法》的授权，对违反《动物防疫法》中有关动物、动物产品的检疫和其他有关动物防疫的违法行为实施行政处罚。同时，兽医主管部门不得行使动物卫生监督机构的行政处罚权（但实行相对集中行使行政处罚权的除外[①]），动物卫生监督机构也不得行使兽医主管部门的行政处罚权。动物卫生监督机构是否为适格的执法主体，必须要具备两个要件：一是法律要件，即法律、法规的授权。《动物防疫法》第八条已明确授权动物卫生监督机构负责动物、动物产品的检疫工作和其他有关动物防疫的监督管理执法工作。二是组织要件，即具备法人资格。必须有当地人民政府编制部门的批准文件，有独立的经费，并取得《事业单位法人证书》。2005年兽医体制改革以来，大部分县级以上地方人民政府单独设立了动物卫生监督机构，但仍有部分动物卫生监督机构未经编制部门正式批准行文，挂靠在其他单位或作为兽医主管部门的内设机构，有些动物卫生监督机构虽然有编制部门的批准文件，但没有经费保障，这些所谓的动物卫生监督机构由于不具备独立的法人资格，不能独立承担行政责任，因而不具有行政主体资格，不能以自己的名义行使《动物防疫法》规定的行政处罚权。

《动物防疫法》第七十四条明确规定，对经强制免疫的动物未按照国务院兽医主管部门规定建立免疫档案的，依照《畜牧法》的有关规定处罚。《畜牧法》第六十六条明确规定，畜禽养殖场未建立养殖档案的违法行为，由县级以上人民政府畜牧兽医行政主管部门实施行政处罚。本案中，甲县动物卫生监督所超出法定授权范围实施行政处罚，不具备法律要件，其对本县某生猪饲养场的处罚行为当然无效。虽然当事人未申请行政复议，也未提起行政诉讼，使该县动物卫生监督所的行政处罚决定得以顺利执行。但本案的处罚主体却存在错误，即实施处罚的主体不适格。在行政执法实践中，经常存在这样的问题，即一个案件查处完毕，当事人没有申请行政复议或提起行政诉讼，行政执法机关就想当然的认为案件查处符合规定，而忽视对案件进行评查，继而未能及时发现行政执法过程中存在的问题，致使动物卫生行政执法长期处在一个低水平阶段的状态，依法行政不能落到实处。

在动物卫生行政管理中，许多地方实行畜牧兽医综合执法，畜牧兽医主管部门通过书面委托的方式，可以将处罚权委托给动物卫生监督机构行使，动物卫生监督机构在行使委托处罚权时，则不得以自己的名义实施，而是要以被委托机关名义实施。畜牧兽医行政主管部门未委托的，动物卫生监督机构发现行政相对人违反应当由畜牧兽医行政主管部门实施行政处罚的违法行为，应当向畜牧兽医主管部门移送，由畜牧兽医主管部门来实施行政处罚，否则该行政处罚行为因行政处罚主体不适格而无效。

（二）行政相对人

1. 案情简介

2017年10月16日，甲县某生猪饲养场员工丢弃死亡生猪被群众举报。甲县动物卫生监督所接到举报后，立即立案进行调查。经查，该饲养场领取合伙企业营业执照，负责

---

① 例如，2016年广西壮族自治区南宁市推行综合行政执法体制改革试点，在农业领域开展综合执法，将《动物防疫法》规定的行政处罚权和行政强制权集中由南宁市农业委员会行使。南宁市农业委员会集中行使《动物防疫法》规定的行政处罚权和行政强制权后，南宁市动物卫生监督所不得行使该法规定的行政处罚权和行政强制权。

人为陈某。陈某指使员工将死亡生猪丢弃，并要求员工不得对任何人提起本场生猪发病死亡的情况。死亡的生猪经确诊为二类动物疫病。该饲养场未按规定处理染疫动物，也未按规定报告疫情。甲县动物卫生监督所认为该饲养场负责人陈某的行为违反了《动物防疫法》第二十一条第二款和第二十六条第一款之规定，即不按规定处置染疫动物和不履行动物疫情报告义务。根据《动物防疫法》第七十五条和第八十三条之规定，于 10 月 23 日对陈某不按规定处置染病动物的违法行为给予罚款 1 000 元的行政处罚，对不履行动物疫情报告义务的违法行为给予罚款 500 元的行政处罚。陈某在规定时间内履行了处罚决定。

2. 法律依据

《动物防疫法》第二十一条第二款、第二十六条第一款、第七十五条、第八十三条。

3. 关于行政相对人主体适格问题的解析

正确认定违法主体，是行政处罚成立必不可少的要件之一。根据行政违法责任自负的原则，行政机关实施行政处罚时，只能对实施了行政违法行为的行为人进行处罚，通俗地讲，就是谁违法由谁来承担行政法律责任，不允许牵连他人或由他人替代。对行政相对人主体性质的正确认定，不仅仅是为了保证行政处罚的合法性，同时还要保障行政相对人的合法权益。如果动物卫生行政主体在进行行政处罚时不能正确认定适格的行政相对人，那么对于被处罚的行政相对人来说是极其不公平的。试想如果将一个应当按照个人性质进行处罚的行政相对人认定为单位性质，那么其极有可能会受到比个人性质更为严厉的行政处罚，反之将一个应当按照单位性质进行处罚的行政相对人认定为个人性质，那么其极有可能受到的处罚与其违法行为造成的后果不相适应，而起不到威慑作用。

《行政处罚法》第三条规定：对公民、法人或者其他组织违反行政管理秩序的行为，应当给予行政处罚。据此可以将行政相对人分为三类：即公民、法人和其他组织①。公民是指具有某国国籍的自然人。法人是指具有民事权利能力和民事行为能力，依法独立享有民事权利承担民事义务的组织，在动物卫生行政处罚中，能独立的承担行政法律责任。代表法人行使职权的负责人，称之为法人的法定代表人。《中华人民共和国民法总则》将法人分为三种类型，分别是营利法人（包括有限责任公司、股份有限公司和其他企业法人等）、非营利法人（包括事业单位、社会团体、基金会、社会服务机构等）和特别法人（机关法人、农村集体经济组织法人、城镇农村的合作经济组织法人、基层群众性自治组织法人）。其他组织是指依法成立，有一定的组织机构和财产，但又不具备法人资格的组织，其不能独立的承担民事及行政责任，仅能以其有限的财产承担责任，不足部分由其开办者承担。

在动物卫生行政处罚案件中，首要的问题是确定行政相对人的主体资格，即谁是本案的适格当事人，或者说谁是本案的违法行为人。尽管动物卫生法律规范不像《行政处罚法》将行政相对人的范围规定为公民、法人和其他组织，如《动物防疫法》中表述为单位和个人、再如《兽药管理条例》中表述为企业等，但是不管表述为何种形式，其行政相对人的范围是相同的，即包括公民、法人和其他组织三种类型。在动物卫生行政处罚案件中，执法人员对违法行为人为公民的，在认定行政相对人主体适格性时不易出错，不会将

---

① 《中华人民共和国民法总则》将民事主体分为三类，即自然人、法人和非法人组织。

行政相对人为公民的认定为单位性质。但是将起字号的个体工商户混同为其他组织，或者将其他组织混同为个人或法人，或将法人或其他组织的违法行为认定为其法定代表人或主要负责人个人行为的案件时有发生，没有正确的区分公民、法人、其他组织三类主体。因此，在认定行政相对人主体资格时，要把握以下几点：第一，行政相对人为个体工商户的，以营业执照上登记的经营者为行政相对人。有字号的，以营业执照上登记的字号为行政相对人，但应同时注明经营者的基本信息。第二，营业执照载明的企业性质为法人或者其他组织的，以其营业执照载明的名称为行政相对人。第三，依法登记领取营业执照的个人独资企业和依法登记领取营业执照的合伙企业，属于其他组织，应当以该企业为行政相对人。第四，没有登记的合伙组织，以全体合伙人为共同行政相对人。对于法人或其他组织违反动物卫生法律规范的，不得将该法人或其他组织的法定代表人或负责人，或者员工作为行政相对人进行处罚。

本案中，某生猪饲养场员工丢弃死亡生猪的行为虽为负责人陈某授意，但陈某的行为是职务行为，体现的是单位的意志，因此不按规定处置染疫动物的行为是单位行为，而非该场负责人陈某的个人行为。该场发生动物疫情，不履行动物疫情报告义务，由此产生的法律后果也应由单位承担。因而甲县动物卫生监督所认定该场负责人陈某为本案的行政相对人不适格，并给予其行政处罚是错误的。

二、证据的形式要件

1. 案情简介

2014年12月12日，甲县动物卫生监督所执法人员刘某、张某在监督检查中发现本县某饲养场的车辆在卸载动物后没有按规定进行清洗、消毒，违反了《动物防疫法》第四十四条第二款之规定。遂制作《当场处罚决定书》，给予该饲养场警告的行政处罚，同时责令其立即或到当地指定地点对运载车辆进行清洗、消毒。同月15日，刘某、张某到指定消毒地点进行事后核查中，发现该饲养场没有对运载车辆进行消毒，执法人员刘某、张某随即分头进行调查。刘某独自在消毒地点对负责消毒工作的负责人员进行了调查并制作《询问笔录》。张某独自到该饲养场存放车辆的场所且在没有任何人在场的情况下，补做了一份《现场检查（勘验）笔录》，且将时间书写为2014年12月12日。该县动物卫生监督所认为，当事人不履行"运载工具在装载前和卸载后应当及时清洗、消毒"的义务，且在给予警告行政处罚后，拒不改正其违法行为，依据《动物防疫法》第七十三条第三项之规定，于2014年12月19日给予该饲养场罚款800元的行政处罚。该饲养场以作出行政处罚决定的证据取得形式不合法为由向甲县人民法院提起行政诉讼。人民法院经审理认为，认定案件事实的证据无证明效力，以主要证据不足为由判决撤销了甲县动物卫生监督所作出的罚款800元的行政处罚决定。

2. 法律依据

《动物防疫法》第四十四条第二款、第七十三条。

3. 关于证据形式要件的解析

动物卫生行政处罚的证据，是指能够证明动物卫生行政处罚案件真实情况的一切材料，包括书证、物证、视听资料、证人证言、当事人陈述、鉴定结论、勘验笔录及现场笔录等。证据具有三个重要属性，即真实性、合法性和关联性。证据的真实性是指证据是客观存在的事实，而不是人们主观猜测或假定的事实，它不以人的主观意志为转移。证据的合法性是指动物卫生行政处罚证据必须是按照法律规范的要求和法定的程序而取得的事实材料。证据的关联性是指行政处罚证据与案件事实有一定的内在的、客观的必然联系，能够证明案件事实的一部分或者全部。客观存在的事实是多种多样的，并非所有的客观事实都能作为证据，只有与案件存在一定的内在联系，并能够证明待证事实的存在或不存在的才能成为证据。

证据的形式要件是指证据在形式上应当满足的条件，是案件事实的外在表现方式，一般形成于取证过程，属于证据合法性的范畴。证据是否具有合法性除内容因素外，一定程度上也取决于取得的证据形式是否符合法定条件。在动物卫生行政处罚案件中，证据的取得在形式上应注意以下几个问题：

（1）动物卫生行政处罚中进行调查或检查时，执法人员不得少于两人，并应当向调查、检查对象出示行政执法证件。所有的《询问笔录》《现场检查（勘验）笔录》《查封（扣押）现场笔录》《抽样取证凭证》等证据材料都要如实记载，同时执法人员要在笔录上签名。执法人员不得少于两人，且调查或检查时出示行政执法证件，并由执法人员在笔录上签名，是上述证据材料必不可少的形式要件。

（2）《询问笔录》《现场检查（勘验）笔录》《查封（扣押）现场笔录》《听证笔录》等证据材料，应当当场交当事人阅读或者向当事人宣读，并由当事人在笔录上逐页签名盖章或捺指印确认。末页签名未顶格时应将空格划掉，并由当事人注明"以上记录属实"等字样。当事人拒绝签名盖章或拒不到场的，执法人员应当在笔录上注明，并可以邀请在场的其他人员签名；笔录涂改处应由当事人签章或捺指印确认。通常情况下，当事人的签名盖章或捺指印确认，是上述证据材料形式上合法的要件之一。

（3）证人证言必须要附具证人的居民身份证复印件等证明证人身份的文件，同时要写明证人的姓名、年龄、性别、职业、住址等基本情况。证人证言要有证人的签名，不能签名的，应当以盖章或捺指印等方式证明，并注明出具日期。在动物卫生行政处罚中，执法人员基本都能主动收集行政相对人的身份证明材料，但往往忽略收集证人的身份证明材料，从而导致证人证言缺乏证据的形式要件。

（4）鉴定结论应当载明委托人和委托鉴定的事项、向鉴定部门提交的相关材料、鉴定的依据和使用的科学技术手段、鉴定部门和鉴定人鉴定资格的说明，并应有鉴定人的签名和鉴定部门的盖章。通过分析获得的鉴定结论，应当说明分析过程。

（5）动物卫生行政执法案件中，经常以视听资料（摄影、录音、录像、计算机数据等）作为定案的证据，依据《最高人民法院关于行政诉讼证据若干问题的规定》，视听资料必须符合下列要求：一是提供有关资料的原始载体，提供原始载体确有困难的，可以提供复制件。在执法过程中需要注意的是，拍照后冲洗出来的照片，属于复制件而非原件，其原件是底片或数码相机存储器里保存的电子数据。对照片，要用证据粘贴单粘好，注明该照片的证明对象，由违法行为人或涉案物品提供人在照片粘贴处捺骑缝指印，并由其签名或盖章予以确认。二是注明制作方法、制作时间、制作人和证明对象等。三是声音资料应当附有该声音内容的文字记录。

（6）书证、物证。收集书证、物证时，应尽量收集原件和原物，由证据的提供人在书证或物证上签名盖章或捺指印，并要注明取证时间和取证的执法人员姓名。收集原件、原物确有困难的，可以通过复印、拍照、录像等形式收集复制件，复制件应标明"经核对与原件无误"的字样，并由证据的提供人签名盖章或捺指印。尤其是在查处伪造检疫证明、使用未经批准的兽药标签或说明书，或者使用的兽药标签和说明书与批准不一致的违法案件，应当让当事人或者证据提供人在相关的证明材料中签名盖章或捺指印进行确认，以确保证据的真实性、合法性以及与本案事实及其他证据间的关联性。

本案中，执法人员对当事人进行第一次询问时未制作《询问笔录》，询问的过程和内容没有以书面形式反映出来，也未制作《现场检查（勘验）笔录》，导致当场处罚无证据支持。事后监督核查时，发现当事人没有履行其法定义务，首先由刘某对消毒地点负责消毒工作的负责人员进行了调查，但由于调查时执法人员为一名，导致取得的《调查笔录》形式要件不合法而无证明能力。其次执法人员张某在事后补充且未通知当事人到场的情况下制作的《现场检查（勘验）笔录》也因形式要件不合法而无证明能力。因而，人民法院认为本案认定案件事实的主要证据不足，撤销甲县动物卫生监督所作出的罚款 800 元行政处罚的判决是正确的。

三、法律的适用

（一）事实认定

1. 案情简介

2010 年 9 月 9 日，甲县动物卫生监督所执法人员在监督检查中，发现本县梁某经营的 100 千克羊肉无检疫证明，遂进行立案调查。执法人员对梁某进行了询问，梁某称其经营的羊肉购买于甲县某屠宰场，且经过检疫，但因保管不慎将检疫证明遗失。执法人员未对梁某的上述陈述进行核实，通知其于同月 15 日前提供甲县动物卫生监督机构出具的来自非封锁区证明，梁某在规定时间内未能提供。甲县动物卫生监督所认为梁某经营的羊肉不符合补检条件，并认定其行为违反了《动物防疫法》第二十五条第三项，即禁止经营依法应当检疫而未经检疫动物产品的规定，依据《动物防疫法》第七十六条的规定，给予没收 100 千克羊肉，并处罚款 2 000 元（同类检疫合格动物产品货值金额一倍的罚款）的行政处罚。梁某对甲县动物卫生监督所给予的处罚不服，向甲县农牧业局提起行政复议。甲县农牧业局受理梁某的复议申请后，查明：梁某 9 月 9 日在甲县某屠宰场以每千克 20 元的价格购买了检疫合格的 100 千克羊肉，且甲县动物卫生监督所留存的检疫证明存根也佐证了这一客观事实，检疫记录表上也有记录，屠宰场的出库单与梁某的进货记录单所记录的内容一致。甲县农牧业局认为甲县动物卫生监督所的具体行政行为认定事实不清、适用法律不当，撤销了甲县动物卫生监督所对梁某作出的没收 100 千克羊肉和罚款 2 000 元的具体行政行为。

2. 法律依据

《动物防疫法》第二十五条、第四十三条、第七十六条和第七十八条。

3. 关于事实认定中法律适用的解析

检疫证明、检疫标志是经营、运输动物产品经检疫合格的唯一法律凭证，没有检疫证明、检疫标志的动物产品不得经营和运输。国家明确规定禁止检疫不合格或依法应当检疫而未经检疫的动物产品进入流通领域，是动物疫病实行预防为主的具体表现。2007年修订的《动物防疫法》施行后，对于查获的没有检疫证明的动物、动物产品应该适用《动物防疫法》第四十三条第一款定性、依照第七十八条处罚，还是适用第二十五条第三项定性，依照第七十六条或七十八条处罚，在执法实践中适用不规范。《动物防疫法》第四十三条第一款和第二十五条第三项（即依法应当检疫而未经检疫）规定的是两种不同的违法行为，违反四十三条第一款未附有检疫证明的行为，侵犯了凭证屠宰、经营和运输动物或经营、运输动物产品的检疫管理秩序。以经营动物或动物产品为例，无检疫证明或检疫标志，存在两种情形：一是取得了检疫证明，但由于种种原因未附有。二是依法应当检疫而未经检疫，无证可附。第一种情形违反了凭证经营的检疫管理秩序，前提是经过检疫但未附证，对该行为依据《动物防疫法》第四十三条定性，按照七十八条给予行政处罚。第二种情形违反了需经检疫许可才能从事相关活动的检疫管理秩序，前提是依法应当检疫而未经检疫，对该行为应当适用《动物防疫法》第二十五条第三项定性，至于应当适用《动物防疫法》第七十六条，还是第七十八条进行处罚，需要根据补检结果，依据《动物检疫管理办法》第四十、四十一、四十二和四十三条的规定，按下列情形实施处罚：

（1）依法应当检疫而未经检疫的动物。对依法应当检疫而未经检疫的动物，符合补检条件的，由动物卫生监督机构出具《动物检疫合格证明》。同时，适用《动物防疫法》第二十五条第三项定性，依照第七十八条进行处罚；不符合补检条件的，适用《动物防疫法》第二十五条第三项定性，依照第七十八条进行处罚，同时对动物按照农业部的规定处理。

（2）依法应当检疫而未经检疫的动物产品——骨、角、生皮、原毛、绒等。对骨、角、生皮、原毛、绒等动物产品，符合补检条件的，由动物卫生监督机构出具《动物检疫合格证明》。同时，适用《动物防疫法》第二十五条第三项定性，依照第七十八条进行处罚；不符合补检条件的，适用《动物防疫法》第二十五条第三项定性，依照第七十八条进行处罚，并对该动物产品采取没收销毁的强制措施。

（3）依法应当检疫而未经检疫的动物产品——精液、胚胎、种蛋等。对精液、胚胎、种蛋等动物产品，符合补检条件的，由动物卫生监督机构出具《动物检疫合格证明》。同时，适用《动物防疫法》第二十五条第三项定性，依照第七十八条进行处罚；不符合补检条件的，适用《动物防疫法》第二十五条第三项定性，依照第七十八条进行处罚，并对该动物产品采取没收销毁的强制措施。

（4）依法应当检疫而未经检疫的动物产品——肉、脏器、脂、头、蹄、血液、筋等。对肉、脏器、脂、头、蹄、血液、筋等动物产品，符合补检条件的，由动物卫生监督机构出具《动物检疫合格证明》。同时，适用《动物防疫法》第二十五条第三项定性，依照第七十八条进行处罚；不符合补检条件的，予以没收销毁，并适用《动物防疫法》第二十五条第三项定性，依据第七十六条进行处罚。

本案中，执法人员对当事人"经过检疫，但因保管不慎遗失了检疫证明"的陈述未进行核实，就武断地认定其经营依法应当检疫而未经检疫的动物产品，实属事实认定不清。

从本案的违法事实来看，当事人违反了《动物防疫法》第四十三条第一款的规定，案由应确定为经营未附检疫证明动物产品案，而非经营依法应当检疫而未经检疫动物产品案，应当适用《动物防疫法》第四十三条第一款来认定违法行为，而非第二十五条第三项。因而，甲县农牧业局以"认定事实不清、适用法律不当"为由撤销甲县动物卫生监督所对梁某作出的处罚决定是正确的。从本案的法律责任适用来看，由于当事人是有证未附，其经营的动物产品是经过检疫的合格产品，不存在补检的情形，只需要依照《动物防疫法》第七十八条给予相应的罚款处罚即可。当然对于本案的情形，如果没有造成危害后果，且违法行为轻微并及时纠正的，也可以不予行政处罚。

（二）处罚依据

1. 案情简介

2009 年 1 月 20 日，甲市动物卫生监督所在监督检查中发现某市场经营者李某经营的重量为 150 千克的猪肉，无检疫证明。经询问，李某称：该猪肉低价购自甲市某生猪屠宰场，为当日屠宰检疫不合格产品，所以没有检疫证明。监督检查时尚未销售。同月 21 日，甲市动物卫生监督所派执法人员到甲市某生猪屠宰场对涉案产品进行调查，调查结果与李某供述一致。甲市动物卫生监督所认为当事人经营未附检疫证明的动物产品，违反了《动物防疫法》第四十三条第一款之规定，依据《动物防疫法》第七十八条之规定，对李某作出没收未附检疫证明的 150 千克猪肉和罚款 1 000 元的处罚。甲市动物卫生监督所对甲市某生猪屠宰场的违法行为另案进行了处理，同时对未监督屠宰场将涉案猪肉进行无害化处理的官方兽医进行了行政处分。

2. 法律依据

《动物防疫法》第四十三条、第七十八条。

3. 关于处罚依据中法律适用的解析

法律适用准确性的基本要求通常有三个：一是合法。在处理案件的整个过程中都要严格依法行政，不仅要求最后环节的处罚决定要严格依法进行，而且在办案的每个环节都要依照法定的权限和程序进行。二是适当。适当是指在查清事实的基础上，准确地适用法律。首先要准确、适当地对案件进行定性。其次要准确、适当地加以处理。对违法行为，要准确、适当地进行处罚，既不能重过轻罚，也不能轻过重罚，应当做到过罚相当。三是及时。要在合法、适当的同时，要求全部办案活动和办案的每个环节都讲究效率，做到在法律规定的范围内及时调查处理、及时结案。法律适用一般分为以下几个阶段：

（1）调查、分析和确认事实。法律适用的基础和前提是要调查、分析和确认事实真相。事实没有调查清楚就无法准确的适用法律。查明事实且有确凿的证据后，就需要对查明的事实进行分析，确认查明的事实是否属于本机关的职权，同时要确认这些事实是否由动物防疫法律规范所调整。

（2）选择适当法律规范。在确认事实的基础上，找出适用该案件处理的法律根据。首先，要在确认事实性质的基础上选择适用哪个法律规范最为合适，要具体到条、款、项、目。其次，要清楚所选择适用法律规范的效力范围，包括时间效力、空间效力和对人的效力以及有无溯及力等。

（3）作出决定。对案件作出判断、评价和决定，这是法律适用的最后阶段，要把法律规范适用于具体案件。一般来讲，法律的适用，具有特定的形式要求，例如，制作《行政处罚事先告知书》《行政处罚决定书》等。

（4）履行决定。法律规范适用后，形成的法律文件，无论是动物卫生行政主体还是行政相对人，都应当自觉主动的履行。履行决定是法律规范具体发生作用的阶段。

本案中，甲市动物卫生监督所对本案实施行政处罚依据的法律规范不正确。李某经营的猪肉是甲市生猪屠宰场经屠宰检疫不合格的产品，甲市动物卫生监督所认定其为违反了《动物防疫法》第四十三条第一款之规定，并依据《动物防疫法》第七十八条之规定进行处罚是错误的，且《动物防疫法》第七十八条并未设定没收动物产品的处罚种类，甲市动物卫生监督所作出没收 150 千克猪肉的行政处罚也无依据。李某的行为应当认定为违反了《动物防疫法》第二十五条第三项之规定，即经营检疫不合格的动物产品，应当依据《动物防疫法》第七十六条之规定给予处罚。经营检疫不合格的动物产品和经营未附检疫证明的动物产品是两种违法性质不同的行为，产生的社会危害性也不相同，应当承担不同的法律后果。

四、程序的合法性

（一）简易程序

1. 案情简介

2017 年 10 月 19 日，某县动物卫生监督所执法人员接到当地动物疫病预防控制中心通报，称该县留资镇留资村王某拒绝对饲养的 2 头奶牛检测。动物卫生监督所指派执法人员进行调查。经查，王某饲养的奶牛是 2017 年 8 月从本县动物交易市场购买，其认为饲养的奶牛购买时已经过检疫，没有必要再进行疫病检测。某县动物卫生监督所认为，当事人的行为违反了《动物防疫法》第十八条之规定，但情节轻微，没有造成严重后果，依据该法第七十三条之规定，当场给予当事人口头警告、并处罚款 50 元的行政处罚，同时当场开具罚没收据收缴了罚款。

2. 法律依据

《动物防疫法》第十八条、第七十三条。

3. 关于行政处罚中简易程序的适用

在动物卫生行政处罚中，由于简易程序简便、快捷，有利于提高动物卫生行政主体的行政效率，而且适用简易程序处理的案件对行政相对人的利益影响较小，因而，在基层动物卫生行政处罚中较为常用。但是正因为简易程序的简便性，执法人员往往忽略简易程序的适用条件和程序，导致适用简易程序处罚案件的瑕疵。

（1）适用简易程序的条件。依据《行政处罚法》第三十三条和《农业行政处罚程序规定》第二十二条的规定，动物卫生行政主体在监督执法中，对违法事实确凿并有法定依据，对公民处以 50 元以下、对法人或者其他组织处以 1 000 元以下罚款或者警告的行政处罚的，可以当场作出行政处罚决定。根据上述规定，动物卫生行政主体在适用简易程序实施行政处罚时，要把握以下三个条件：

① 违法事实确凿。违法事实确凿，是指行政相对人确有违法事实，即要有能够证明行政相对人具有违法事实的证据，且证据要确实清楚、充分。这是适用简易程序实施行政处罚的基础和前提条件。在动物卫生行政执法中，要求执法人员当场确认行政相对人的违法行为，如认定行政相对人对运载工具在装载前和卸载后没有及时清洗和消毒的行为、对饲养的动物不按照动物疫病强制免疫计划进行免疫接种的行为、对种用或乳用未经检测或者检测不合格而不按规定处理的行为、对兽药生产企业未按照规定实施兽药生产质量管理规范的行为、或者对兽药经营企业未按照规定实施兽药经营质量管理规范的行为等。通常情况下，不需要进行立案调查，当场就有直接的证据能够证明违法事实存在。违法事实没有查明的，不能给予行政处罚。

② 有法定依据。有法定依据，是指必须要有法律、行政法规、地方性法规或规章作为行政处罚的依据。如果没有法律规范规定对该违法行为予以处罚的，则不能适用简易程序或一般程序实施处罚。

③ 符合《行政处罚法》规定的行政处罚种类和罚款幅度。《行政处罚法》规定可以当场作出决定的行政处罚的种类是：警告和罚款。但是，当场作出决定的罚款必须符合《行政处罚法》规定的幅度，即：对公民处以的罚款数额必须在 50 元以下，对法人或者其他组织处以的罚款数额必须在 1 000 元以下，不得超出前述界限。在动物卫生行政处罚中，适用简易程序作出罚款的决定超出这个界限的，程序违法。本案中给予行政相对人警告和 50 元罚款，符合适用简易程序的条件。

（2）适用简易程序的程序。简易程序不是没有程序，只是与一般程序相比相对简单，但必须要遵循。依据《农业行政处罚程序规定》第二十三条的规定，适用简易程序实施行政处罚时，要遵循以下程序：

① 表明身份。表明身份通常通过向行政相对人出示执法证件的形式反映。行政相对人了解执法人员的身份，是其依法享有的权利，执法人员在行使行政执法权时必须履行向行政相对人表明身份的义务。同时，也是行政执法公正、公开原则的具体体现，是动物卫生行政执法合法性的必经程序，不得省略。

② 当场查清违法事实，收集和保存必要的证据。违法事实没有查明的不能给予行政处罚，因此，行政执法人员在适用简易程序时，必须要当场查清违法事实，收集和保存必要的证据，而且证据要确实、充分。

③ 告知处罚理由。《农业行政处罚程序规定》第二十条第一款规定：农业行政处罚机关在作出农业行政处罚决定前，应当告知当事人作出行政处罚的事实、理由及依据，并告知当事人依法享有的权利。从该条规定可以看出，告知是在行政处罚决定作出前，而不是作出后，因此，执法人员在适用简易程序实施行政处罚前，应当场告知行政相对人违法事实、处罚理由和依据。处罚理由是指违法行为违反了哪部法律的哪条法律规范，即对违法行为定性的法律条款；处罚依据是指该违法行为应当承担法律责任的具体法律条款。由于简易程序是当场决定、当场告知、当场处罚，因此，适用简易程序实施处罚时，告知当事人处罚理由无需采用书面形式，口头告知即可。

④ 听取当事人陈述和申辩。根据《农业行政处罚程序规定》第二十条第二款规定，动物卫生行政主体在告知当事人处罚理由后，应当充分听取当事人的意见，对当事人提出

的事实、理由及证据，应当进行复核；当事人提出的事实、理由或者证据成立的，动物卫生行政主体应当采纳。但是动物卫生行政主体不得因当事人申辩而加重处罚。

⑤ 填写《当场处罚决定书》并送达。执法人员需要填写《当场处罚决定书》，当场送达当事人，并告知当事人行政复议和行政诉讼的权利和期限。根据《行政复议法》《行政诉讼法》的规定，当事人对处罚决定不服的，行政复议和行政诉讼的期限分别是自当事人收到处罚决定书之日起 60 天、6 个月内。《当场处罚决定书》是农业部规定的农业行政执法基本文书格式之一，该文书印刷有"执法机关（印章）"一栏，需要在成文日期上加盖执法机关印章，但根据《行政处罚法》第三十四条第二款，《当场处罚决定书》只规定由"执法人员签名或盖章"。而在执法实践中，由于当场处罚的简便、快捷性，执法人员不可能在填写《当场处罚决定书》后，再回执法机关加盖印章，往往由执法机关事先加盖印章，这种做法有"墨在朱上"之嫌，不符合公文制作"朱在墨上"的基本要求，应予纠正。

⑥ 备案与执行。执法人员在作出当场处罚决定后，应当报所属动物卫生行政主体备案。备案的期限是向当事人送达《当场处罚决定书》之日起 2 天内。对当事人决定罚款的，应当让其到指定的银行缴纳，或者按规定当场收缴。

本案中，王某不接受动物疫病预防控制机构对其饲养的乳用动物进行检测的违法事实清楚。对该违法行为，按照《动物防疫法》第七十三条的规定，应当由动物卫生监督机构责令改正，给予警告；拒不改正的，由动物卫生监督机构代作处理，所需处理费用由违法行为人承担，可以处 1 000 元以下罚款。某县动物卫生监督所据此对王某给予警告，并处罚款 50 元。因此，某县动物卫生监督所认为王某的行为违反《动物防疫法》第十八条，且适用七十三条实施处罚是正确的。

但是，本案处罚中存在以下三个方面的问题：第一，处罚决定的表现形式不合法。某县动物卫生监督所采取口头的方式，未制作《当场处罚决定书》实施处罚，属于无效的行政行为。第二，给予的罚款处罚不合法。无论适用简易程序还是一般程序，有的行政处罚种类的科以是以已有的行政处罚的存在为前置条件。《动物防疫法》第七十三条规定，种用、乳用动物未经检测或者经检测不合格而不按照规定处理的，由动物卫生监督机构责令改正，给予警告；拒不改正的，由动物卫生监督机构代作处理，所需处理费用由违法行为人承担，可以处 1 000 元以下罚款。从该规定可以看出，警告是罚款的前置条件，只有先给予行政相对人警告的行政处罚，在行政相对人拒不改正的情况下，动物卫生行政主体才可以给予其相应数额的罚款。本案中，同时给予行政相对人警告和罚款处罚是错误的。三是当场收缴罚款不正确。按照《行政处罚法》第四十七条、第四十八条以及《农业行政处罚程序规定》第五十四、五十五条的规定，动物卫生行政执法人员可以当场收缴罚款的情形有三种：一是依法给予 20 元以下的罚款的。二是不当场收缴事后难以执行的。三是在边远、水上、交通不便地区，动物卫生行政主体依照行政处罚的有关规定作出罚款决定后，当事人向指定的银行缴纳罚款确有困难，经当事人提出的。本案中，执法人员当场收缴罚款显然不符合前述三种情形之一，因而，当场收缴罚款不正确。需说明的是，当场收缴罚款不仅适用于按简易处罚程序作出的处罚决定的执行，也适用于按一般处罚程序作出的处罚决定的执行。当场收缴罚款是罚缴分离制度的例外，其并不必然因当场处罚而发生。事实上，当场收缴罚款与当场处罚有显著的区别，两者是处罚决定与执行的关系。此外，执法人员当场收缴的罚款，应当自返回处罚机关所在地之日起2天内，交至处罚机关；在水上当场收缴的罚款，应当自抵岸之日起2天内交至处罚机关；处罚机关应当在2天内将罚款交至指定的银行。

（二）一般程序

1. 案情简介

2017年12月8日，甲县农牧业局接到群众举报，称本县某兽药店销售假劣兽药，农牧业局指派执法人员进行调查。经查，该兽药店为个体工商户，经营者为洪某，其经营的兽药中有四种兽药为没有批准文号的假兽药。洪某供述该兽药为2017年3月从乙省乙县某某兽药企业以每件800元的价格分四批购进10件，以每件1 000元的价格销售，现库存4件。经营中未建立购销纪录。执法人员对购买洪某兽药的客户和养殖大户进行了调查，查明洪某销售的该四种兽药远远多于洪某所供述的10件，且销售价格也与洪某供述不符。执法人员到乙省乙县进行调查，查明乙省乙县某某兽药企业已于2017年8月解散，并已办理了工商注销登记手续。甲县农牧业局执法人员认为洪某的行为违反了《兽药管理条例》第二十七条第三款之规定，经营假兽药，但由于数量无法查清，货值金额无法查证核实，依照《兽药管理条例》第五十六条之规定，对洪某作出了没收库存假兽药、罚款10万元的行政处罚决定。甲县农牧业局作出行政处罚决定前，未向洪某送达《行政处罚事先告知书》。洪某以甲县农牧业局作出行政处罚决定未告知其作出行政处罚决定的事实、理由及依据，也未告知依法享有的权利为由，向甲县人民法院提起诉讼。甲县人民法院审理后认为，甲县农牧业局违反法定程序，判决撤销了该行政行为。

2. 法律依据

《兽药管理条例》第二十七条第三款、第五十六条第一款。

3. 关于行政处罚中一般程序的适用

按照《行政处罚法》的规定，除可以适用简易程序外，其他动物卫生行政处罚案件均应适用一般程序。一般程序是适用所有动物卫生行政处罚案件的通用程序。由于一般程序步骤较多，就具体案件的处理而言，效率相对受到一些影响。因此，《行政处罚法》不要求所有的案件都适用一般程序，而是允许一部分案件适用简易程序来处理。一般程序包括立案、调查取证、审查证据、事先告知、决定处罚、送达等阶段。结合动物卫生执法实践，执法人员适用一般程序实施行政处罚时，容易在以下两个阶段出现错误：

（1）立案阶段。在立案阶段，动物卫生行政处罚案件要遵循先立案后调查的顺序，但并不排除动物卫生行政主体负责人在签署《行政处罚立案审批表》之前就有证据存在。大部分动物卫生行政违法案件发现于监督检查中，对于涉嫌违法的行为，执法人员要在第一时间制作《现场检查（勘验）笔录》完成初步调查，然后制作《行政处罚立案审批表》报请负责人审批是否决定立案调查。正因为如此，《农业行政处罚程序规定》第二十六条规定：除依法可以当场决定行政处罚的外，执法人员经初步调查，发现公民、法人或者其他组织涉嫌有违法行为依法应当给予行政处罚的，应当填写《行政处罚立案审批表》，报本行政处罚机关负责人批准立案。然而，执法实践中，却有个别执法人员错误地认为，未经立案不得调取证据，在立案前没有及时固定证据，导致立案后取证困难。

（2）保障行政相对人权利阶段，即事先告知阶段。《行政处罚法》第六条规定：公民、法人或者其他组织对行政机关所给予的行政处罚，享有陈述权、申辩权……；第三十一条规定：行政机关在作出行政处罚决定之前，应当告知当事人作出行政处罚决定的事实、理由及依据，并告知当事人依法享有的权利；第三十二条规定：当事人有权进行陈述和申辩。行政机关必须充分听取当事人的意见，对当事人提出的事实、理由和证据，应当进行复核；当事人提出的事实、理由或者证据成立的，行政机关应当采纳；同时，第四十一条还规定，行政机关及其执法人员在作出行政处罚决定之前，不告知当事人给予行政处罚的事实、理由和依据，或者拒绝听取当事人的陈述、申辩，行政处罚决定不能成立。上述规定确立了行政处罚中的行政相对人享有的陈述权和申辩权，这些权利处罚机关必须予以保障，其目的是为了保护行政相对人的合法权益，监督动物卫生行政主体依法行使职权。因此，动物卫生行政处罚主体在作出处罚决定前，必须通过法定的程序来保障行政相对人的陈述权和申辩权，否则处罚决定不成立。动物卫生行政处罚主体在给予行政相对人行政处罚前，通过以下两个程序保障行政相对人的陈述权和申辩权：

① 履行告知程序。根据《行政处罚法》第三十一条的规定，动物卫生行政处罚主体在作出行政处罚决定前，履行告知程序是动物卫生行政主体的法定义务，也是行政相对人依法享有的法定权利，动物卫生行政处罚主体若违反法定程序不履行告知义务，将会导致作出的行政处罚不成立。动物卫生行政处罚主体的执法人员经过调查取证后，根据获得的违法行为人的违法事实和证据，向动物卫生行政处罚机关的负责人提出拟作出行政处罚的意见。动物卫生行政处罚机关的负责人经审查，认为事实清楚、证据充分、法定程序合法、适用法律正确、给予违法行为人的处罚合法适当，签署同意意见。执法人员根据负责人的意见，制作《行政处罚事先告知书》，并写明下列事项：违法行为人的违法事实和证据、给予行政处罚的法律依据、拟给予的行政处罚、行政相对人享有陈述和申辩的权利以及陈述和申辩的期间、处罚机关的单位名称和地址以及联系人。根据《行政处罚法》第三十一条的规定，告知的内容包括动物卫生行政处罚的事实根据和法律依据，即动物防疫行政主体已经认定的行政相对人的违法事实和据以认定违法行为及作出行政处罚的法律规范等条文。违法事实的认定只是对客观事实、行为的表述，而这些行为在法律上的性质是什么？需要由行政机关根据实体法来归纳、概括与认定（定性），经过这一过程而得出的结论才是动物防疫行政处罚的直接理由。最后是告知行政相对人所享有的权利，包括实体和程序方面的权利。这些权利主要有：了解处理事实、理由及依据的权利，进行陈述和申辩的权利以及要求听证的权利，提供证据的权利等。动物卫生行政主体在作出行政处罚之前告知以上事项，依照法律规定是"应当告知"。这是行政处罚主体的法定义务，其必须履行。但是在具体执法过程中仍有部分动物卫生行政主体在给予行政相对人行政处罚前，不履行法定的告知义务，导致动物卫生行政处罚不成立。动物卫生行政主体履行告知义务后，行政相对人才能知道行政处罚的内容和被认定的违法事实以及处罚的法律依据，才能有效地行使法律赋予的陈述和申辩权利以及要求举行听证的权利。所以，动物卫生行政主体制作《行政处罚事先告知书》并加盖印章后，必须要送达被处罚人，履行告知程序，保障被处罚人依法享有的权利。

②听取行政相对人陈述和申辩。根据《行政处罚法》第四十一条的规定，行政相对人对动物卫生行政主体拟作出的处罚决定进行陈述和申辩是行政相对人的一项程序性权利，既为权利，行政相对人可以行使也可以放弃。行政相对人行使该项权利时，动物卫生行政主体必须充分认真听取，对行政相对人提出的事实、理由和证据，动物卫生行政主体应当进行调查复核，确定行政相对人陈述的真实性。如果行政相对人提出的事实、理由和证据成立，动物卫生行政主体应当依法采纳，不能对行政相对人的陈述和申辩置之不理，更不能拒绝行政相对人的陈述和申辩，否则会因程序违法而导致行政处罚不成立。动物卫生行政处罚主体告知行政相对人依法享有的权利后，行政相对人以什么方式行使陈述权和申辩权，法律未作出规定。因此，行政相对人既可以采取书面形式，也可以采取口头形式进行陈述和申辩，行政相对人采取口头形式的，动物卫生行政主体应当制作笔录，并由行政相对人签名，借以证明动物卫生行政执法主体听取了行政相对人的陈述和申辩。在动物卫生行政执法实践中，表现听取行政相对人陈述和申辩的方式不尽相同，有的动物卫生行政主体单独制作文书反映是否采纳行政相对人的陈述和申辩意见，有的则直接反映在《行政处罚决定书》中，但大部分动物卫生行政处罚案卷中，均没有是否采纳行政相对人陈述和申辩意见的文字表述或书面材料。动物卫生行政行为是要式行为，要求必须以书面的形式反映，案卷中没有动物卫生行政主体对行政相对人陈述和申辩意见是否采纳的书面材料，意味着没有听取其陈述和申辩意见。为此，农业部在2012年9月印发的农业行政执法基本文书格式中增加了《行政处罚决定审批表》文书，要求执法人员正确对待当事人陈述或听证情况，并对当事人的陈述和听证情况提出处理意见报执法机关负责人审批。除此之外，动物卫生行政主体是否采纳了行政相对人的陈述和申辩意见以及听证情况，还应当体现在《行政处罚决定书》中，明示行政相对人的陈述和申辩意见是否被采纳或对听证情况的处理，以及不采纳的理由。

动物卫生行政主体在行政处罚中适用一般程序实施行政处罚应当遵循的其他步骤，已在第二章第四节中论述，这里不再赘述。

本案中，甲县农牧业局作出行政处罚决定前，未告知洪某作出行政处罚决定的事实、理由及依据，也未告知其依法享有的陈述和申辩权利。同时，洪某为个体工商户，民事法律中将其视为公民的特殊形式，在实施处罚时，按公民对待，对其处以10万元罚款，应属于"较大数额"的罚款，动物卫生行政主体同时应该告知当事人有要求举行听证的权利。甲县农牧业局违反法定程序未履行告知义务，剥夺了行政相对人依法享有的陈述、申辩和听证权利。人民法院审理行政案件，主要对具体行政行为的合法性进行审查，合法性审查主要包括：行政处罚主体和被罚主体是否合法、适用法律是否正确、处罚程序是否合法等内容。本案中，由于甲县农牧业局在处罚过程中，未履行告知义务，而导致处罚程序违法，人民法院以该理由判决撤销甲县农牧业局的行政处罚决定是正确的。此外，本案中还遗漏了责令停止经营和没收违法所得的行政处罚种类。

需要说明的是，按照《最高人民法院关于适用〈中华人民共和国民事诉讼法〉的解释》（法释〔2015〕5号）（自2015年2月4日起施行）的规定，自2015年2月4日起，在动物卫生行政处罚中，个体工商户以营业执照上登记的经营者为当事人。有字号的，以营业执照上登记的字号为当事人，但应同时注明该字号经营者的基本信息。

五、动物卫生行政处罚实务

(一) 警告的执行

1. 案情简介

2017 年 3 月 20 日，甲市某区兽医主管部门按照国家动物疫病强制免疫计划，组织辖区内所有饲养家禽的养殖户实施高致病性禽流感的强制免疫接种。但某种鸽饲养场对其饲养的种鸽不履行强制免疫义务。该区动物卫生监督所立即立案，并派执法人员进行调查。经查，该种鸽饲养场的负责人对其不履行强制免疫义务的违法事实予以承认，但称其饲养的种鸽不需要免疫，也不会发生高致病性禽流感。该区动物卫生监督所认为该饲养场不履行强制免疫义务的违法事实清楚，其行为已经违反了《动物防疫法》第十四条第二款的规定，执法人员当场对该饲养场给予口头警告，并进行了批评教育，同时责令其 2 天内改正违法行为，逾期仍不改正的，将给予 1 000 元以下罚款的行政处罚。该饲养场负责人得知不履行强制免疫义务，可能会受到罚款的行政处罚后，立即对其饲养的种鸽实施了高致病性禽流感强制免疫接种。

2. 法律依据

《动物防疫法》第十四条第二款、第七十三条。

3. 警告的执行

行政行为是要式行为，必须以书面的形式反映出来，而行政处罚是行政行为的一个具体体现，当然也应当以书面形式作出。因此，警告作为动物卫生行政处罚的种类，同样应以书面的形式反映出来，否则会因动物卫生行政处罚不符合法定要件而无效，不具有法律约束力。动物卫生行政处罚生效的要件有四个：一是实施动物卫生行政处罚的主体必须合法。二是动物卫生行政主体给予行政相对人的处罚必须在其法定职权范围内。三是被处罚的行政相对人必须是违反了动物卫生行政法律规范，且该违法行为应受惩罚。四是动物卫生行政主体的处罚程序应合法，且符合法定的形式要件。本案中，动物卫生行政执法人员以口头的形式对饲养场作出警告，显然不符合动物卫生行政处罚应以书面的形式表现出来的生效要件，因此，给予饲养场的口头警告，不具有法律约束力。

本案中执法人员将警告与批评教育混淆，动物卫生行政处罚中的警告不同于批评教育，也不同于行政处分中的警告。行政处罚中的警告具有责令违法行为人改正错误，纠正违法行为的性质，是针对被管理对象——行政相对人而言，它既具有教育性，又具有惩罚性，同时还具有国家强制性，必须以书面的形式作出。批评教育一般以口头形式作出，通过对行政相对人讲道理，使行政相对人自觉地认识到错误，并主动予以纠正，它只具有教育性，而不具有惩罚性和国家强制性，不属于动物卫生行政处罚的种类。行政处分中的警告是针对行政执法机关中的执法人员而言，具有内部管理的性质。如何让警告真正地发挥作用，而不至于流于形式，是动物卫生行政执法实践中应该把握的问题之一。由于警告一般适用于较轻的违法行为，不影响行政相对人的财产权利和从事某种行为的能力，往往不能引起行政相对人的重视。因此，给予行政相对人警告时，必须要向本人宣布并送交本人，同时执法人员要对违法行为人讲明其违法行为的社会危害性。本案中要告知行政相对人高致病性禽流感的传播途径，使其认识到免疫的重要性，通过免疫接种可以预防高致病性禽流感的发生，使其免受财产损失，若不履行强制免疫义务，就会受到法律的制裁。而一旦发生疫情，不仅要扑杀其所有的种鸽，而且可能会导致周边饲养禽类的其他饲养场所暴发疫情，而作为畜禽养殖者，有义务遵守国家预防、控制动物疫病的法律规定，且履行强制免疫是其法定的义务，否则要承担行政、民事甚至刑事责任。因此，动物卫生监督机构的执法人员，不能简单地认为将行政处罚决定做出并送达行政相对人后，就起到了维护动物卫生管理秩序的作用，只有对行政相对人讲明其行为的社会危害性以及该违法行为可能产生的法律后果，才能发挥动物卫生行政处罚中警告的惩罚与教育相结合的功能，进而真正的起到预防违法行为再次发生的作用。

（二）罚款的应用

1. 案情简介

2008年11月27日，某县动物卫生监督所在本县东方市场查获曹某销售盖有伪造检疫验讫印章的猪肉，遂立案进行调查，并查明曹某于2008年11月26日利用石榴木材自行雕刻了一枚检疫验讫印章（检疫验讫印章属于检疫证明的一种形式），于同年11月27日收购一头生猪屠宰，并第一次用伪造的印章在屠宰后的生猪胴体上加盖了伪造的印章，查获时加盖伪造检疫印章的猪肉尚未销售。某县动物卫生监督所于2008年12月1日给曹某送达了《行政处罚事先告知书》，拟给予其罚款3 000元的行政处罚。同月4日曹某提出因生活困难要求降低罚款数额的陈述申辩理由，某县动物卫生监督所经查曹某生活确实困难。2008年12月7日，某县动物卫生监督所对曹某作出行政处罚决定，认定曹某的行为违法了《动物防疫法》第六十一条第一款的规定，并根据《动物防疫法》第七十九条，决定给予其罚款1 500元的行政处罚。曹某在规定时间内缴纳了罚款。

2. 法律依据

《动物防疫法》第六十一条、第七十九条。

3. 罚款的应用

（1）如何确定罚款数额。在动物卫生行政执法过程中，罚款是经常适用的一个处罚种类，罚款的数额由法律规范明确规定，法律条文中一般都规定有最高额和最低额，也有只规定一个最高额度的情形。动物卫生行政主体在适用罚款处罚时，一般只能在法律规范规定的幅度范围内决定罚款数额，否则违反依法行政和处罚法定的原则。但动物卫生行政主体在法定的幅度范围内如何处罚，即何种违法行为应当给予多少数额的罚款才算合理，以及罚款的标准如何掌握，一直是适用罚款处罚中较难解决的问题，也是执法实践中较乱的一个问题。作为动物卫生行政执法人员，不仅要具有兽医学方面的知识，还要求具有法律方面的知识，但目前我国动物卫生行政执法人员的业务素质，还普遍达不到这方面的要求。所以在适用罚款处罚种类时，自由裁量的随意性较大，有些动物卫生行政主体的执法人员在实施行政处罚时，不考虑行为的社会危害性与惩罚相当的原则，罚款数额完全取决于执法人员的主观意愿，想罚多少罚多少，违背行政处罚的合理性原则。有些动物卫生行政主体的执法机关甚至把罚款作为创收的目的，以罚代教，以罚代管，以罚款多少论成绩，没有起到惩前毖后，罚一儆百的效果，未体现法律的严肃性，损害了执法机关的

1. 案情简介

形象。

一般来讲，给予违法行为人罚款时，应考虑以下因素：

① 惩罚与教育相结合。如果给予 500 元的罚款，既起到惩罚的作用，又达到了教育的目的，就没有必要给予 800 元的罚款。

② 根据违法行为的情节决定罚款的数额，给予罚款时，要考虑违法行为人是初次违法、还是屡次违法。例如，同是伪造检疫证明的违法行为，初次伪造检疫证明和屡次伪造检疫证明，给予的罚款数额就应该有所区别，给予前者的罚款数额应小于后者。

③ 要考虑违法行为人的行为是经营性的，还是非经营性的。同一个违法行为，给予发生在经营过程中的罚款数额要大于非经营性的数额。如根据《动物防疫法》第八十三条规定，对拒不履行动物疫情报告义务的，对违法行为单位处 1 000 元以上 1 万元以下罚款。那么饲养过程中拒不履行动物疫情报告义务和运输经营过程中发现疫情拒不报告，在给予罚款处罚时，就应该有所区别。

④ 综合考虑违法行为的社会危害性，决定罚款的数额。例如，违法行为造成的社会危害是直接的还是潜在的，是严重的还是轻微的，给予罚款时也应当有所区别。如伪造检疫证明，逃避检疫，导致动物疫病传播的和伪造检疫证明，逃避检疫没有造成动物疫病传播的，给予的罚款数额就应该有所区别，给予前者罚款数额应大于后者。本案中动物卫生监督机构给予曹某 1 500 元的罚款处罚，违反了行政处罚中的依法行政和处罚法定原则。根据《动物防疫法》第七十九条的规定，对曹某伪造检疫证明的违法行为应当给予 3 000元以上 3 万元以下的罚款，而且动物卫生监督机构在处理过程中也拟给予 3 000 元罚款的行政处罚，但因曹某生活困难决定罚款 1 500 元。本案从处理结果来看，似乎符合情理，但从依法行政的角度来看，动物卫生监督机构的处罚决定，违反了处罚法定原则。依据我国《行政处罚法》第二十七条的规定，只有在下列几种情况下才能减轻或从轻处罚：主动消除或者减轻违法行为危害后果的；受他人胁迫有违法行为的；配合行政机关查处违法行为有立功表现的；其他依法从轻或者减轻行政处罚的情形。显然曹某生活困难不属于法定减轻处罚的理由，给予其法定处罚幅度以下即 1 500 元的罚款处罚，违反了处罚法定的原则。就本案而言，因曹某还未销售猪肉，没有违法所得，而且属于初次违法，综合考虑这些因素，给予曹某 3 000 元的罚款处罚，已充分体现了社会危害性与处罚相当的原则。至于曹某生活困难，无法在规定期限内足额缴纳罚款，曹某可以依据《行政处罚法》第五十二条的规定，向作出处罚决定的动物卫生监督机构申请暂缓或者分期缴纳。

（2）罚款与其他处罚种类的并处。在动物卫生行政处罚案件，既有单处罚款的情形，又有并处罚款的情形。应当给予行政相对人单处罚款还是并处罚款的行政处罚，不是源于动物卫生行政主体执法人员的主观随意性，而是以动物卫生行政法律规范的规定为标准。如《动物防疫法》第七十八条第二款规定，违反本法规定，参加展览、演出和比赛的动物未附有检疫证明的，由动物卫生监督机构责令改正，处 1 000 元以上 3 000 元以下罚款。该条规定的罚款为单处，前述规定的违法行为发生时，只能给予违法行为人罚款的行政处罚。而《动物防疫法》第七十九条规定的罚款为并处，不能只单独给予违法行为人罚款的行政处罚。但动物卫生行政执法实践中，动物卫生行政处罚主体往往忽视法律规范中单处还是并处的规定，只要看到法律规范中有罚款的规定，就给予罚款，不考虑其他处罚种类，这种违法执法的行政行为应当引起执法人员的高度重视。

本案中对曹某伪造检疫证明的违法行为依据《动物防疫法》第七十九条的规定给予行政处罚是正确的。但是本条法律规范对伪造检疫证明，设定了三种处罚种类即没收违法所得、收缴伪造的检疫证明（属于行政处罚种类中的没收非法财物）和罚款，而且这三种处罚种类在适用过程中为强制性并罚，动物卫生监督机构没有自由裁量的余地，必须同时适用。因此，本案中对曹某伪造检疫证明的行为，只给予罚款的行政处罚是错误的，还应当给予曹某收缴伪造的检疫印章的行政处罚。此外，本案中曹某的行为还违反了《动物防疫法》第二十五条第三项的规定，即经营依法应当检疫而未经检疫的动物产品，应当根据补检结果，给予曹某相应的行政处罚。

（三）没收非法财物、没收违法所得的应用

1. 案情简介

2008 年 4 月 15 日，某市动物卫生监督所执法人员对辖区某副食品商场进行例行检查。检查中发现该商场正在出售的猪肉色泽暗红、有异味、且肌肉无弹性，疑似为病死猪肉，共计 125 千克，且不能提供检疫证明。该市动物卫生监督所立即立案进行调查，并查明以下事实：4 月 13 日该副食品商场员工李某从一辆停靠在路边的客货两用车上以 4.60 元/千克的价格（因该车无法查明去向，故对该出卖行为无法予以追究），购买 200 千克明知是病死的猪肉，该猪肉无检疫证明，4 月 14 日已销售 75 千克，以均价 8.00 元/千克出售，共计 600 元，获得利润 255 元。动物卫生监督所认为该商场的行为违反了《动物防疫法》第二十五条第五项之规定，即经营病死动物产品，根据《动物防疫法》第七十六条之规定，拟给予如下行政处罚：没收违法所得 255 元；没收 125 千克病死猪肉；给予违法所得 4 倍的罚款，即 1 020 元。该商场在规定期限内履行了行政处罚决定的义务。

2. 法律依据

《动物防疫法》第二十五条第五项、第七十六条。

3. 没收非法财物与没收违法所得的应用

动物卫生行政处罚中的没收是一种较为严厉的财产罚，只适用于为了牟取非法利益而违反动物卫生行政法律规范的行政相对人。没收非法财物和违法所得与罚款处罚不同，前者指向的是行政相对人非法或违法所得的财产，后者剥夺的是行政相对人合法的财产所有权。在动物卫生行政处罚中正确区分非法财物和违法所得是准确适用没收非法财物和没收违法所得的关键所在。动物卫生行政法律规范中直接规定"没收违法所得"的条文不少，但是直接规定"没收非法财物"的条文不多，往往规定具体被没收的物品名称。如违反《动物防疫法》第二十五条规定，经营病死或死因不明的动物产品，应根据该法第七十六条的规定没收病死或死因不明的动物产品；又如，《兽药管理条例》第五十六条规定，对生产假兽药的，应当没收生产者生产的假兽药。动物卫生行政法律规范规定直接没收的物品属于《行政处罚法》规定的"没收非法财物"处罚种类，不能按行政强制措施的方式予以处理。

非法财物是指行政相对人非法经营动物卫生行政法律规范禁止的违禁物品以及其用于实施违法行为所使用的工具。非法财物相对违法所得而言容易界定，一般在动物卫生行政

法律规范中都予以指明，如《动物防疫法》禁止经营染疫的动物及其产品、病死或死因不明的动物产品，以及用以实施违法行为的工具主要包括私刻的检疫印章等；《兽药管理条例》中禁止经营的假兽药和劣兽药、无兽药生产许可证生产兽药的生产设备等。

违法所得是指动物卫生行政相对人的行为违反动物卫生行政法律规范的规定而获取的利益。如《动物防疫法》规定，可以经营动物、动物产品，但是其经营行为的前提是必须取得检疫证明，如果其经营时未取得检疫证明，那么其行为就不符合法律的规定，由此违法行为的收入就属于违法所得。

本案中某副食品商场的违法行为依据《动物防疫法》第七十六条的规定给予行政处罚是正确的。但是某市动物卫生监督所给予行政相对人处罚决定中的三项处罚，除没收非法财物，即没收125千克病死猪肉的处罚正确外，其余两项处罚均有错误，如下所示：

（1）给予行政相对人没收违法所得255元的处罚错误，没收违法所得必须是没收动物卫生行政相对人进行"违法"行为之"所得"。因此，首先要确定行政相对人哪些行为属于违法行为，其次根据违法行为确定违法所得的范围。本案中，违法行为是某副食品商场买卖病死猪肉的整个活动，因此这一违法活动的所得就是违法所得的范围，即某食品商场销售病死猪肉的销售额600元，而不是剔除成本后的255元利润。违法所得是基于违法行为而获得的利益，在行政法学理论界没有争议，但实践中如何界定违法所得却有两种观点，一种观点认为违法所得，包括成本和利润；另一种观点认为违法所得只包括利润而不包括成本。这两种观点的分歧，导致同一个违法行为在给予行政相对人没收违法所得的行政处罚的计算基数不同，使法律的严肃性得不到维护。就本案而言，没有前一个购买病死猪肉的违法行为，就谈不上销售病死猪肉的后一个违法行为，这两个行为违反了一个法律规范，如果只处罚后一个违法行为，即只没收获得的利润，实际是放纵前一个违法行为，违法行为人会心存侥幸再次违法，因为执法机关只没收利润，对违法行为人来说，充其量是期待利益，得不到该部分利益对违法行为人来说并没有多严重的损失，违法成本较低，违法行为人还可能再次违法以获取更大的利益。从法律惩罚性来讲，违法行为人连续的违法行为违反一个法律规范，而执法机关只惩罚部分违法行为，显然也不符合法律的本意。

（2）给予行政相对人违法所得倍数罚款的处罚错误。1997年颁布实施的《动物防疫法》对本案中违法行为设定的罚款，是以违法所得的倍数来确定的；现行的《动物防疫法》对本案中违法行为设定的罚款，是以同类检疫合格物货值金额的倍数来确定的，与原《动物防疫法》相比，更具有科学性。本案中，执法人员虽然正确地引用了法律条文，但并没有按所引用法律条文规定的处罚种类实施处罚，即给予同类检疫合格物货值金额倍数的罚款，而是按1997年颁布实施的《动物防疫法》设定的处罚，给予了违法所得倍数的罚款，显然处罚错误。同时，本案中未查明同类检疫合格动物产品的货值。

（四）责令停产停业的应用

1. 案情简介

2008年7月20日，某市畜牧兽医局执法人员对该市兴荣兽药制品有限公司成品仓库检查中，发现有农业部明令禁止（农业部公告第193号）生产的兽药"呋喃唑酮"24瓶，执法人员当场对上述产品予以查封，并于同日立案调查。查明兴荣兽药制品有限公司在

2008 年 6 月生产农业部明令规定禁止生产、销售、使用的兽药"呋喃唑酮" 4 000 瓶；至案发时，以每瓶 8 元的价格销售了 3 976 瓶，销售金额 31 808 元。某市畜牧兽医局认为兴荣兽药制品有限公司的行为违反了《兽药管理条例》第十八条第三款的规定，生产假兽药，依据《兽药管理条例》第五十六条之规定给予如下处罚：责令停止生产、经营"呋喃唑酮"；没收 24 瓶"呋喃唑酮"；没收违法所得 31 808 元；罚款 63 616 元（违法所得二倍）。兴荣兽药制品有限公司履行了处罚决定书的义务。

2. 法律依据

《兽药管理条例》第十八条第三款、第四十七条第二款第一项、第五十六条。

3. 责令停产停业的应用

动物卫生行政处罚中的责令停产停业，一般适用于生产和经营者实施了后果比较严重的违法行为或者生产、加工、销售了威胁人体健康的产品，是一种较为严厉的处罚措施，在一定期限内剥夺了违法行为人从事某种行为的能力。适用该处罚措施时要注意以下几个问题：

（1）责令停产停业一般应附有期限。责令停产停业，即责令停止生产停止营业，是在一定期限内限制违法行为人从事某种行为，是暂时性的。那么责令停产停业期限应该是多长时间，有些动物卫生行政法律规范中没有明确规定，执法实践中也没有统一的标准，这就要求执法人员根据不同的违法行为性质，来予以确定。当违法行为人在"一定期限内"达到了动物卫生行政法律规范规定的条件、标准或者改正了违法行为、违法状态，继续从事生产、经营活动不致再危害社会，那么这个"一定期限"就是责令停产停业的期限。如果给予违法行为人停产停业时不附期限，违法行为人何时恢复生产或经营就没有了法律上的执行根据，完全依赖执法机关的主观意愿，想让什么时间恢复都行，损害了法律的严肃性，也不利于被处罚人积极整改、及时纠正违法行为、改进工作、提高效率。

就本案而言，某市畜牧兽医局不仅要责令兴荣兽药制品有限公司立即改正生产假兽药的违法行为，还应当责令其在一定期限内，停产整顿学习，使其认识到生产假兽药的危害性。笔者认为，停产停业的期限可以尝试以停产停业期限的损失等于或略大于其生产假兽药的销售额为标准来确定，本案中假设兴荣兽药制品有限公司每生产一天兽药的合法净利润为 5 000 元，假兽药的销售额为 31 808 元，该公司生产 7 天的利润才能大于假兽药的销售额，本案中可以给予该公司至少停止生产 7 天的行政处罚。

（2）责令停产停业的适用。本案中某市畜牧兽医局给予兴荣兽药制品有限公司第一项行政处罚"责令停止生产、经营呋喃唑酮"是错误的。《兽药管理条例》第五十六条第一款："……，有兽药生产许可证、兽药经营许可证，生产、经营假、劣兽药的，责令其停止生产、经营，……"。从该条规定的处罚措施来看，有兽药生产许可证生产假兽药的，给予的处罚是责令停止生产。停止的是违法行为人所有的兽药生产活动，而不是仅停止生产假兽药的行为。责令停产停业是限制违法行为人行为能力的一种处罚，本案中只有取得兽药生产许可证，兴荣兽药制品有限公司才获得了生产兽药的行为能力，停止生产、经营就是暂时的限制生产兽药的行为能力，假兽药是国家明令禁止的，该公司不可能获得生产假兽药的资格，也就谈不上限制这种行为能力，所以本案中"责令停止生产、经营呋喃唑酮"的处罚错误，应当予以纠正。在动物卫生行政处罚实务中，动物卫生行政法律规范对相对严重的违法行为，大多设定了责令停产停业这一处罚种类，动物卫生行政主体在适用这一处罚种类时，不能仅责令违法行为人停止违法生产或经营某一产品的违法行为，应当责令停止所有的生产或经营行为，暂时性地剥夺其获得的资格，而不仅仅是停止某个违法行为。

（3）依法保障违法行为人听证的权利。根据《行政处罚法》第四十二条的规定，本案中，某市畜牧兽医局在作出责令停产停业和罚款处罚决定之前，应当告知兴荣兽药制品有限公司有要求举行听证的权利。但某市畜牧兽医局并没有履行《行政处罚法》规定的告知义务，程序违法。听证程序，是指行政机关在作出行政处罚决定之前听取违法行为人的陈述和申辩，由听证程序参加人就有关问题相互进行质问、辩论和反驳，从而查明事实的过程。听证程序赋予了违法行为人为自己辩护的权利，为违法行为人充分维护和保障自己的权益，提供了程序上的条件。但本案中，由于某市畜牧兽医局没有履行告知程序，剥夺了法律赋予兴荣兽药制品有限公司为自己辩护的权利，导致了本案的行政处罚决定不能成立，故对兴荣兽药制品有限公司不具有法律约束力。

（五）吊销许可证的应用

1. 案情简介

2008 年 8 月 13 日，某县某动物医院应本县养殖户李某的要求，派执业兽医王某对李某饲养的生猪进行诊疗，执业兽医王某初步诊断生猪患有二类传染病 A 病，王某对患病生猪使用了抗病毒药物进行治疗。并将诊疗情况向动物医院的法定代表人张某进行了汇报，张某认为赚钱的机会来了，在未更换王某使用的医疗器械也未进行消毒的情况下，派王某到本县其他饲养生猪的养殖户进行免疫，结果造成本县部分养殖户饲养的生猪发病、死亡。2008 年 9 月 10 日某县动物卫生监督所接到养殖户举报后，遂立案调查，并查明前述事实。某县动物卫生监督所认为，该动物医院的行为违反了《动物防疫法》第五十三条之规定，依据《动物防疫法》第八十一条第二款之规定给予如下处罚：罚款 5 万元；吊销动物诊疗许可证。某动物医院以某县动物卫生监督所无权吊销动物诊疗许可证为由，向人民法院提起诉讼。人民法院审理认为，某县动物卫生监督所对某动物医院作出罚款 5 万元的行政行为，证据确凿，适用法律正确，符合法定程序，判决维持；对吊销动物诊疗许可证的行政行为，因某县动物卫生监督所超越职权予以撤销。

2. 法律依据

《动物防疫法》第五十三条、第八十一条第二款。

3. 吊销许可证的应用

我国对动物卫生活动中的某些事项实行许可制度，例如，动物检疫许可、动物防疫条件许可、动物诊疗许可、兽药生产和经营许可等。在这些实行许可制度的领域或事项中，动物卫生行政相对人不享有从事这些特定活动的权利，需经动物卫生行政主体的许可，才具有从事该项活动的权利，经过动物卫生行政主体许可后颁发的许可证书是许可动物卫生行政相对人从事某项活动的法律凭证。吊销许可证意味着，行政相对人即吊销之日起不再享有从事该事项活动的权利和资格，因而是一种较为严厉的行政处罚措施。给予吊销许可证的行政处罚时，要注意以下几个问题：

（1）要遵循谁发证谁吊销的原则。在动物卫生行政处罚中规定的吊销许可证，法律、法规都明确规定由发证机关吊销的，其他机关都不享有该项权力。如《动物防疫法》规定的动物诊疗许可证、《兽药管理条例》规定的兽药生产许可证等。本案中，某县动物卫生监督所对辖区内的动物诊疗活动进行监督管理过程中，发现行政相对人的违法行为应当被吊销动物诊疗许可证的，应当建议发证机关吊销其动物诊疗许可证，而不能以自己的名义作出吊销动物诊疗许可证的行政处罚决定。所以本案中某县动物卫生监督所以自己的名义作出吊销动物诊疗许可证的处罚决定是错误的。在动物卫生行政处罚实务中，像这种越权处罚的行为不是个案。鉴于目前国内动物卫生行政处罚而言，就有两个执法主体，一为兽医主管部门，二为动物卫生监督机构。两个执法主体分别应在各自的职权范围内行使行政执法权，但由于动物卫生监督机构大多是兽医主管部门的所属机构，且大部分兽医主管部门又将自己的行政处罚权委托给动物卫生监督机构行使，导致部分动物卫生监督机构错误地认为所有的动物卫生行政处罚都可以以自己的名义实施。但就委托执法而言，受委托的动物卫生监督所在作出行政处罚时，仍应以委托机关即兽医主管部门的名义作出，不能以自己的名义作出。

（2）吊销许可证后要依法办理注销手续。动物卫生行政管理中的法律规范在设定吊销许可证这一行政处罚措施时，大多没有规定吊销许可证后要依法办理注销手续。例如，《动物防疫法》《兽药管理条例》《饲料和饲料添加剂管理条例》。但《行政许可法》第七十条对此作出了明确的规定，即行政许可证件依法被吊销的，行政机关应当依法办理有关行政许可的注销手续。许可证是动物卫生行政相对人证明自己享有从事某种活动的法律凭证，动物卫生行政主体吊销后，若不及时办理注销手续，违法行为人可能仍然继续使用已丧失法律效力的许可证件，从而可能使善意第三人的权利遭受侵害，同时也扰乱了相应的行政管理秩序。因此，动物卫生行政执法主体在给予行政相对人吊销许可证的处罚后，要及时办理注销手续，收回被吊销的许可证件。

（3）吊销许可证时，要依法保障行政相对人的权利。吊销许可证是较为严厉的行政处罚措施。根据《行政处罚法》第四十二条的规定，动物卫生行政主体在作出吊销许可证之前，应当告知行政相对人有要求举行听证的权利，给行政相对人陈述和申辩的机会，充分维护和保障行政相对人的权益，若未告知行政相对人依法享有的该项权利，会导致行政处罚决定不成立。

此外，本案中，除已经认定的违法行为外，动物诊疗机构及执业兽医还有其他涉嫌违反《动物防疫法》的行为，也应当给予相应的处罚。同时，应当注意行政相对人违反《动物防疫法》及配套规章的违法行为，是否有引起重大动物疫情或有引起重大动物疫情危险，如果其违法行为引起重大动物疫情或有引起重大动物疫情危险的，则该行为触犯《刑法》第三百三十七条，动物卫生行政主体应当以涉嫌妨害动植物防疫、检疫罪移送公安机关追究其刑事责任。

六、责令改正的应用

1. 案情简介

2009 年 3 月 16 日，某县动物疫病预防控制中心对辖区内的奶牛进行定期健康检测，发现该县养殖户李某饲养的一头奶牛，经血清学检测布鲁氏菌病的结果显阳性，检测结果不符合《乳用动物健康标准》（农业部第 1137 号公告）的规定。该县动物卫生监督所立即要求李某按照农业部的规定对该头奶牛进行无害化处理。2009 年 3 月 18 日，该县动物卫生监督所对李某进行监督检查时，发现其仍然在饲养该头经检测不符合健康标准的奶牛。动物卫生监督所认为李某的行为违反了《动物防疫法》第十八条的规定，遂制作《当场处罚决定书》，根据《动物防疫法》第七十三条的规定给予李某如下处罚：责令立即改正违法行为，即立即将检测不合格的奶牛进行无害化处理；警告。李某在收到《当场处罚决定书》后立即履行了义务。

2. 法律依据

《动物防疫法》第十八条、第七十三条；《行政处罚法》第二十三条。

3. 责令改正的应用

（1）责令改正的性质。责令改正或者限期改正违法行为，是指动物卫生行政主体责令违法行为人停止并纠正违法行为，履行违法行为人应当履行的义务，维持法定的动物卫生行政管理秩序或者状态的一项动物卫生行政措施。它不是动物卫生行政处罚的种类。首先，《行政处罚法》第二章规定的内容为行政处罚的种类和设定，而在第八条规定的行政处罚种类中，并没有将"责令改正或限期改正"列入行政处罚的种类中，而是将这一行政措施规定在第四章，即行政处罚的管辖和适用章节中，即《行政处罚法》第二十三条规定："行政机关实施行政处罚时，应当责令当事人改正或者限期改正违法行为"。从立法的角度来讲，显然《行政处罚法》将"责令改正或责令限期改正"排除在行政处罚种类之外，而将其作为作出行政处罚时必须同时适用的一项强制措施。其次，责令改正或限期改正，具有事后补救性，不具有惩罚性，不属于动物卫生行政处罚的种类。动物卫生行政处罚除对违法行为人的违法行为给予制裁外，更重要的是纠正违法行为并消除违法行为所造成的不良后果。动物卫生行政处罚的补救性功能，主要是通过阻止、矫正行政违法行为，责令违法行为人改正，并恢复被侵害的动物卫生行政管理秩序而体现的。最后，责令改正或限期改正与行政处罚角度不同。动物卫生行政处罚是从惩戒的角度，科以违法行为人新的义务（如罚款），以告诫违法行为人不得再违反动物卫生行政法律规范，否则将会再次受到处罚；而责令改正或者限期改正则是命令违法行为人履行应当履行的法定义务，并及时纠正违法行为，恢复正常的动物卫生行政管理秩序。可见，作为补救性的责令改正或者责令限期改正并不属于行政处罚种类。

（2）责令改正的应用。在实施动物卫生行政处罚时，必须同时责令违法行为人改正或者限期改正违法行为。只予以处罚，不足以恢复正常的动物卫生行政管理秩序；仅责令改正或者限期改正，又不足以惩戒违法行为人。所以实施动物卫生行政处罚时，不能仅实施处罚了事，还应当责令违法行为人改正违法行为，只有两者同步进行，才能够最终达到行政目的。在适用责令改正或限期改正时，应注意以下事宜：

① 不能将责令改正或限期改正表述在行政处罚决定书主文中。本案中，给予李某的行政处罚决定就错误地把"责令改正"写在了行政处罚决定书的主文中，如前所述，"责令改正"不是行政处罚种类，所以不能表述在处罚决定书的主文中。

② 责令改正或限期改正应该附有期限并明确改正的事项。有些违法行为需要立即改正，而有些违法行为的改正需要经过一定的时间。如本案中李某不按照规定处理经检测不

合格奶牛的违法行为就应当立即改正，即立即进行无害化处理，从而避免疫病的传播；而有些违法行为责令违法行为人改正时应当附有改正期限，如兽药经营企业违反《兽药管理条例》规定，未按《兽药经营质量管理规范》的规定经营兽药，其经营场所的地面不符合平整、光洁的要求，在责令改正时就应当附有改正期限。给予责令改正时，要明确违法行为人改正的具体事项，以便于违法行为人及时改正。

③ 责令行政相对人改正违法行为应以书面的形式作出。在给予违法行为人行政处罚时，责令违法行为人改正违法行为是《行政处罚法》的强制性规定。行政行为是要式行为，要以书面的形式表现出来，以书面的形式作出有两种方式，一是单独制作《责令改正通知书》。动物卫生行政主体在实施行政处罚时，可以单独制作《责令改正通知书》，并送达行政相对人。二是将责令改正或限期改正表述在《行政处罚决定书》主文之外的部分，如"……，当事人李某的行为违反了《动物防疫法》第十八条之规定，责令立即改正违法行为，即立即将检测不合格的奶牛进行无害化处理。依照《动物防疫法》第七十三条之规定，本机关作出如下处罚决定：……。"

七、一事不再罚原则

1. 案情简介

2008 年 8 月 16 日，公安执法人员发现冀 D×××××货运车辆只运输了 8 头生猪，但行驶动力较大且速度缓慢，装载方式也与其他运输生猪的车辆不同，遂要求其接受检查。经检查发现该车辆同时装载了钢材，检测后认定载质量超过核定载质量的 30%。经询问，驾驶员李某称为了逃避超载检测，不引起交警的注意，在运输的钢材上又装载了 8 头生猪。某县公安局交通警察支队认为驾驶员李某的行为违法了《道路交通安全法》第四十八条关于机动车载物应当符合核定载质量，严禁超载的规定，根据《道路交通安全法》第九十二条之规定，给予驾驶员李某罚款 800 元的行政处罚。同时将其运输生猪的行为通报某县动物卫生监督所。某县动物卫生监督所接到通报后，立即赶赴现场进行检查，发现驾驶员李某运输的生猪没有检疫证明。经询问，李某承认运输的 8 头生猪是沿途收购的，到达目的地后拟卖给屠宰场，运输生猪的主要目的是逃避超载，因而也没有向动物卫生监督所申报检疫。某县动物卫生监督所认为驾驶员李某的行为违反了《动物防疫法》第二十五条第三项，即禁止经营依法应当检疫而未经检疫动物的规定，按照《动物防疫法》第七十八条的规定，给予李某 3 600 元罚款的行政处罚。同时对李某运输的生猪进行了补检，经补检合格出具了检疫证明。

李某对某县公安局交通警察支队和某县动物卫生监督所的行政处罚不服，分别向某县人民法院提起诉讼，诉称：两个执法机关同时对同一个违法行为进行罚款，违反了一事不再罚原则，请求人民法院予以撤销。人民法院经审理认为，李某实施了两个违法行为，分别违反了《道路交通安全法》和《动物防疫法》的有关规定，驳回了李某的诉讼请求，维持了某县公安局交通警察支队和某县动物卫生监督所分别对李某作出的处罚决定。

2. 法律依据

《动物防疫法》第二十五条、第七十八条；《道路交通安全法》第四十八条、九十二条。

3. 一事不再罚原则的适用

《行政处罚法》第二十四条规定：对当事人的同一个违法行为，不得给予两次以上罚款的行政处罚。根据该条规定，一事不再罚是指违法行为人实施的同一个违法行为，行政执法主体不得以同一事实和同一理由给予违法行为人两次以上的罚款处罚，即动物卫生行政主体对于违法行为人的某一违法行为，只能依法给予一次罚款处罚，不能重复罚款。同一事实和同一理由是一事不再罚原则的共同要件，两者缺一不可。同一事实是指同一个违法行为，即从其违法行为构成要件上，只符合一个违法行为的特征；同一理由是指同一法律依据。《行政处罚法》确立这一原则的目的，是防止处罚机关滥用职权对行政相对人同一违法行为以同一事实理由处以两次以上罚款，以获得不当利益，同时也是为了保障处于被管理地位的行政相对人的合法权益不受侵犯。正确理解动物卫生行政处罚中的一事不再罚原则，需要从同一违法行为侵犯行政管理秩序的不同情况进行具体分析。在动物卫生行政处罚中，适用一事不再罚原则时要把握以下几点：

（1）一个行政相对人的一个违法行为，违反了一个法律规范，法律规范规定由一个行政执法主体处罚的，只能由该行政执法主体处罚。例如，违反《兽药管理条例》规定，未取得《兽药经营许可证》经营兽药的违法行为，只能由兽医行政管理部门实施处罚。

（2）一个行政相对人的一个违法行为，违反了一个法律规范，法律规范规定有两个或两个以上行政执法主体处罚的，且处罚种类不同的，由不同的处罚主体依法给予不同种类的行政处罚。例如，《动物防疫法》第八十一条第二款规定：动物诊疗单位违反本法规定，造成动物疫病扩散的，由动物卫生监督机构责令改正，处1万元以上5万元以下罚款；情节严重的，由发证机关（兽医主管部门）吊销动物诊疗许可证。

（3）一个行政相对人的一个违法行为，违反了两个以上法律规范，法律规范规定由两个以上行政执法主体处罚的，根据一事不再罚原则，按下列规则进行处罚：一是如果处罚种类相同，一般由先立案的行政执法主体作出处罚。二是如果处罚种类不同，一个行政处罚主体已给予罚款处罚的，其他行政处罚主体不得再给予罚款的处罚，但依法可以给予其他种类的处罚。例如，《动物防疫法》第七十六条和《食品安全法》第一百二十三条都对经营检疫不合格动物产品的违法行为设定了罚款的处罚种类，但设定的其他处罚种类不完全相同，动物卫生监督机构对该违法行为给予罚款的处罚后，其他有关监管部门只能给予罚款处罚种类之外的行政处罚，如没收违法生产经营的工具、设备或吊销许可证等，不得再给予罚款处罚，否则违反一事不再罚原则。

（4）同一违法行为与同一类违法行为的区别。同一违法行为是指一个违法主体实施了一个违反动物卫生行政管理秩序的行为，仅有一个违法事实，是一个独立的违法行为。同一类违法行为是指一个违法主体实施了在性质上相同的多个违法行为。对同一个违法行为只能给予一次罚款的处罚，而对违法行为人实施的多个同类违法行为，则可以多次给予处罚。两者的区别在于：一个违法行为是否已被动物卫生行政主体给予处罚，纠正该违法行为的责令改正期限是否已届满。根据《行政处罚法》第二十三条的规定，动物卫生行政主体作出行政处罚时，应当责令违法行为人改正或限期改正违法行为，违法行为人拒不改正，继续实施违法行为，则又构成了新的违法行为，动物卫生行政主体仍然可以再次处罚，不违背"一事不再罚原则"。例如，张某从事动物诊疗活动按《动物防疫法》规定必须取得动物诊疗许可证，因未取得动物诊疗许可证而被处罚，如果张某被处罚后，未停止违法行为仍然继续从事诊疗活动，可以再次给予处罚。

（5）一个违法行为与两个以上违法行为的认定。违法行为看似是一个行为，但实际是两个违法行为违反了两个以上法律规范，不能认为只实施了一个违法行为，不适用"一事不再罚原则"。

本案中，从形式上看，驾驶员李某收购运输生猪的行为是为了达到掩盖超载的目的，看似为一个行为，事实上实施了两个违法行为违反了两部法律文件中的两个法律规范，一是违反了《道路交通安全法》关于严禁超载的规定。二是违反了《动物防疫法》关于禁止经营依法检疫而未经检疫动物的规定。这两个违法行为是可以分离的、是独立的，李某超载的违法行为不依赖李某经营依法应当检疫而未经检疫动物的行为而能单独存在，所以应当认定为两个违法行为。如果李某经营的生猪进行了检疫，则只实施了超载的违法行为；如果李某没有超载，则只实施了经营依法应当检疫而未经检疫动物的违法行为。既然李某实施了两个违法行为，对李某就不适用"一事不再罚原则"，应该对其违法行为分别予以处罚。所以本案中某县人民法院驳回了李某的诉讼请求，维持了某县公安局交通警察支队和某县动物防疫监督所分别对李某作出的处罚决定。

此外，《行政处罚法》第五十一条规定：对于当事人逾期不履行行政处罚决定，到期不缴纳罚款的，每日按罚款数额的3‰加处罚款。这里规定的"加处罚款"属于执行罚的罚款，而非行政处罚种类中的罚款，因而这种性质的罚款可以按日反复进行而不受一事不再罚原则的限制。

八、动物卫生行政处罚中的不予处罚

1. 案情简介

张某13岁，系学生，其父母离异后，随母亲共同生活，因其母无固定收入，母子二人生活拮据。2011年1月其母患病，张某为给母亲加强营养遂在其居住的村社帮杀猪的村民烧水烫猪毛，并在事后得到一两只生猪蹄作为报酬。张某以帮工的形式赚取了9只猪蹄，除4只已给其母食用外，拟将剩余5只猪蹄在集贸市场出售后给母亲买药。2011年1月18日张某在集贸市场销售猪蹄的过程中，因无检疫证明被某县动物卫生监督所查获。查获时，张某的5只生猪蹄尚未销售，且不符合补检条件。某县动物卫生监督所认为张某的行为违反了《动物防疫法》第二十五条第三项关于禁止经营依法应当检疫而未经检疫动物产品的规定，但由于张某未达到行政责任年龄，决定不予行政处罚，责令监护人严加管教。

2. 法律依据

《动物防疫法》第二十五条、第七十六条；《行政处罚法》第二十五条、第二十六条、第二十七条、第二十九条。

3. 动物卫生行政处罚中不予处罚的适用

动物卫生行政处罚中的不予处罚，是指因有法律、法规所规定的不予处罚的法定事由存在，动物卫生行政执法主体对某些本应当给予行政处罚的违法行为人免予处罚。对违法行为人不予处罚，必须有法律规范明确规定的不予处罚的法定事由存在，否则不得适用不予处罚。目前，现行的动物卫生行政法律规范没有规定不予处罚的情节，动物卫生行政主体在适用时，须遵循《行政处罚法》的规定。根据《行政处罚法》第二十五、二十六、二十七的规定，法定不予处罚的事由有三种情形：

（1）不满十四周岁的人有违反动物卫生法律规范行为的，不予处罚。动物卫生行政处罚中的行政责任年龄是指，行政相对人依法承担动物卫生行政责任所必须达到的法定年龄。未达到法定行政责任年龄的未成年人，由于对是非缺乏辨别能力，不能正确认识自己行为的性质和后果，所以法律不追究其行政责任。在动物卫生行政处罚应用中，将行政责任年龄分为三类：

① 完全负动物卫生行政责任年龄。即已满十八周岁的公民，应当负全部的行政责任。我国刑事、民事以及行政法律规范都将已满十八周岁的公民，视为成年人，可以承担自己行为的法律后果。公民年满十八周岁后，具有健全的辨认和控制自己行为的能力，就应当依法承担全部行政责任。

② 相对负动物卫生行政责任年龄，也称相对免除行政法律责任年龄。即已满十四周岁不满十八周岁的未成年人有违法行为的，应当从轻或减轻动物卫生行政处罚。这一年龄段的未成年人，虽然智力得到了相当的发展，控制和辨认自己行为的能力增强，已经具备了基本辨别是非的能力，但还没有达到完全辨别是非的能力，所以对这一年龄段的违法行为人，既不能不予处罚，也不能与成年人等同适用处罚，应当比照成年人从轻或减轻处罚。

③ 完全不负动物卫生行政责任年龄。即未满十四周岁的未成年人，不负包括动物卫生行政责任在内的所有行政责任。这一年龄段的未成年人，由于发育尚未成熟，还不具备必要的辨别和判断自己行为的能力，因此，即使他们实施了动物卫生行政违法行为，也不能给予处罚，但为了防止这一年龄段的未成年人再次违法，应当责令监护人严加管教。

（2）精神病人在不能辨认或者不能控制自己行为时有违动物卫生法律规范行为的，不予处罚。精神病患者在精神病发作时，其正常的精神活动发生了紊乱现象，不能辨认或者控制自己的行为，因而其行为时处于无责任能力状态。故不追究其行政法律责任。但间歇性精神病人在实施违反动物卫生法律规范行为时，如果精神是正常的，没有丧失辨认或控制自己行为的能力，则应当追究其行政法律责任，给予相应的行政处罚。对间歇性精神病人实施违法行为时是否精神正常，不能以动物卫生行政人员的主观意愿来判断，必须经有关机关进行科学鉴定。

（3）违反动物卫生法律规范的行为轻微并及时纠正，没有造成危害后果的，不予处罚。坚持处罚与教育相结合是行政处罚的重要原则，惩罚不是行政处罚的目的而是手段，通过处罚达到教育违法行为人以及他人自觉遵守法律才是行政处罚的目的。因而行为人的行为虽然违反动物卫生法律规范，但其违法行为轻微，而且违法行为人在主观上有悔改的表现并及时纠正了违法行为，同时该行为没有造成危害后果，则基于处罚与教育相结合的原则，《行政处罚法》设定了此项不予处罚事由。应用该事由不予行政处罚时，必须同时具备三个条件，即违法行为轻微、及时纠正且没有造成危害后果，这三个条件必须同时具备，缺一不可。

此外，根据《行政处罚法》第二十九条的规定，行政相对人违反动物卫生法律规范的行为在两年内未被发现的，不再给予处罚。该内容将在本章"动物卫生行政处罚的追诉时效"中进行论述，这里不再赘述。

本案中，某县动物卫生监督所以张某未达到行政责任年龄为由，对其违法行为决定不予行政处罚，责令监护人严加管教的处理是正确的。在动物卫生行政处罚中，处罚机关在调查行政相对人违法事实时，首先要确定行政相对人，即查明违法行为主体是公民，法人还是其他组织。违法行为人是公民的还应查明该公民的年龄和住址等自然情况，查明年龄的目的是要确定该违法行为人是否达到行政责任年龄，而查明住址的目的则是为了便于送达文书。在动物卫生行政处罚中，当事人常以"生活困难"为抗辩理由，要求从轻、减轻甚至免除处罚，但《行政处罚法》规定的从轻、减轻、不予处罚的法定情形中，并不包括违法行为人"生活困难"这一情形，因而当事人"生活困难"不是从轻、减轻、免除行政责任的法定理由。动物卫生监督机构作出处罚决定中涉及金钱给付义务的，如果当事人确因"生活困难"无力履行，经当事人申请并经由动物卫生监督机构批准，当事人可以延期或者分期缴纳。

在执法实践中，对于不予行政处罚的案件，是否需要制作法律文书并告知行政相对人有两种观点：第一种观点认为，不予行政处罚的案件不需要制作法律文书，也不需要告知行政相对人。理由为，《行政处罚法》第三十九条只规定了给予行政处罚的案件，应当制作并送达《行政处罚决定书》。但该法没有对决定不予行政处罚的案件是否也需要制作法律文书，并告知行政相对人作出规定。在执法实践中，行政相对人一般不会对不予行政处罚有意见，也没有出现行政相对人因动物卫生行政主体不予行政处罚未告知，而发生申请行政复议或诉讼的案件。因此，不予行政处罚的案件不需要制作法律文书，也不需要告知行政相对人。第二种观点认为，不予行政处罚的案件应当制作法律文书，并告知行政相对人。理由为，《行政处罚法》规定了三种不予行政处罚的事由，而该不予行政处罚的事由，都是以行政相对人违法为前提，只是由于行政相对人符合《行政处罚法》规定的法定条件，动物卫生行政主体才不对其实施行政处罚。但毕竟动物卫生行政主体经过调查取证后认定行政相对人的行为违法，行政相对人对动物卫生行政主体认定其行为违法的行政行为，享有知情、陈述和申辩等程序性权利。也不排除行政相对人认为动物卫生行政主体认定其有违法行为错误，而提起复议和诉讼。同时，行政行为是要式行为，也应当以书面形式表现。因此，根据《行政处罚法》的公正、公开原则，即使对行政相对人不予行政处罚，仍然需要制作《不予行政处罚决定事先告知书》和《不予行政处罚决定书》，并送达当事人。笔者同意第二种观点。

九、动物卫生行政处罚中的从轻处罚

1. 案情简介

2017 年 6 月 5 日，某市畜牧兽医局在监督检查中发现刘某经营的"长得快"和"猛长灵"两种饲料添加剂无产品质量检验合格证。遂进行立案调查，查明：刘某经营的两种无产品质量检验合格证的饲料添加剂由某公司生产，共进货 20 件，每件进价 13 元，已按每件 26 元的价格销售了 5 件，销售所得 130 元，库存 15 件。调查中刘某对违法行为认识态度较好，并且积极配合某市畜牧兽医局的调查工作，协助查获了生产"长得快"和"猛长灵"两种饲料添加剂的某公司，有立功表现。某市畜牧兽医局认为刘某的行为违反了《饲料和饲料添加剂管理条例》第二十九条第二款，即禁止经营无产品质量检验合格证的饲料添加剂的规定。鉴于刘某积极配合执法机关查处违法行为，且有立功表现，决定对其从轻处罚，根据该条例第四十三条的规定，作出如下处罚：没收违法所得130元；没收饲料添加剂"长得快"8件、"猛长灵"7件；罚款1000元。

2. 法律依据

《饲料和饲料添加剂管理条例》第二十九条、第四十三条；《行政处罚法》第二十五条、第二十七条。

3. 动物卫生行政处罚中从轻处罚情形的适用

动物卫生行政处罚中的从轻处罚，是指动物卫生行政主体在法定的处罚种类和处罚幅度以内，对违法行为人选择较轻的处罚或较少的罚款，它建立在动物卫生行政主体自由裁量权基础之上，如果没有自由裁量权，从轻处罚也无从谈起。动物卫生行政主体在对违法行为人适用从轻处罚时，必须把握以下两点：第一，必须在法定行政处罚的幅度或者可选择的处罚种类内实施行政处罚，不允许在法定处罚幅度以下实施行政处罚。如果法律对该违法行为设定的罚款没有可选择的幅度，或者没有设定可选择的处罚种类，那么也就无法从轻处罚。第二，从轻处罚必须体现轻罚，也就是说比违法行为人不具有法定从轻情节时，将受到的处罚要相对轻一些。从轻必须最终体现在处罚结果上。例如，依法应对经营无产品标签饲料的违法行为人，处2000元以上2万元以下罚款，由于有从轻情节可以处3000元罚款。需要注意的是，动物卫生行政主体在适用从轻处罚情节时，不能把从轻处罚理解为要绝对适用最轻的处罚种类，也不一定是选择处罚幅度最低限进行处罚，而是要综合考虑违法行为人的违法情节，作出相对较轻的具体裁量决定。

从轻处罚与减轻处罚不同。减轻处罚是指动物卫生行政主体在法定处罚范围内对违法行为人适用较轻处罚种类，或者处罚幅度之下适用处罚，在处罚程度上，减轻处罚介于从轻处罚和不予处罚之间。例如，《饲料和饲料添加剂管理条例》第四十四条规定，对经营超过保质期饲料的违法行为，需没收违法所得和违法经营的产品外、并处2000元以上1万元以下罚款。在适用罚款处罚时，在2000元限度以下，如给予1000元罚款处罚，为减轻处罚。

动物卫生行政处罚案件中，什么时候适用从轻或减轻处罚，不取决于动物卫生行政主体及其执法人员的主观意志，也不依赖于违法行为人是否经营困难或生活拮据，而是根据法律的规定来予以适用。《行政处罚法》第二十五条和第二十七条规定了五种必须从轻或减轻处罚的情形：

（1）已满十四周岁不满十八周岁的人有违法行为的。

（2）主动消除或者减轻违法行为危害后果的。这里所讲的"主动"是指违法行为人在动物卫生行政处罚机关查处前，而非在动物卫生行政主体责令改正或限期改正后。积极主动表明违法行为人主观上真诚悔过而客观上又有消除或减轻了危害后果的事实，因此应当从轻或减轻处罚。

（3）受他人胁迫有违法行为的。在这种情形下，违法行为人虽然实施了违法行为，但不是出于违法行为人主观上的自愿，因此应当从轻或减轻处罚。例如，郑某被胁迫在3天内刻制一枚检疫验讫印章（在3天时间内郑某完全可以向有关机关举报，但郑某最终选择了违法行为），就非郑某自愿的行为，应当从轻或减轻处罚，但如果郑某被胁迫人限制人身自由刻制检疫验讫印章，应视为胁迫人实施的行为，对郑某则不应当给予任何处罚。

（4）配合行政机关查处违法行为有立功表现的。违法行为人的立功表现形式较多，如检举、揭发他人的违法行为，或者提供真实有效的线索使动物卫生行政主体查获了其他违法行为。

（5）其他依法从轻或者减轻行政处罚的。这里所称的"其他"，一是指与前述几种情形相同或相当的情形。二是《行政处罚法》不排除动物卫生行政法律规范可以规定一些可以从轻、减轻处罚的情形。

本案中，刘某的行为根据《饲料和饲料添加剂管理条例》第四十三条的规定，应当给予没收违法所得和违法经营的产品的处罚，同时，由于刘某违法经营的产品货值金额不足1万元，还应当并处2 000元以上2万元以下的罚款处罚。但考虑到刘某配合查处了违法生产"长得快"和"猛长灵"两种饲料添加剂的某公司，有立功表现，符合从轻处罚的法定情形。某市畜牧兽医局认定刘某具有从轻处罚情节，并决定予以从轻处罚是正确的。给予并处罚款处罚时，应当在2 000元至2万元之间选择相对较轻的罚款额度，但某市畜牧兽医局在给予刘某罚款的行政处罚时，却在法定幅度以下给予1 000元罚款的处罚，显然不是从轻处罚而是减轻处罚。某市畜牧兽医局未能正确理解从轻与减轻的区别，即从轻是在法定幅度内处罚，而减轻是在法定幅度以下处罚，因此，某市畜牧兽医局认定刘某具有从轻处罚情节，却在法定幅度下给予罚款的处罚不正确。

十、动物卫生行政处罚的追诉时效

1. 案情简介

2010年4月26日，某县动物卫生监督所在公路动物防疫监督检查站执行监督检查任务时，发现王某驾驶的车牌号为豫×12507车辆运输的20头生猪无检疫证明，随即进行立案调查。经过对驾驶员王某的询问查明以下事实：20头生猪为同乘人孙某从本县收购，准备贩运到邻县；孙某雇用王某所有的车辆运输20头生猪的运输费用为300元人民币，20头生猪货值为3万元。孙某陈述的事实与王某陈述的事实一致，并查明孙某在2009年曾因经营依法应当检疫而未经检疫的生猪被处罚。执法人员在检索豫×12507车辆信息时，发现该车在2008年1月8日也曾因无检疫证明运输生猪，当执法人员准备采取措施时，王某驾车逃逸，并有录像资料在案佐证，王某逃逸后某县动物卫生监督所立案进行了调查，但由于找不到王某而未果。某县动物卫生监督所再次对王某进行调查，王某在证据面前承认了2008年1月8日运输的生猪的确没有检疫证明，为逃避罚款驾车逃逸，逃逸时运输的生猪也是运往邻县，运输费用也是300元。20头生猪经补检合格。某县动物卫生监督所认为：孙某的行为违反了《动物防疫法》第二十五条第三项，即禁止经营依法应当检疫而未经检疫动物的规定，且曾因经营依法应当检疫而未经检疫的生猪被实施处罚，属情节严重；王某的行为违反了《动物防疫法》第二十五条第三项，即禁止运输依法应当检疫而未经检疫动物的规定，且王某屡次违反同一行为。某县动物卫生监督所于2010年4月30日，分别向王某和孙某送达了《行政处罚事先告知书》（该县动物卫生监督所对王某和孙某的违法行为分别立案进行了查处），王某和孙某在规定期间内未进行陈述和申辩，孙某也未申请听证。2010年5月10日，某县动物卫生监督所根据《动物防疫法》第七十八条的规定，给予王某如下处罚：对2008年1月8日无检疫证明运输生猪的违法行为给予运输费用二倍的罚款，即罚款600元；对2010年4月26日无检疫证明运输生猪的违法行为给予运输费用二倍的罚款，即罚款600元。对孙某经营依法应当检疫而未经检疫生猪的违法行为，给予同类检疫合格动物货值金额40%的罚款，即罚款1.2万元。处罚决定书分别送达王某和孙某后，王某认为其2008年1月8日的违法行为已超过两年，不应再受到行政处罚，在复议期间内向某县畜牧兽医局提出行政复议申请。某县动物卫生监督所以王某的违法行为在两年前就被发现不受追诉时效的限制为由，对王某的复议主张进行抗辩。某县畜牧兽医局认为该县动物卫生监督所的抗辩理由成立，维持了该县动物卫生监督所对王某的行政处罚决定。孙某未申请复议，并在规定时间内履行了行政处罚决定书的义务。

2. 法律依据

《动物防疫法》第二十五条、第七十八条；《行政处罚法》第二十九条。

3. 动物卫生行政处罚中追诉时效的适用

动物卫生行政处罚的追诉时效是指，动物卫生行政主体对违反动物卫生行政法律规范的违法行为，追究行政责任的有效期限。目前，在现行的动物卫生行政法律规范中没有专门规定违法行为的追究期限，因此，动物卫生行政处罚的追诉时效适用《行政处罚法》的规定。《行政处罚法》第二十九条规定："违法行为在二年内未被发现的，不再给予行政处罚。法律另有规定的除外"；"前款规定的期限，从违法行为发生之日起计算；违法行为有连续或者继续状态的，从行为终了之日起计算"。从该条的规定可以看出，超过法定的追诉期限，动物卫生行政主体一律不得再追究违法行为人的行政责任，已经追究的，应当撤销。动物卫生行政主体在执行处罚时效时，应注意以下两个问题：

（1）追诉时效的期限。《行政处罚法》规定的追诉时效不仅仅是时间期限的问题，同时还须具备在该期限内没有发现违法行为这一条件。换言之，只有动物卫生行政主体在该期限内没有发现违法行为，才适用追诉时效，如果动物卫生行政主体发现了违法行为，即使经过了两年的时间，动物卫生行政主体仍然可以追究违法行为人的行政责任。那么何为"发现"就尤为重要了。一般来讲，只要动物卫生行政主体已经对该违法行为进行了立案调查，就可以认为"发现"，不受追诉时效的限制，违法行为即使经过了两年，也可以对其追究行政责任；如果动物卫生行政主体接到群众举报或获得其他线索，但并没有立案调查，不能认为发现了违法行为，违法行为经过两年后，不得追诉违法行为人的行政责任。

（2）追诉时效的起算。大多数情况下，违法行为实施之日就是违法行为的成立之日，也就是追诉起算之日。违法行为实施后两年内，动物卫生行政主体没有发现的，就不得追究行政责任。但有些违法行为有连续或继续状态的，应当从行为实施终了之日起计算。违法行为有连续状态是指，违法行为人在一定时间内实施了多次性质相同的违法行为。有连续状态的违法行为，应当从最后一个违法行为实施终了之日起计算追诉时效，对违法行为人实施的多次性质相同的违法行为，应当合并处罚。例如，张某多次经营病死的动物产品，虽然每次违法行为是独立的，但张某实施的违法性质相同，所以追诉时效应当从张某最后一次经营病死动物产品的时间计算，张某多次经营病死动物产品的行为就处于连续状态，应当对张某的多次经营病死动物产品的违法行为合并进行处罚。继续状态的违法行为是指，违法行为人的违法行为在一定时间内处于不间断状态。对继续状态的违法行为，应当从行为实施终了之日起计算追诉时效，而不能从违法行为发生之日起计算。如李某未取得《动物诊疗许可证》自 2008 年 6 月 25 日起至 2013 年 12 月 30 日止从事动物诊疗活动，其违法行为就处于继续状态，追诉时效应当从 2013 年 12 月 30 日起计算，而不能从 2008 年 6 月 25 日起算。

本案中，2008 年 1 月 8 日，王某驾车逃逸后，某县动物卫生监督所就对该违法行为立案调查，但由于种种原因而未能实施行政处罚。2010 年 4 月 26 日调查王某的违法行为时，发现王某就是 2008 年 1 月 8 日运输依法应当检疫而未经检疫生猪的逃逸者。如何认定王某违法行为的起算日期，是追究王某行政责任的关键所在。从王某实施违法行为的状态来看，王某实施的两次违法行为均为运输依法应当检疫而未经检疫的生猪，两次违法行为性质相同，其违法行为为连续状态，应当从最后一次违法行为实施终了起算，即从 2010 年 4 月 26 日起算追诉时效。而不应当从 2008 年 1 月 8 日起算违法行为。因此，本案处罚和复议中，某县动物卫生监督所以王某 2008 年 1 月 8 日实施的违法行为，已经发现并立案调查不受追诉时效两年限制的处罚理由和抗辩理由是错误的，某县畜牧兽医局认为该县动物卫生监督所的抗辩理由成立，也是错误的。本案应当以王某实施的违法行为为连续状态，从最后一次违法行为实施终了之日起算追诉时效，并对王某的违法行为合并进行行政处罚，即给予运输费用一倍以上三倍以下罚款的行政处罚，而不应当对王某的违法行为从 2008 年 1 月 8 日起算追诉时效，也不应当对王某连续状态的违法行为分别进行行政处罚。

图书在版编目（CIP）数据

动物卫生行政法学理论与实务 / 青岛东方动物卫生
法学研究咨询中心组织编写 . —北京：中国农业出版社，
2018.12
官方兽医培训教材
ISBN 978-7-109-24551-8

Ⅰ.①动… Ⅱ.①青… Ⅲ.①动物防疫法-行政执法
-中国-技术培训-教材②兽医卫生检验-行政执法-中
国-技术培训-教材 Ⅳ.①D922.4②922.11

中国版本图书馆 CIP 数据核字（2018）第 201936 号

中国农业出版社出版
（北京市朝阳区麦子店街 18 号楼）
（邮政编码 100125）
责任编辑　周益平　张雯婷

中国农业出版社印刷厂印刷　　新华书店北京发行所发行
2018 年 12 月第 1 版　　2018 年 12 月北京第 1 次印刷

开本：787mm×1092mm　1/16　印张：16.25
字数：380 千字
定价：68.00 元
（凡本版图书出现印刷、装订错误，请向出版社发行部调换）